JN448802

V-AMT 설비보전 실기·실무 활용서

한상글

현) 서울시북부기술교육원 스마트팩토리과 교수

정재민

현) ㈜큐빅테크 재직

이주봉

현) ㈜큐빅테크 재직

이승훈

현) 한국폴리텍대학 아산캠퍼스 반도체장비과 학과장

V-AMT 설비보전 실기·실무 활용서

초판 인쇄 2024년 2월 18일
초판 발행 2024년 2월 28일

지은이 한상글, 정재민, 이주봉, 이승훈
발행인 조규백

발행처 도서출판 구민사
주소 (07293) 서울특별시 영등포구 문래북로 116, 604호(문래동3가 46, 트리플렉스)
전화 (02)701-7421
팩스 (02)3273-9642
홈페이지 www.kuhminsa.co.kr

신고번호 제 2012-000055호(1980년 2월 4일)
ISBN 979-11-6875-361-7(93550)

정가 32,000원

이 책은 구민사가 저작권자와 계약하여 발행했습니다.
본사의 서면 허락 없이는 어떠한 형태나 수단으로도 이 책의 내용을 이용할 수 없음을 알려드립니다.

PROLOGUE

V-AMT는 자동화 설비에서 가장 기본적이고 중요한 공압, 유압, 기초전기, 생산자동화에 대하여 보다 쉽게 접근할 수 있도록 만들어진 소프트웨어입니다. 이를 통해 스마트팩토리, 설비보전 등 다양한 분야에 대한 공부를 더 쉽게 할 수 있습니다.

공압, 유압은 자동제어에 가장 기초적인 동력원으로서 물류 산업에서 빠질 수 없는 학문입니다. 이에 본 교재는 V-AMT를 통하여 보다 사실적이고 쉽게 접근할 수 있도록 시뮬레이션 회로를 제공합니다. 이를 통해 독자분들은 공유압에 대한 이해가 더욱 쉬워질 것입니다. 또한 같이 제공하는 전기 회로 시뮬레이션을 통해 시퀀스 회로도를 쉽게 이해할 수 있고 공부할 수 있습니다.

생산자동화는 자동제어 모델을 소형화한 기초 실습 모델로서 독자 여러분들이 자동화 공정에 대하여 쉽게 이해하기 위한 실습입니다. 이는 자동제어의 기초이자 기본이 되며, 차후 사용하는 PLC, PC 등을 활용하여 자동화 제어, 나아가서는 스마트팩토리 구축을 하는데 필수적인 실습입니다. 다만 장비사용 등의 물리적인 제약이 많아 학습이 쉽지 않으나, V-AMT는 이러한 물리적인 제약을 줄이고 쉽고 가볍게 생산자동화에 대한 이해를 습득할 수 있도록 도와줄 것입니다.

본 도서는 공유압 문제를 정확하게 분석하여 각종 자격증 등의 합격을 위한 지름길을 제시해 드립니다. 문제 위주의 책이 아닌 실기를 정확하게 알고 문제를 접근할 수 있도록 구성하였습니다. 다소 문제 위주의 책을 원하는 독자들에게는 불편한 책이 될 수도 있겠으나, 첫걸음을 하는 독자들에게는 정확한 공부를 함에 있어 기초를 튼튼히 하여 조금이라도 더 효과적으로 공부를 할 수 있도록 노력하였습니다.

아무쪼록 이 책을 가지고 공부하시는 모든 분들에게 목표를 이루는 기쁨이 있기를 바라며 미래 자동화 산업의 책임자는 여러분임을 기억하시기 바랍니다. 마지막으로 이 책의 출판을 위해 적극적으로 도움주신 도서출판 구민사 조규백 대표님과 직원 여러분께 깊은 감사를 드립니다.

저자 일동

CONTENTS

CHAPTER 01 V-AMT 개요

CHAPTER 02 공압실습실

CHAPTER 03 회로 작도실

CHAPTER 04 공·유압 공개문제

CHAPTER

01

V-AMT 개요

이 장에서는 V-AMT의 설치와 기본적인 구동 방법에 대해서 기술한다.

1. V-AMT 다운로드

개발사 홈페이지(cubictek.co.kr) 접속 후 회원가입

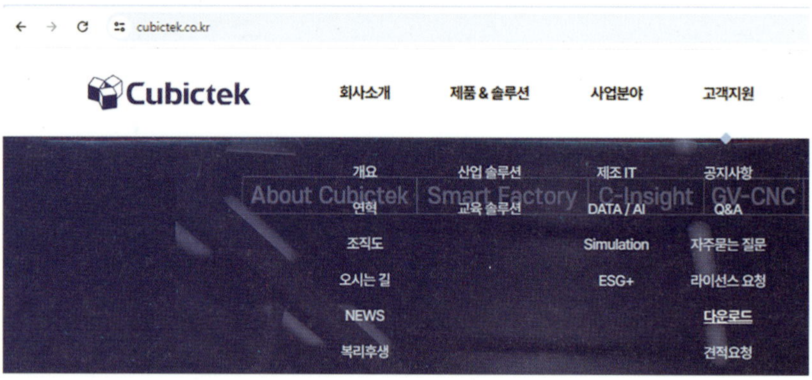

고객지원-다운로드-V-AMT 최신 버전 설치

2. Online License 적용

개발사 홈페이지(cubictek.co.kr)에서 라이센스 신청

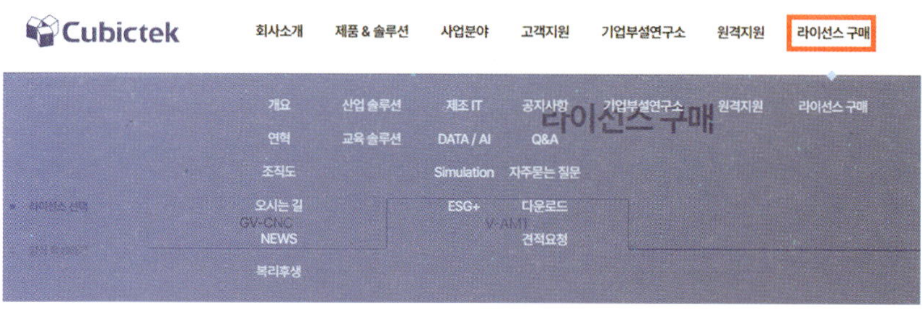

라이센스 구매(1인 1회 30일 데모 라이센스 지급)

3. License 확인 및 사용

큐빅테크 홈페이지-My page-라이선스구매 내역

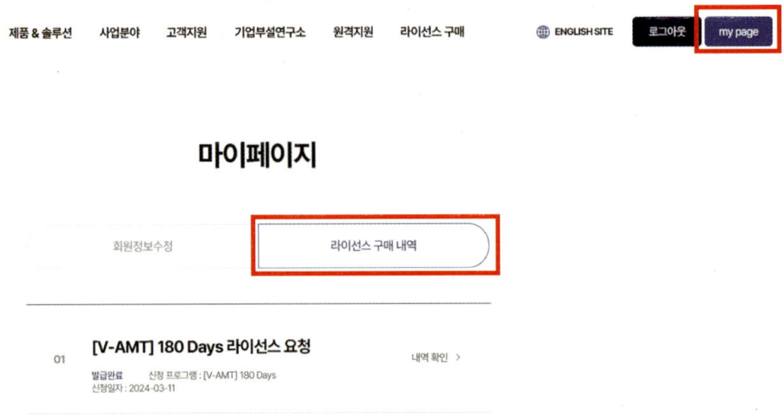

4. 제거

프로그램이 설치된 상태에서 실행 후, 제거 선택

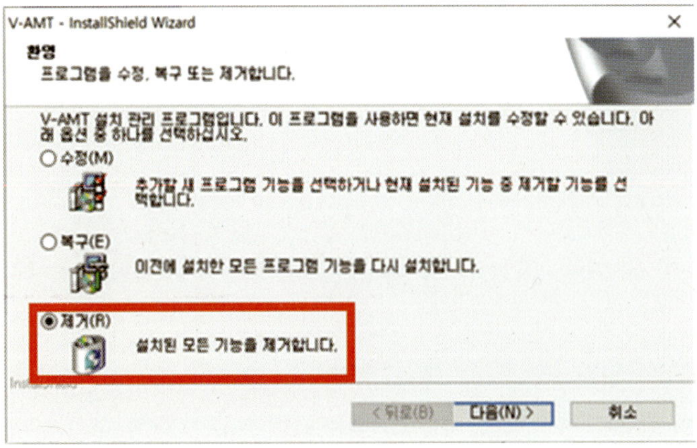

5. 실행

실행 방법

- 바탕화면 실행 아이콘을 더블클릭하여 실행

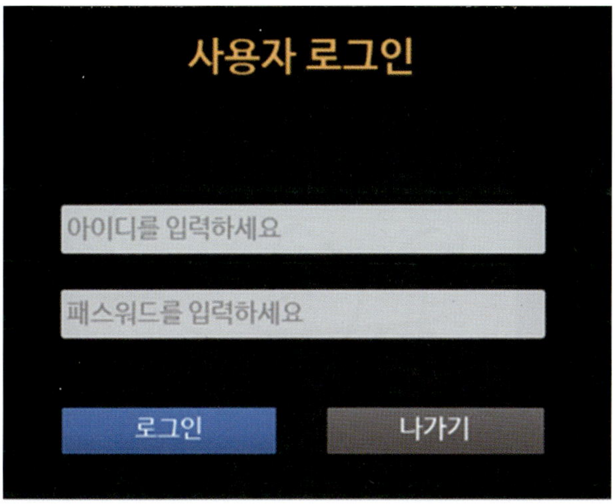

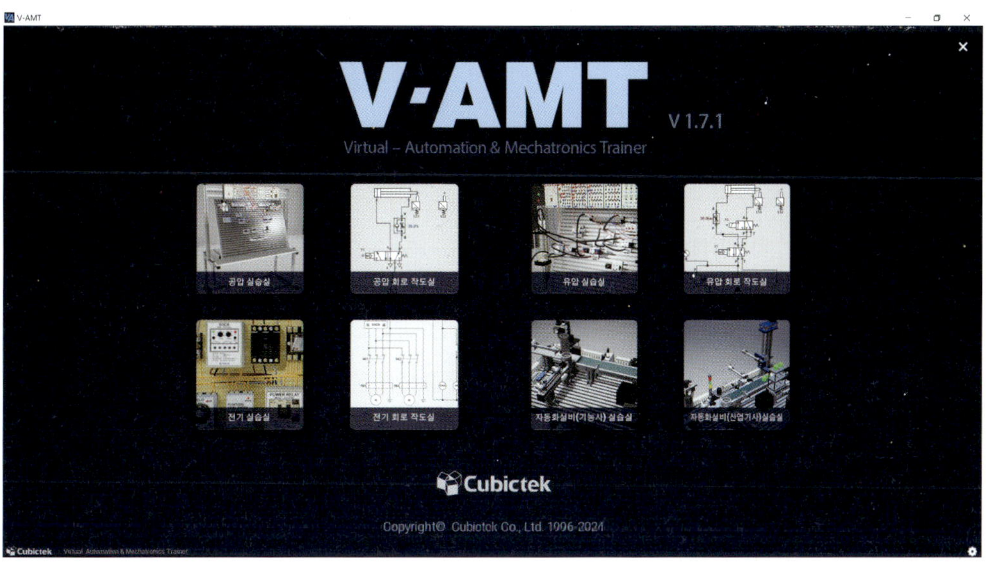

| 라이선스 인증 후 출력되는 최초 메인 화면 |

6. 메인 화면 구성

라이센스 인증 후 메인 화면에서 원하는 실습실을 클릭하여 선택

구 분	주요 기능
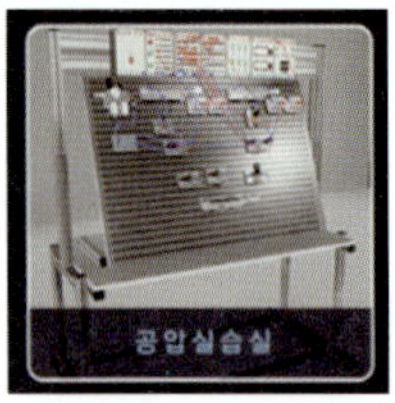	**공압실습실** • 공압실습 장비가 구현되어 있어 각종 전기모듈과 공압 유닛을 활용하여 실제 장비를 사용하는 방식으로 전기공압시스템을 설계할 수 있음 • 공압회로 작도실에서 작성된 회로와 공압실습실에서 작성된 시스템 연동 기능
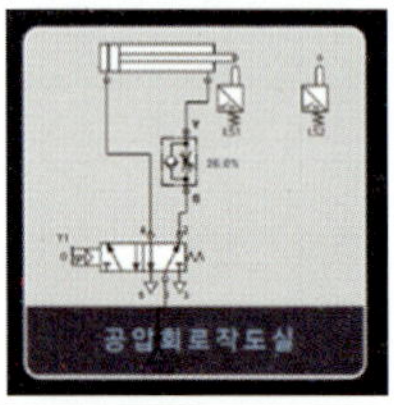	**공압회로 작도실** • 공압 및 전기 심볼을 사용하여 2D 회로를 제작할 수 있음
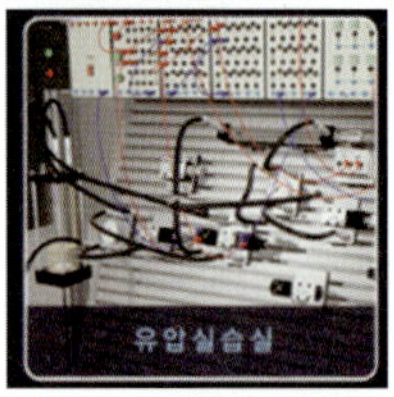	**유압실습실** • 유압실습 장비가 구현되어 있어 각종 전기모듈과 유압 유닛을 활용하여 실제 장비를 사용하는 방식으로 전기유압시스템을 설계할 수 있음 • 유압회로 작도실에서 작성된 회로와 유압실습실에서 작성된 시스템 연동 기능
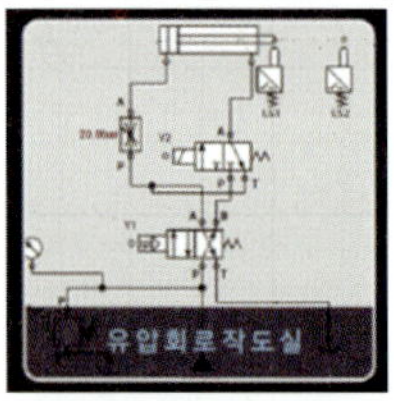	**유압회로 작도실** • 유압 및 전기 심볼을 사용하여 2D 회로를 제작할 수 있음
	**자동화설비실습실 – 기능사** • 생산자동화기능사 공개문제에서 요구하는 조건을 구현한 실습장비 • 각종 PLC 소프트웨어와 연동 • 사용자가 실습장비의 입력과 출력을 편집할 수 있음
	**자동화설비실습실 – 산업기사, BETA** • 생산자동화산업기사 공개문제에서 요구하는 조건을 구현한 실습장비 • 미쯔비시 PLC 소프트웨어와 연동 • 서보시스템이 적용된 리프트

Memo

CHAPTER

02

공압실습실

이 장에서는 공압실습실에서 구현된 기능들을 소개하고 사용 예제들을 소개한다.

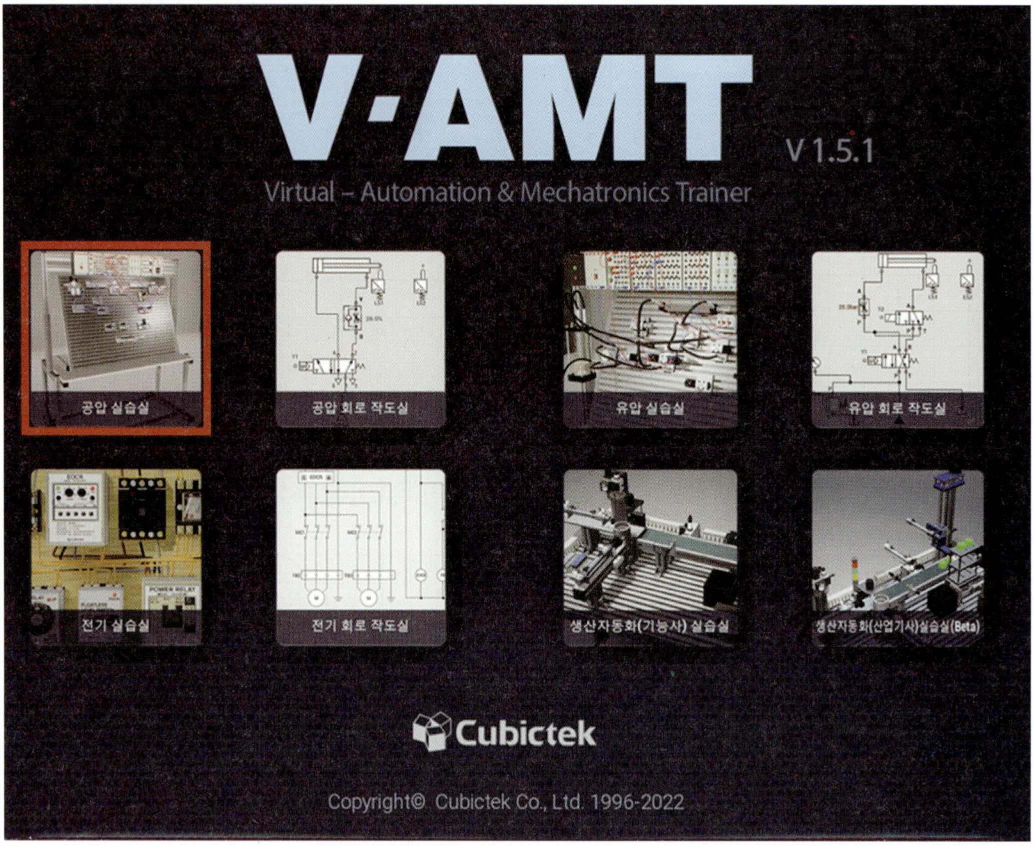

1. 공압실습실 메인 화면

A 공압실습실 메인 화면

1) 화면 구성

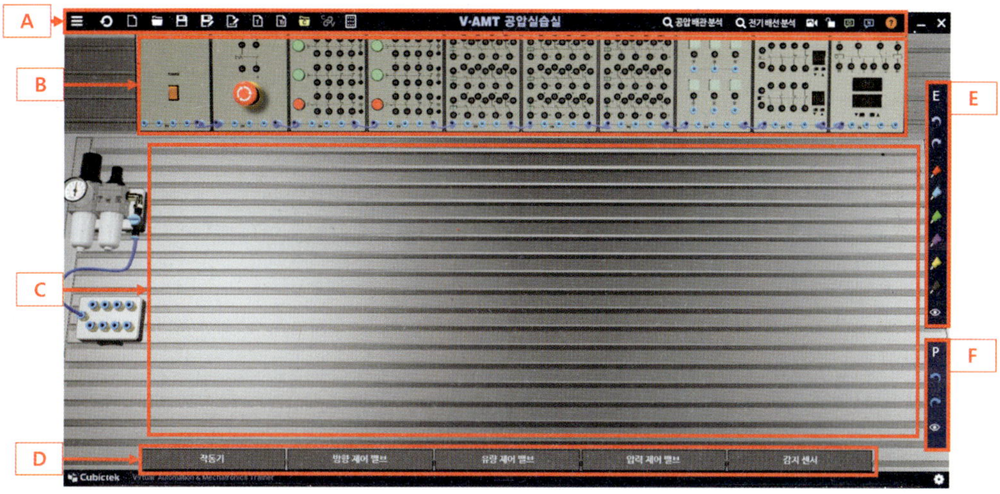

기호	명 칭
A	기본 메뉴바 • V-AMT 사용을 위한 주요 기능들을 모아둔 메뉴바
B	전기 제어 모듈 • 시퀀스 회로 배선을 위한 다양한 모듈들이 배치된 곳
C	요소(유닛) 배치 판넬 • 다양한 공압 요소(유닛)를 배치하는 곳
D	요소(유닛) 라이브러리 • 공압 요소(유닛)가 모여 있는 라이브러리
E	전기 배선 라이브러리 및 Undo/Redo • 전선의 색상과 Show/Hide를 선택하는 기능 • 선의 배선 작업을 취소 및 되돌리기할 수 있는 Undo와 Redo 기능
F	공압 배관 Undo/Redo • 공압 배관의 Show/Hide를 선택하는 기능 • 배관 작업을 취소 및 되돌리기할 수 있는 Undo와 Redo 기능

2) 메뉴바

아이콘	명 칭	기능	비고
	실습실 이동	실습실 및 초기 화면으로 이동	
	새 프로젝트	새로운 프로젝트 생성	Ctrl + N
	불러오기	저장된 프로젝트 불러오기	Ctrl + O
	저장하기	현재 프로젝트 저장	
	다른 이름으로 저장	현재 프로젝트를 다른 이름으로 저장	
	파일설명편집	텍스트 추가 기능	
	템플릿1 생성	템플릿 생성 실린더 1/ 리밋 스위치 2 2SET	
	템플릿2 생성	템플릿 생성 실린더 1/ 리밋 스위치 2 3SET	
	회로 열기	작도실에서 제작된 2D 회로 열기	
	회로-가상장비 링크	2D 회로와 3D 가상장비 링크	
	전기장비 레이아웃	전기모듈의 레이아웃을 변경	
	뷰 초기화	변경된 뷰 상태를 초기 상태로 되돌림	
	뷰 고정	현재 뷰 상태를 고정	
	장비 ID 보기	링크에 필요한 ID를 볼 수 있음	
	장비 이름 보기	장비별 이름을 볼 수 있음	
	도움말	기본 조작 도움말을 확인할 수 있음	
	프로젝트 초기화	프로젝트 상태를 초기로 되돌림	
	최소화	프로그램 최소화	
	닫기	프로그램 닫기	
공압배관 분석	공압 배관 분석 활성화		
전기배선 분석	전기 배선 분석 활성화		

3) 그래픽 설정

<table>
<tr><th colspan="2">그래픽 설정</th></tr>
<tr><td>단축키</td><td>F10</td></tr>
<tr><td>아이콘 위치</td><td>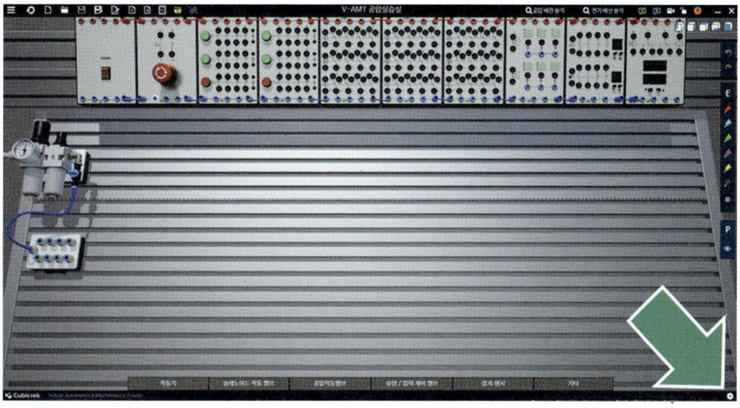</td></tr>
<tr><td>해상도
&
품질</td><td>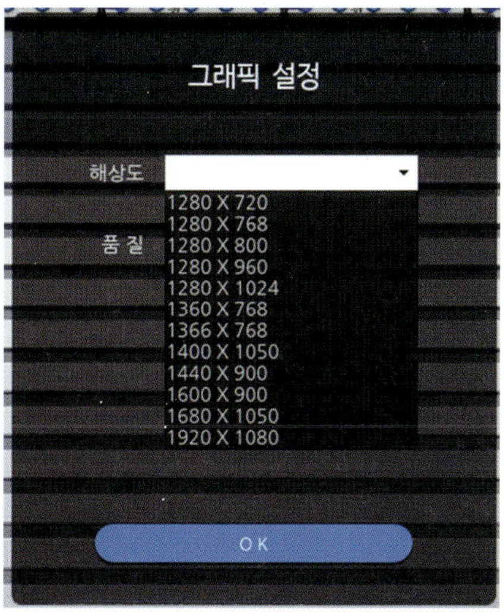

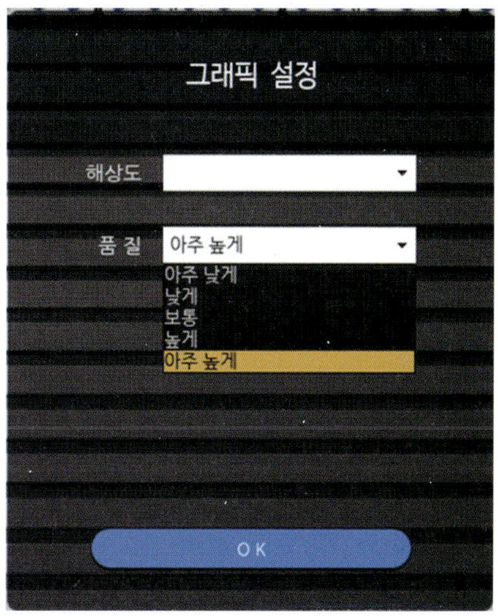
</td></tr>
</table>

2. 공압실습실 기본 조작

A 공압실습실 기본 조작

1) 뷰 전환

기능	마우스 조작	키보드 커맨드		비고
화면 회전	휠버튼 클릭 후, 드래그	없음		

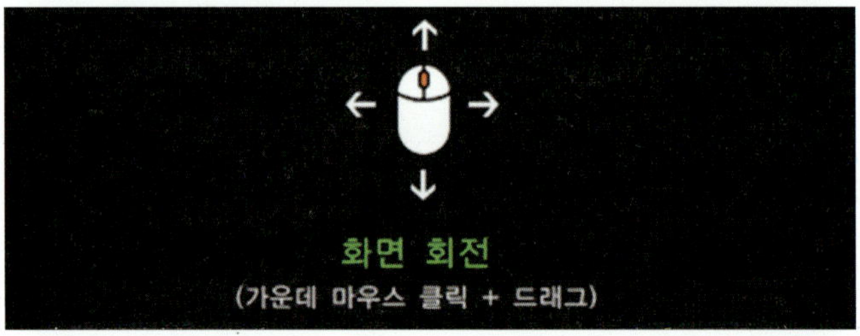

기능	마우스 조작	키보드 커맨드		비고
화면 이동	마우스 오른쪽 클릭 후 드래그	상	없음	
		하	없음	
		좌	A	
		우	D	

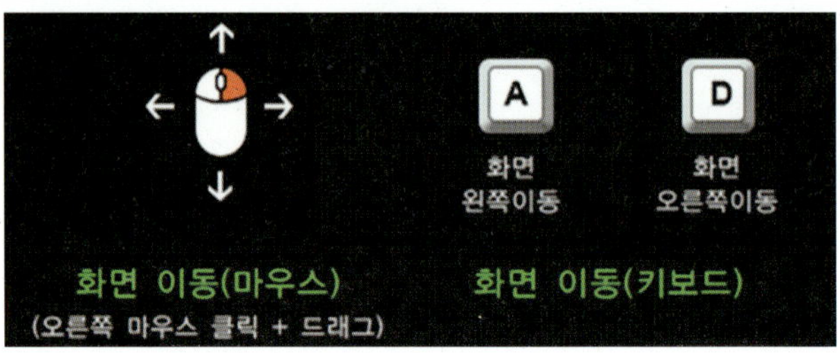

기능	마우스 조작	키보드 커맨드		비고
확대	휠 업	W		
축소	휠 다운	S		

기능	마우스 조작	키보드 커맨드		비고
초기화	상단 초기화 버튼 클릭	스페이스 키(Space)		

2) 공압 유닛 배치 및 배관

가) 공압 유닛

(ㄱ) 생성

① 공압실습실 메인 화면 하단의 라이브러리 마우스 왼쪽 클릭

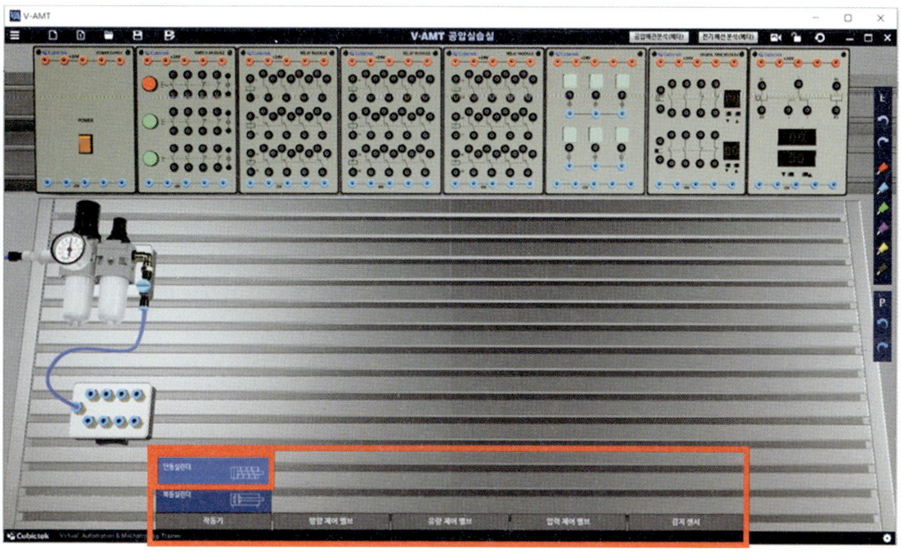

② 세부 유닛 리스트에서 원하는 유닛을 마우스 왼쪽 클릭

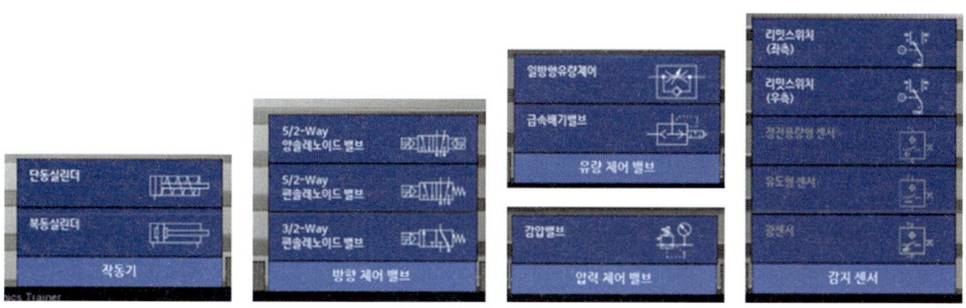

(ㄴ) 부착

① 공압 유닛이 탈착된 상태에서 배치 영역 내 원하는 위치에 마우스 포인트를 위치

② 마우스 왼쪽 클릭

(ㄷ) 탈착

① 공압 유닛이 부착된 상태에서 탈착하고자 하는 유닛에 마우스 포인트를 위치

② 마우스 오른쪽 클릭

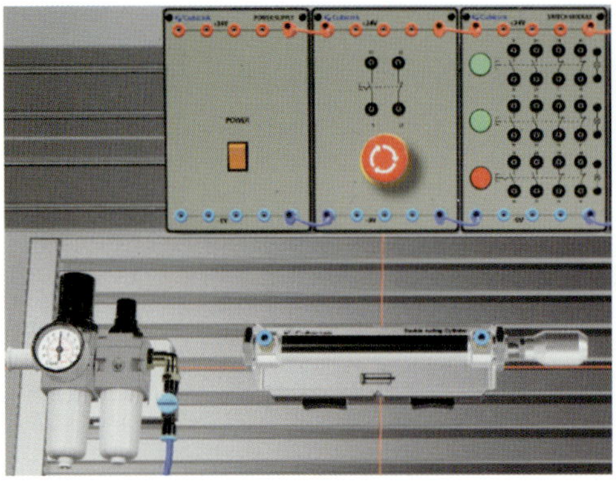

| 실린더 탈착 상태 |

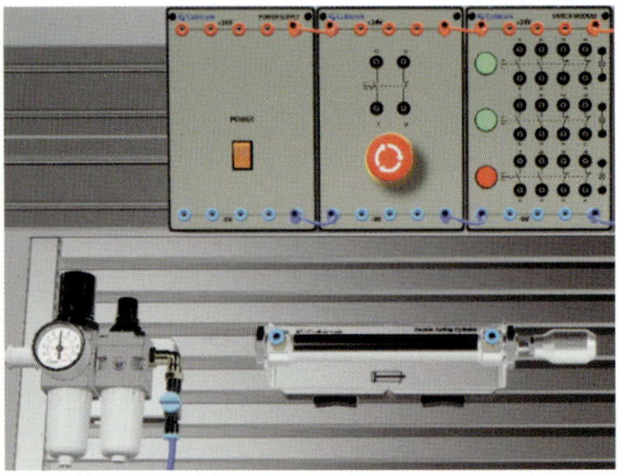

| 실린더 부착 상태 |

(ㄹ) 삭제

① 공압 유닛이 탈착된 상태에서

② 화면의 우측 하단 '장비 보관함' 아이콘 마우스 왼쪽 클릭 or Delete

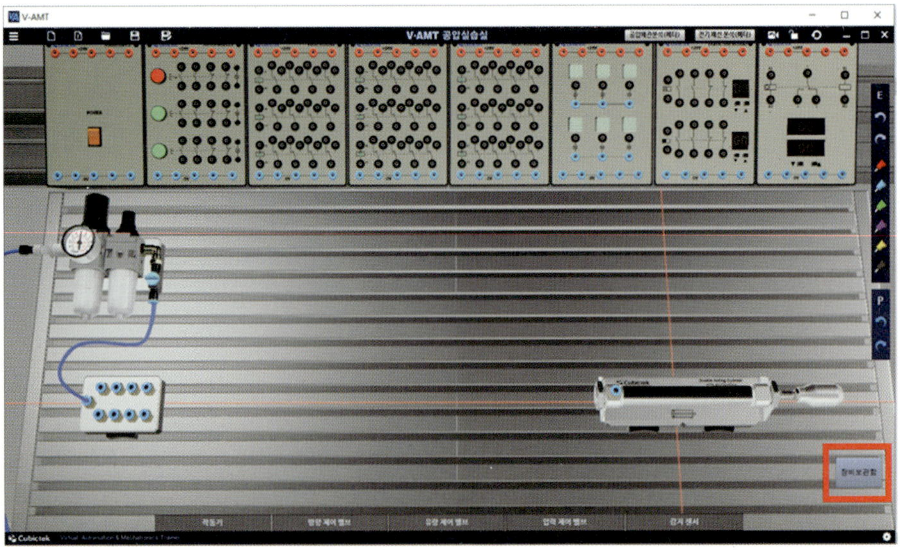

나) 공압 배관

(ㄱ) 생성

① 공압 배관을 원하는 공압 포트에 마우스 포인트를 위치

② 마우스 왼쪽 클릭

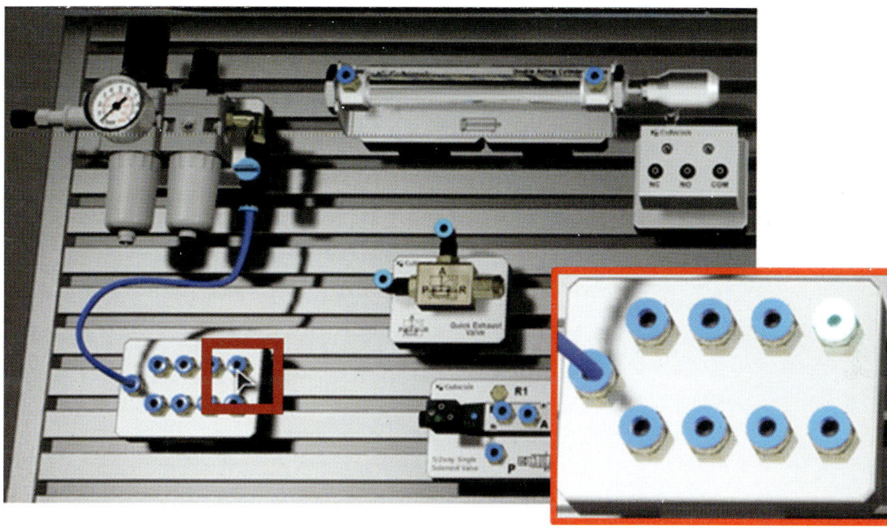

* 공압 포트에 마우스 포인트 위치 시 해당 지점 하이라이팅

** 마우스 왼쪽 클릭 시, 하이라이팅이 유지

③ 연결을 원하는 남은 한쪽 공압 포트에 마우스 포인트를 위치

④ 마우스 왼쪽 클릭

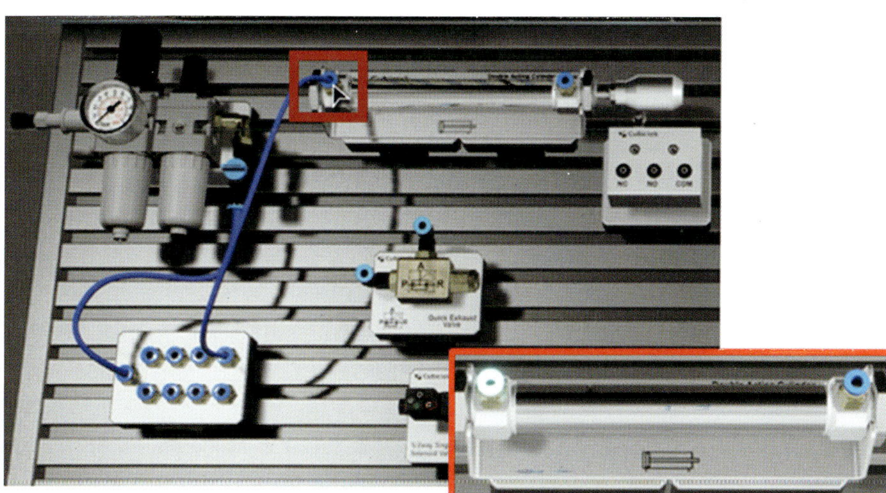

(ㄴ) 삭제

① 연결된 공압 배관의 시작 또는 끝지점에 마우스 포인트를 위치 시

② Alt + 마우스 오른쪽 클릭

다) 재실행 및 되돌리기(Undo & Redo)

(ㄱ) 재실행(Undo)

① 공압 Undo 버튼을 통해서 실행된 작업을 되돌릴 수 있음

② 단축키 : Ctrl + Z

(ㄴ) 되돌리기 (Redo)

① 공압 Redo 버튼을 통해서 Undo로 되돌렸던 배관을 취소시킬 수 있음

② 단축키 : Ctrl + Y

3) 전기 배선

가) 전기 모듈 레이아웃

(ㄱ) 레이아웃 설정

① 상단, 메뉴 중 전기 모듈 레이아웃 버튼 클릭

② 원하는 레이아웃 선택 후 닫기 클릭

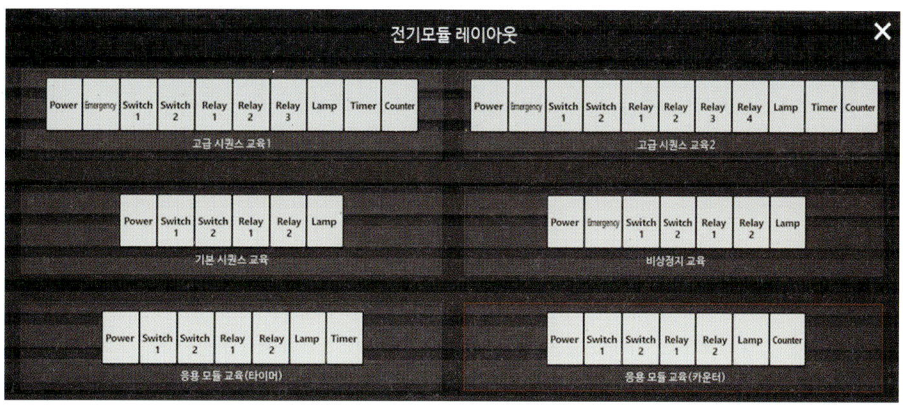

(ㄴ) 레이아웃 종류

① 고급 시퀀스 교육(1)

전원, 비상정지, 스위치 2, 릴레이 3, 램프, 카운터, 타이머

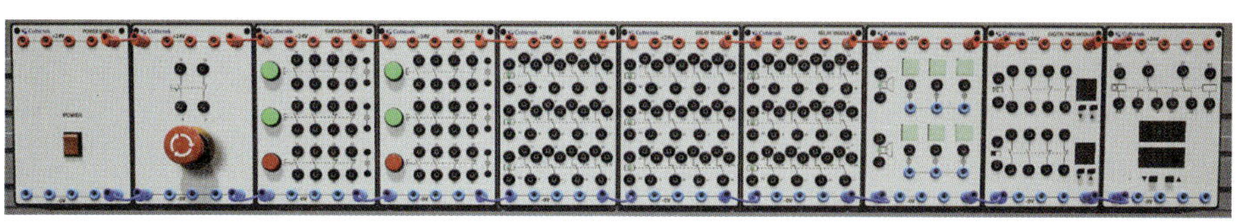

② 고급 시퀀스 교육(2)

전원, 비상정지, 스위치 2, 릴레이 4, 램프, 카운터, 타이머

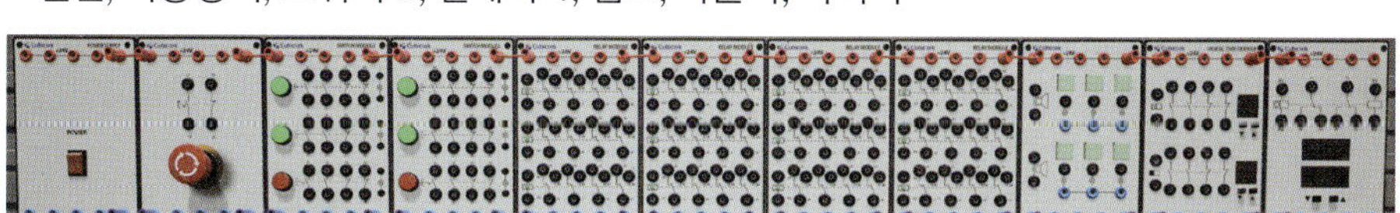

③ 기본 시퀀스 교육

전원, 스위치 2, 릴레이 2, 램프

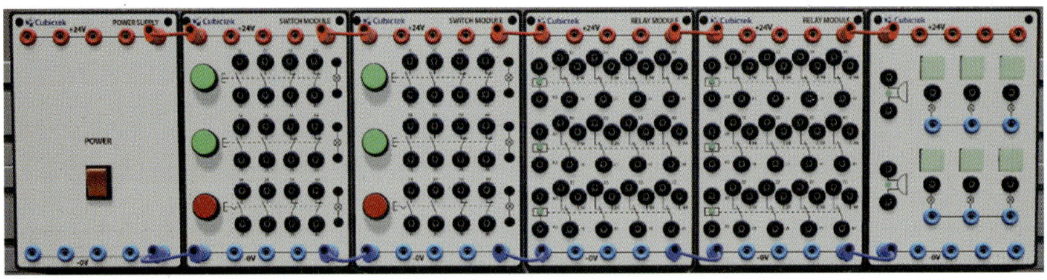

④ 비상정지 교육

전원, 비상정지, 스위치 2, 릴레이 2, 램프

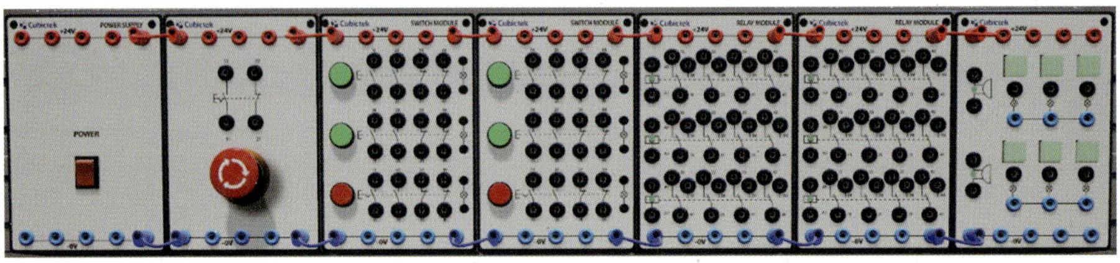

⑤ 응용 모듈 교육(타이머)

전원, 스위치 2, 릴레이 2, 램프, 타이머

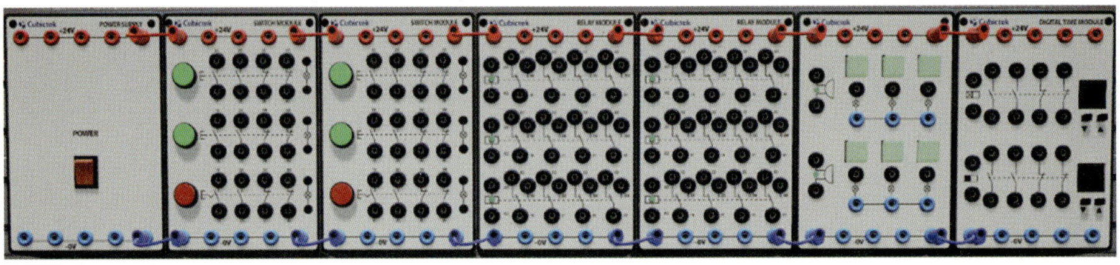

⑥ 응용 모듈 교육(카운터)

전원, 스위치 2, 릴레이 2, 램프, 카운터

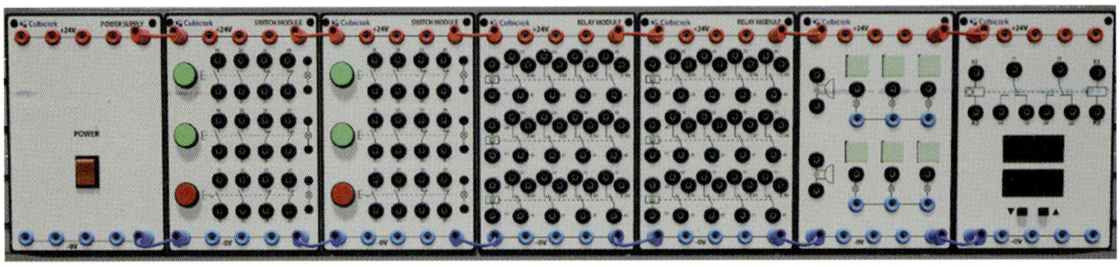

나) 전선

(ㄱ) 생성

① 전기 결선을 원하는 전기 포트에 마우스 포인트를 위치

② 마우스 왼쪽 클릭

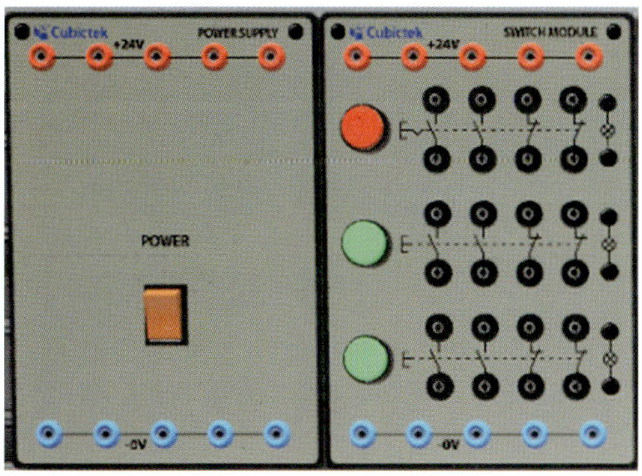

| 기본 상태 |

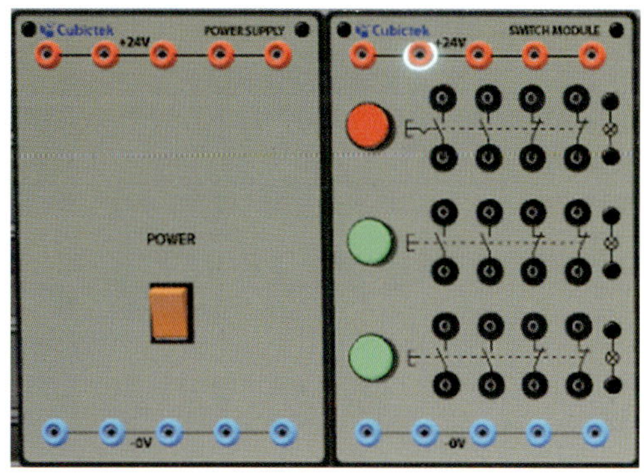

| 시작 지점 선택 |

* 전기 포트에 마우스 포인트 위치 시 해당 지점 하이라이팅

** 마우스 왼쪽 클릭 시 하이라이팅이 유지

③ 연결을 원하는 남은 한쪽 전기 포트에 마우스 포인트를 위치

④ 마우스 왼쪽 클릭

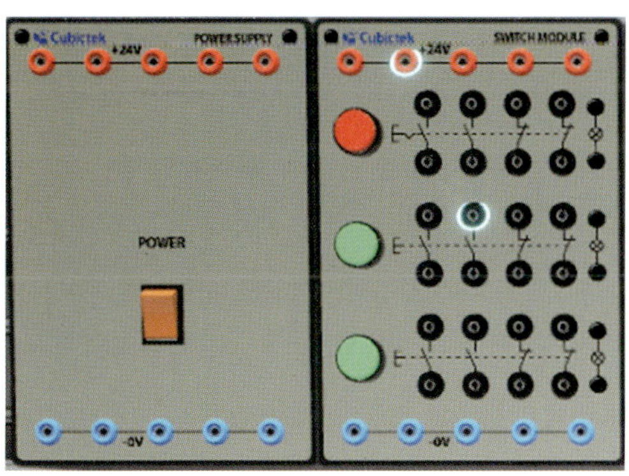

| 도착 지점 선택 |

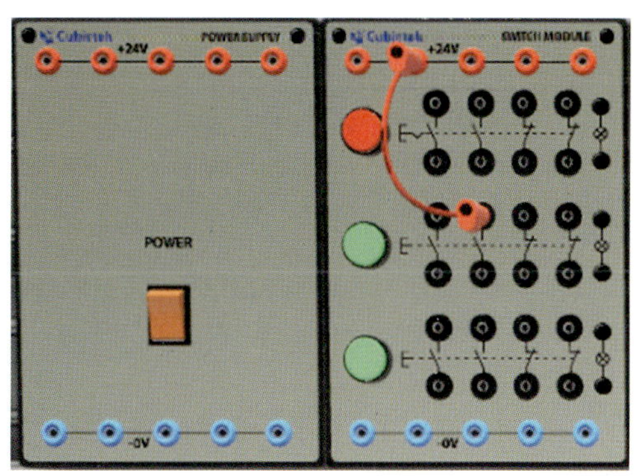

| 배선 완료 |

(ㄴ) 삭제

① 연결된 전기 결선의 시작 또는 끝지점에 마우스 포인트를 위치시킨 뒤

② Alt + 마우스 오른쪽 클릭

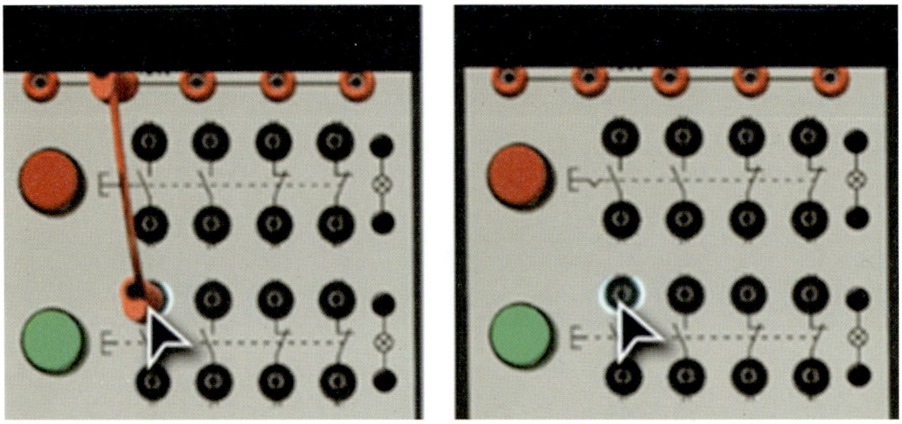

(ㄷ) 색상 변경

① 전기 배선 라이브러리에서 전선의 색상을 선택

② 선택 후, 배선 작업을 진행한다면 원하는 색상으로 변경

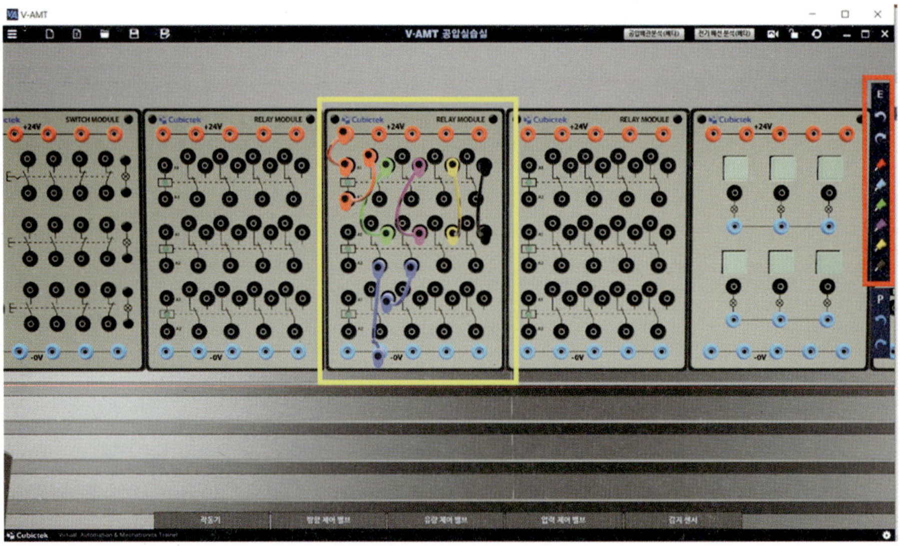

*기본 붉은색, 그라운드 연결은 푸른색으로 고정

다) 재실행 및 되돌리기(Undo & Redo)

(ㄱ) 되돌리기(Undo)

① 전기 Undo 버튼을 통해서 실행된 작업을 되돌릴 수 있음

② 단축키 Ctrl + Z

(ㄴ) 재실행 (Redo)

① 전기 Redo 버튼을 통해서 Undo로 되돌렸던 배선을 취소시킬 수 있음

② 단축키 Ctrl + Y

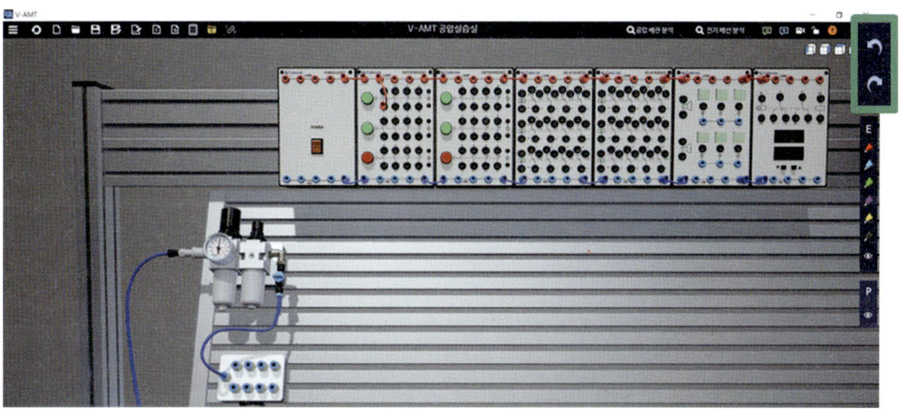

3. 고압 요소(유닛)

A 공압 유닛

1) 공압원

가) 에어 서비스 유닛

(ㄱ) 구성 및 심볼

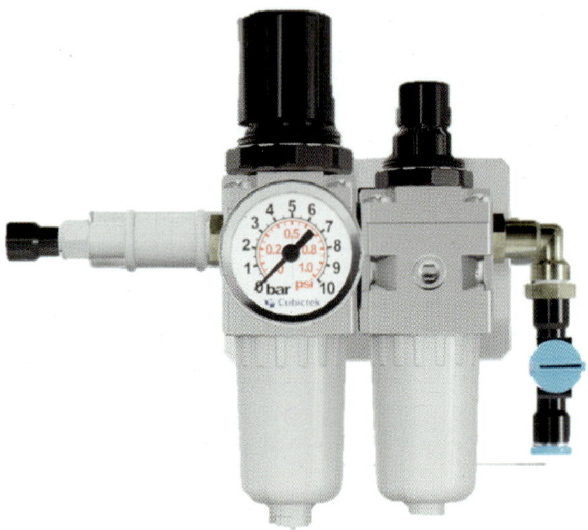

| 에어 서비스 유닛 |

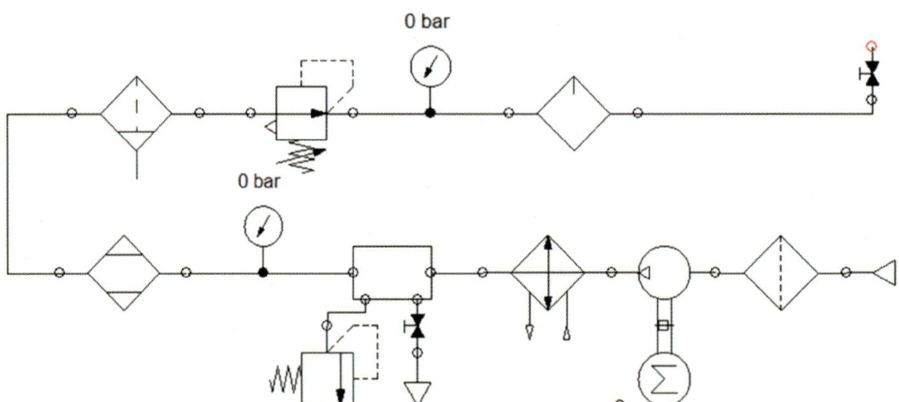

| 에어 서비스 유닛 공압 기호 |

(ㄴ) 조작 방법

① 압력 조절 : 서비스 유닛 상단의 다이얼에 마우스를 위치시키고 마우스 휠 업다운

② 압력 투입 및 차단 : 우측 차단 밸브를 좌클릭하여 투입 및 차단

| 차단 |

| 투입 |

2) 작동기

가) 단동실린더

(ㄱ) 구성 및 심볼

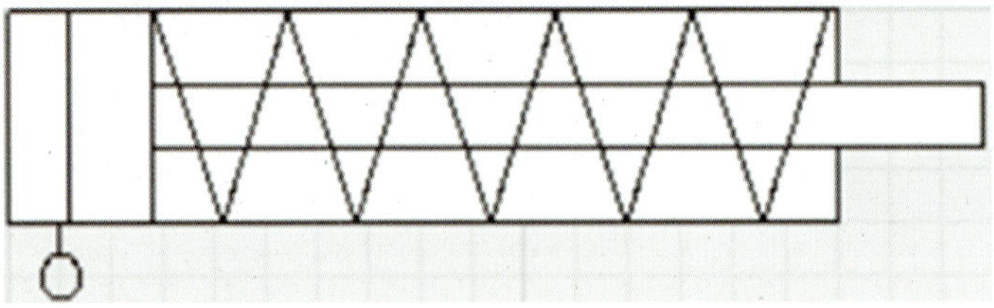

나) 복동실린더

(ㄱ) 구성 및 심볼

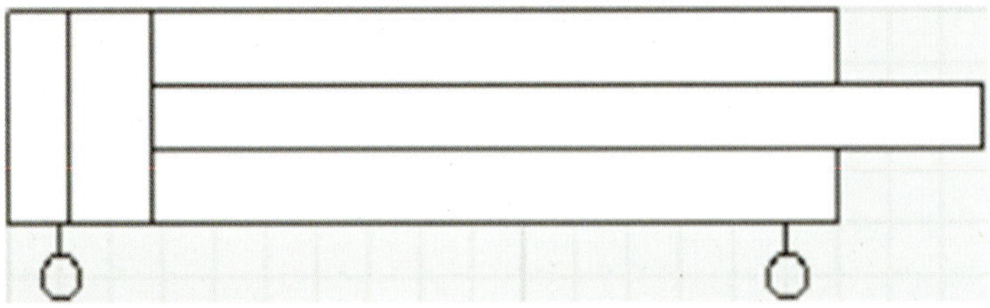

(ㄴ) 작동 방법

① 전후진 수동 조작

㉠ 실린더 배치 후 로드 더블 클릭

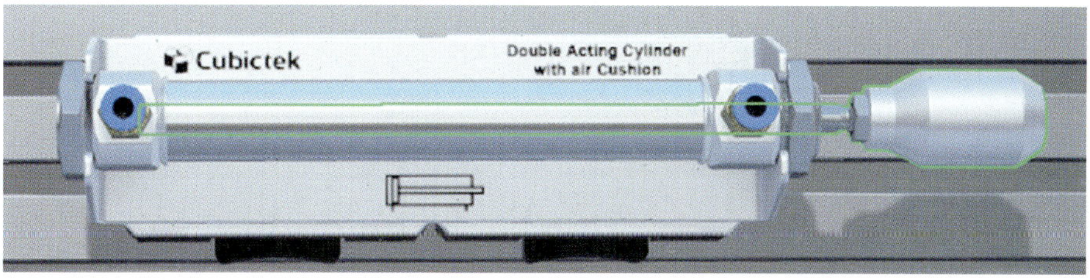

㉡ 활성화된 로드 조절 다이얼 조작

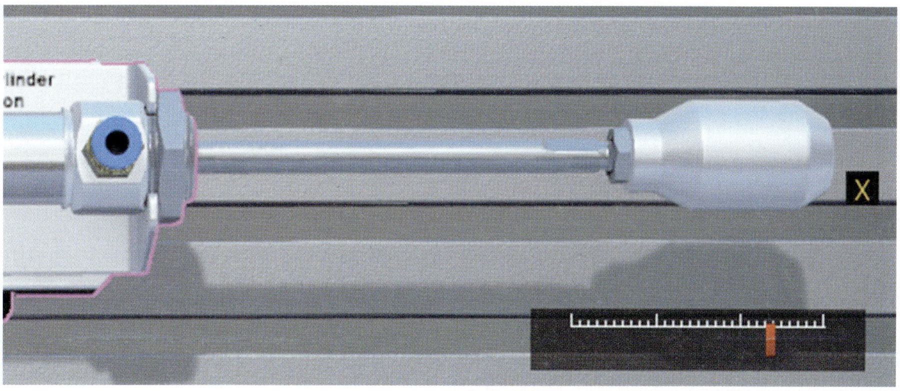

㉢ 수동 조작 완료 후, X 버튼 클릭하여 조작 다이얼 삭제

② 실린더 회전

㉠ 실린더 배치 후, 배관 연결하지 않은 상태에서 마우스 휠 업다운

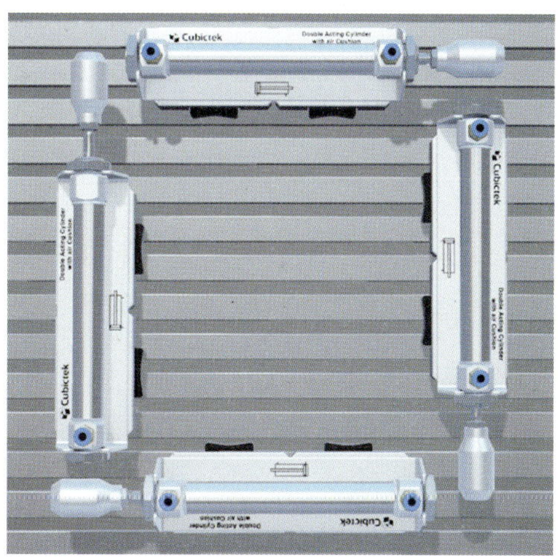

3) 방향 제어 밸브

가) 5/2 WAY 양솔레노이드 밸브

(ㄱ) 구성 및 심볼

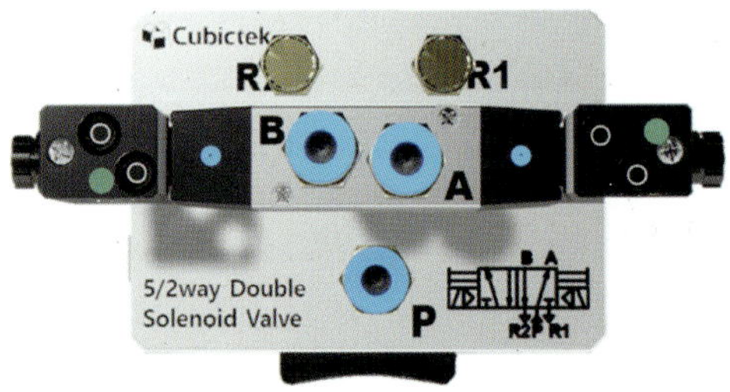

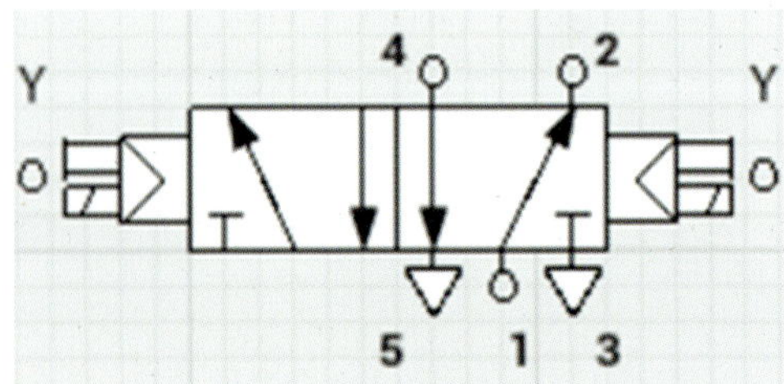

(ㄴ) 작동 방법

① 솔레노이드 작동을 통한 동작

㉠ 동작 솔레노이드(좌측) 전원 투입 시, 동작 제어 위치 활성화

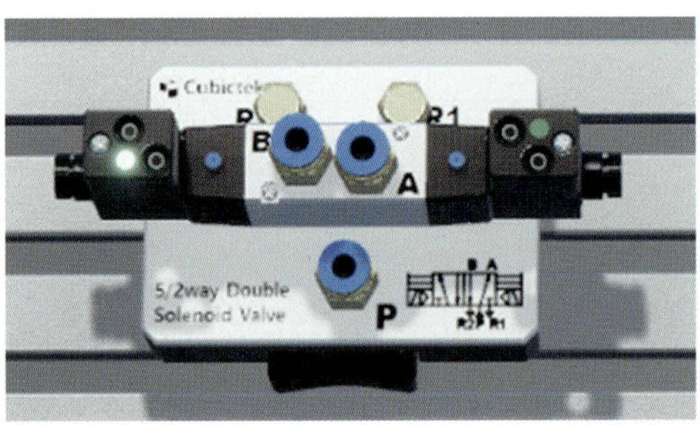

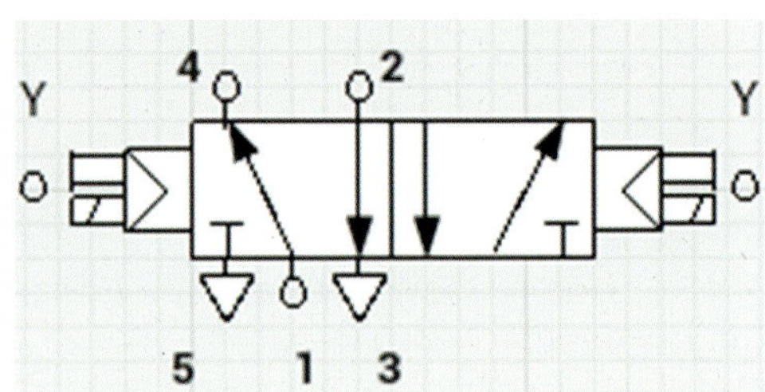

㉡ 복귀 솔레노이드(우측) 전원 투입 시 복귀 제어 위치 활성화

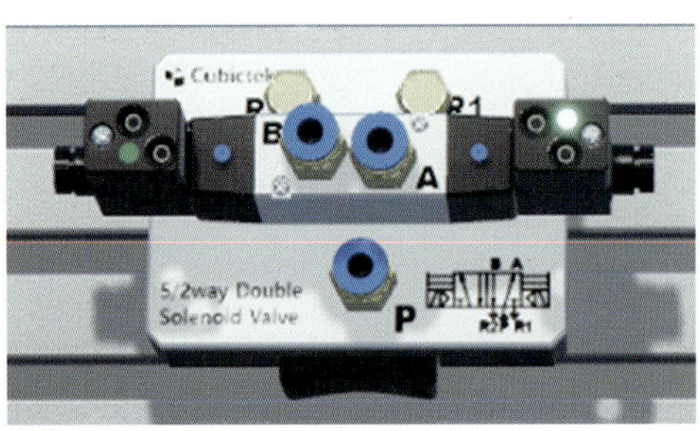

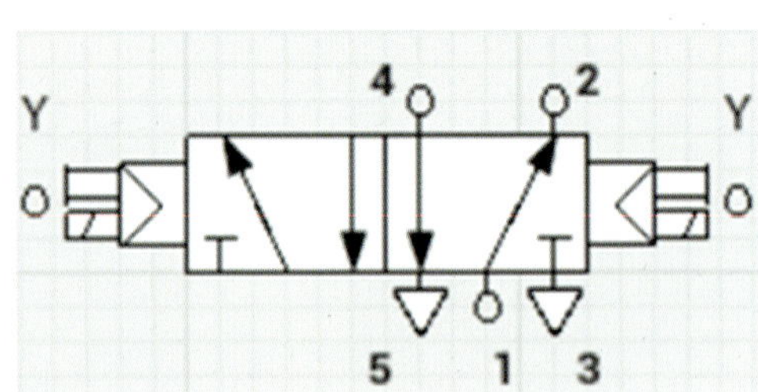

*양쪽 솔레노이드 신호가 동시에 입력될 경우 오작할 수 있음

② 수동 조작

㉠ 솔레노이드가 위치한 바깥쪽 영역을 클릭하여 동작 및 복귀 수동 조작

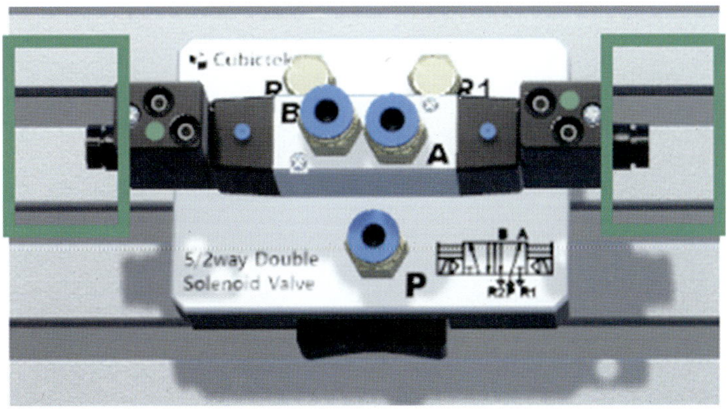

(ㄷ) 장비 ID 설정

① 배치된 밸브를 더블 클릭

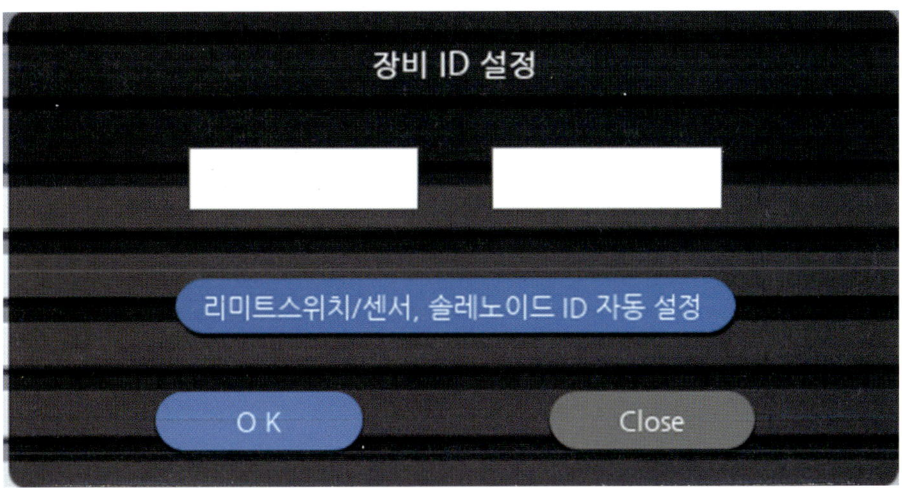

② 장비 ID 설정창에서 솔레노이드의 ID 직접 설정

③ 또는 리미트스위치/센서, 솔레노이드 ID 자동 설정 기능을 통한 자동 설정

나) 5/2 WAY 편솔레노이드 밸브

(ㄱ) 구성 및 심볼

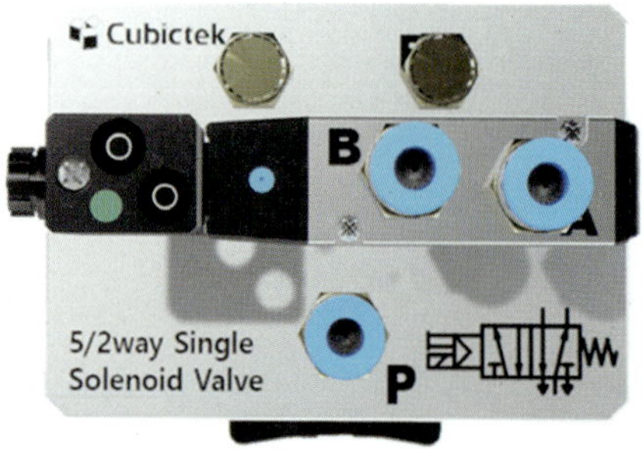

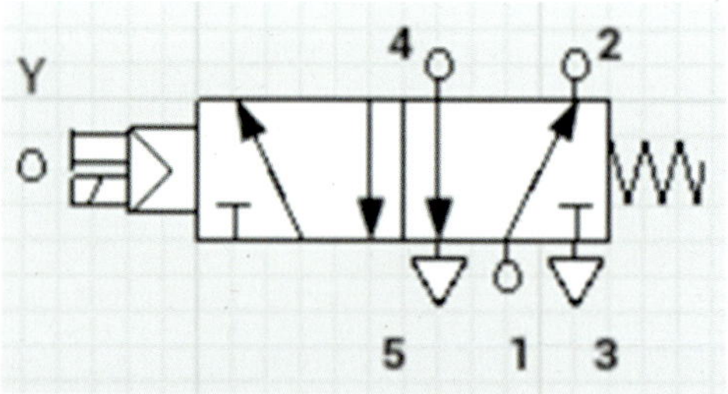

(ㄴ) 작동 방법

① 솔레노이드 작동을 통한 동작

㉠ 동작 솔레노이드(좌측) 전원 투입 시 동작 제어 위치 활성화

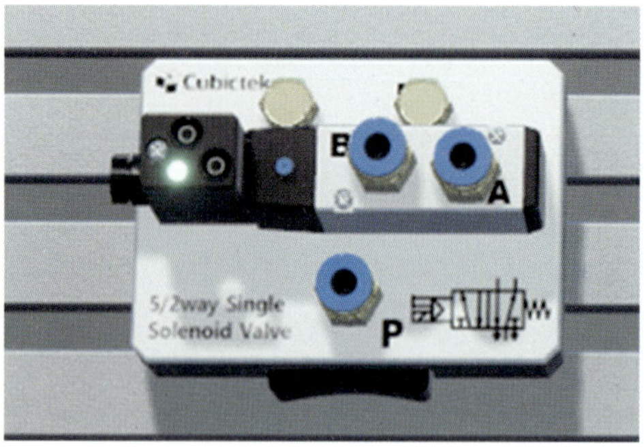

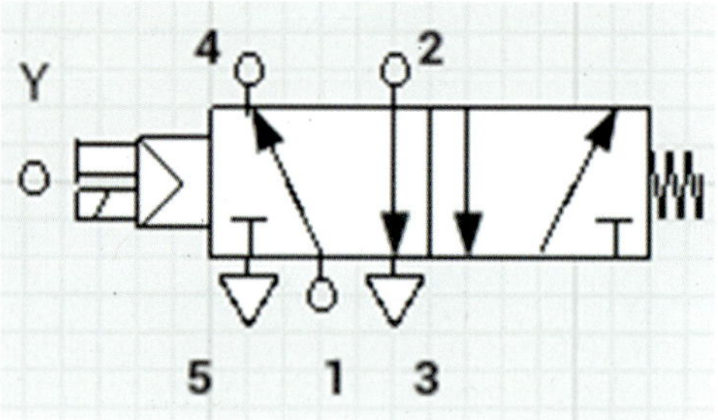

㉡ 동작 솔레노이드 전원이 끊어지면 스프링에 의해서 자동 복귀

② 수동 조작

㉠ 솔레노이드가 위치한 바깥쪽 영역을 클릭하여 동작 및 복귀 수동 조작

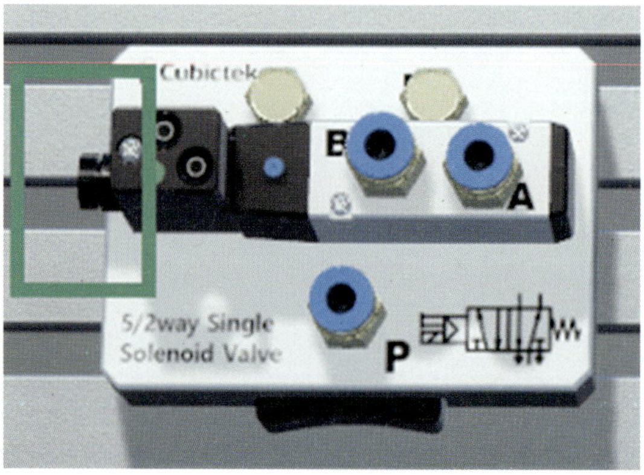

(ㄷ) 장비 ID 설정

① 배치된 밸브를 더블 클릭

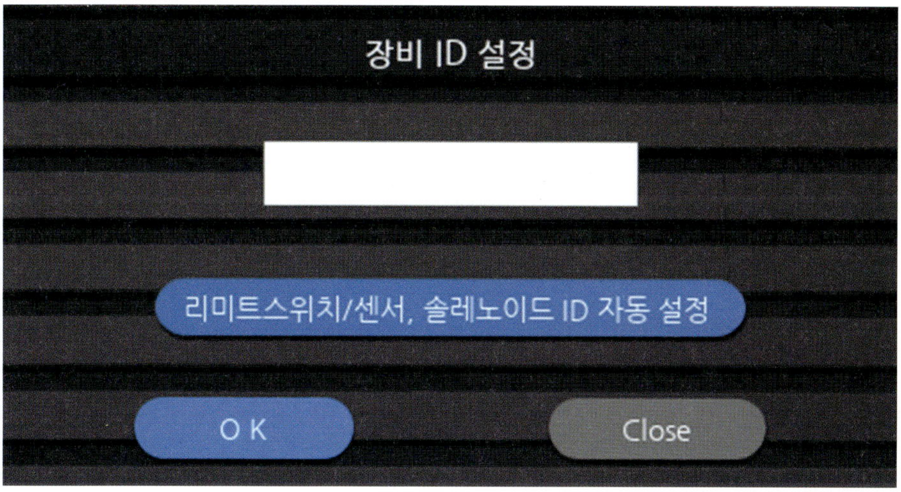

② 장비 ID 설정창에서 솔레노이드의 ID 직접 설정

③ 또는 리미트스위치/센서, 솔레노이드 ID 자동 설정 기능을 통한 자동 설정

다) 3/2 WAY 편솔레노이드 밸브

(ㄱ) 구성 및 심볼

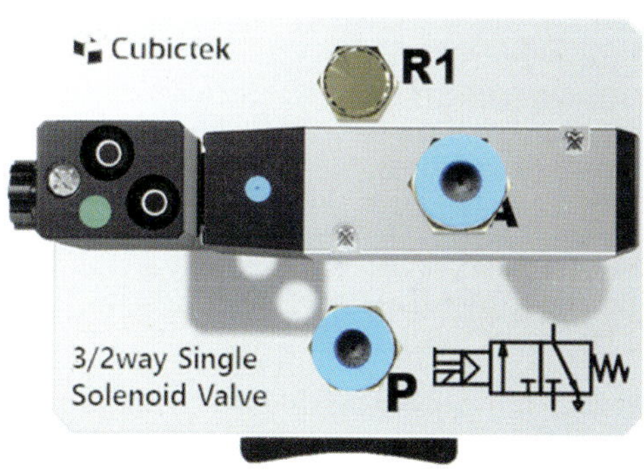

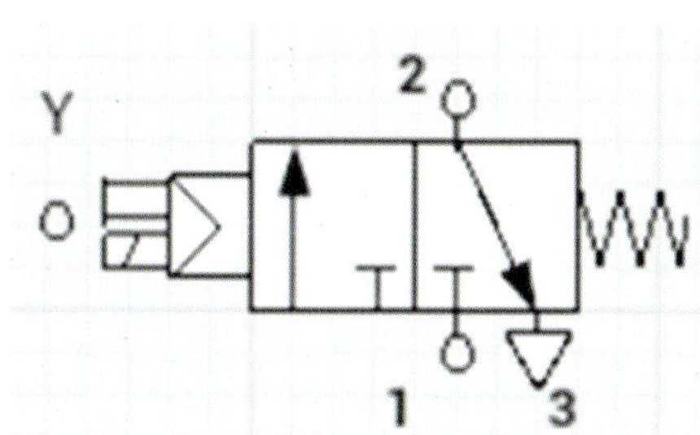

(ㄴ) 작동 방법

① 솔레노이드 작동을 통한 동작

㉠ 동작 솔레노이드(좌측) 전원 투입 시 동작 제어 위치 활성화

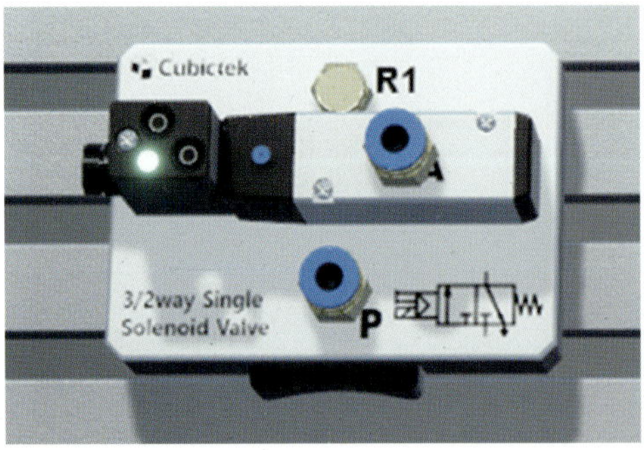

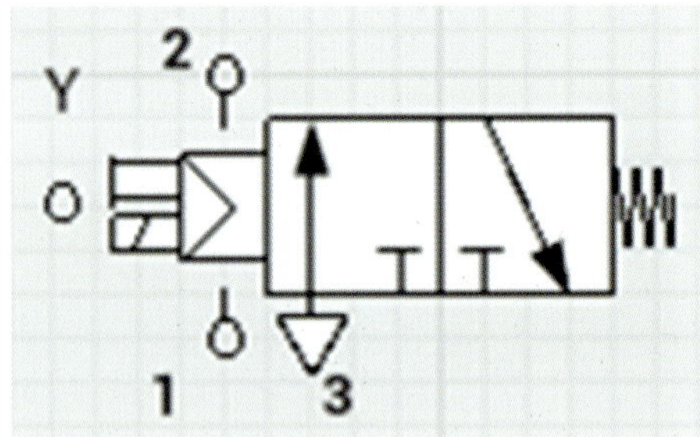

㉡ 동작 솔레노이드 전원이 끊어지면 스프링에 의해서 자동 복귀

② 수동 조작

㉠ 솔레노이드가 위치한 바깥쪽 영역을 클릭하여 동작 및 복귀 수동 조작

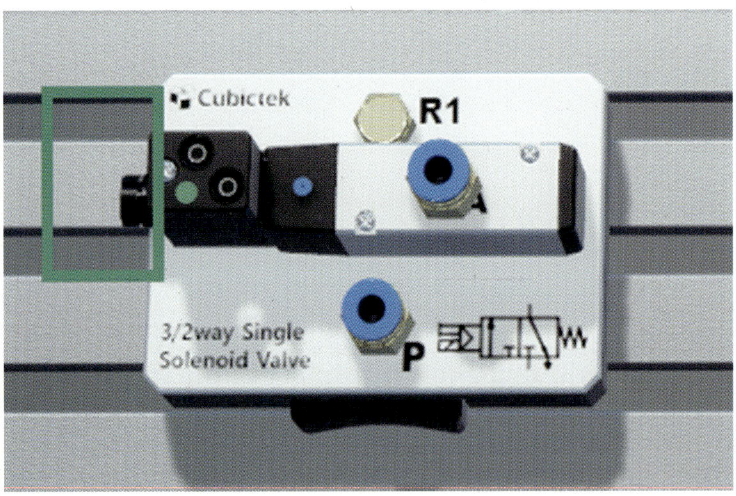

(ㄷ) 장비 ID 설정

① 배치된 밸브를 더블 클릭

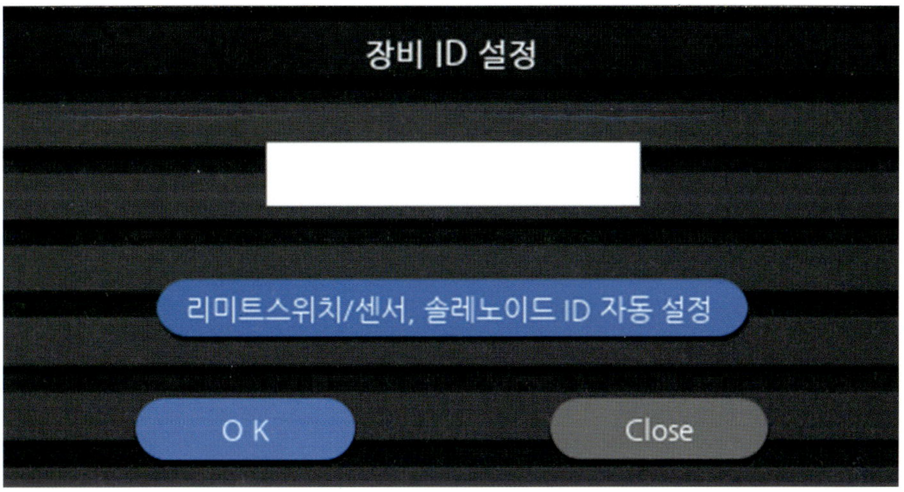

② 장비 ID 설정창에서 솔레노이드의 ID 직접 설정

③ 또는 리미트스위치/센서, 솔레노이드 ID 자동 설정 기능을 통한 자동 설정

4) 공압 작동 밸브

가) 3/2 WAY 공압작동스위치(NC)

(ㄱ) 구성 및 심볼

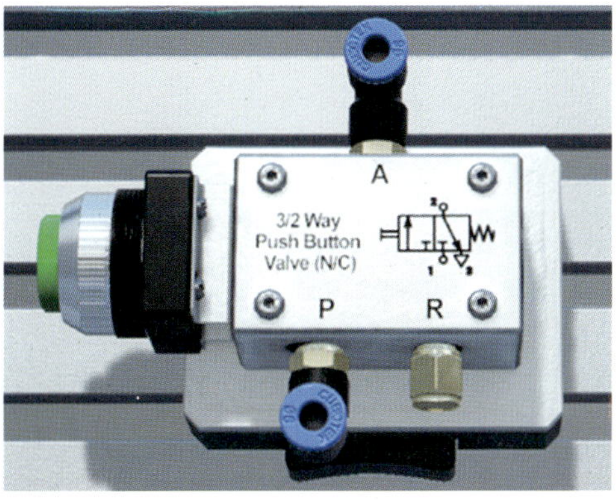

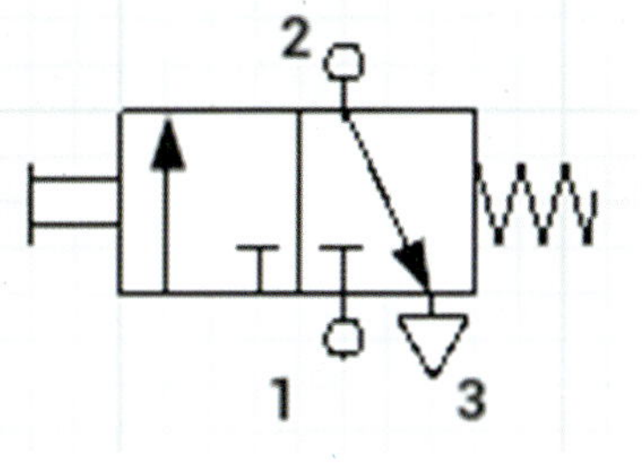

(ㄴ) 작동 방법

① 좌측 버튼, 마우스 좌클릭으로 동작

② 마우스 좌클릭 입력 해제 시 자동 복귀

나) 3/2 WAY 공압작동스위치(NO)

(ㄱ) 구성 및 심볼

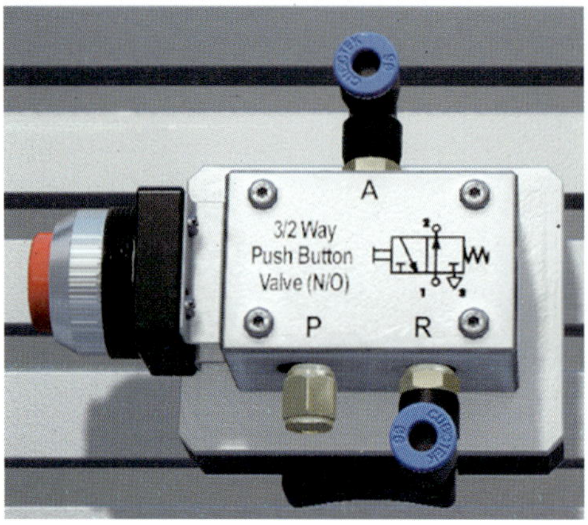

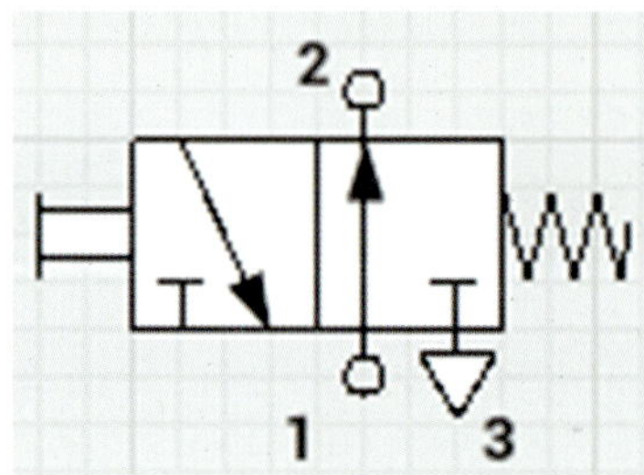

(ㄴ) 작동 방법

① 좌측 버튼, 마우스 좌클릭으로 동작

② 마우스 좌클릭 입력 해제 시 자동 복귀

다) 3/2 WAY 선택스위치작동 밸브(NC)

(ㄱ) 구성 및 심볼

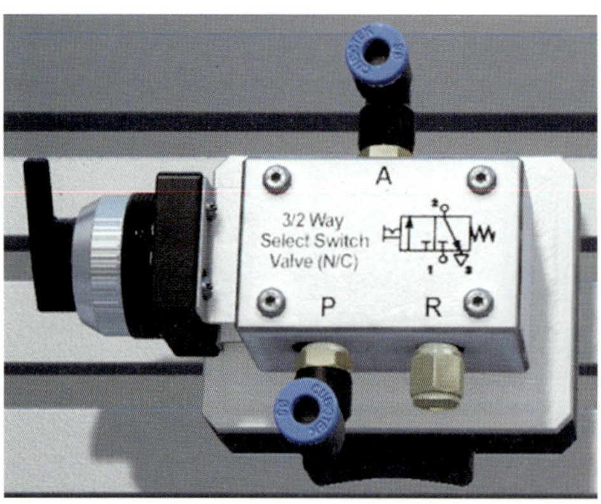

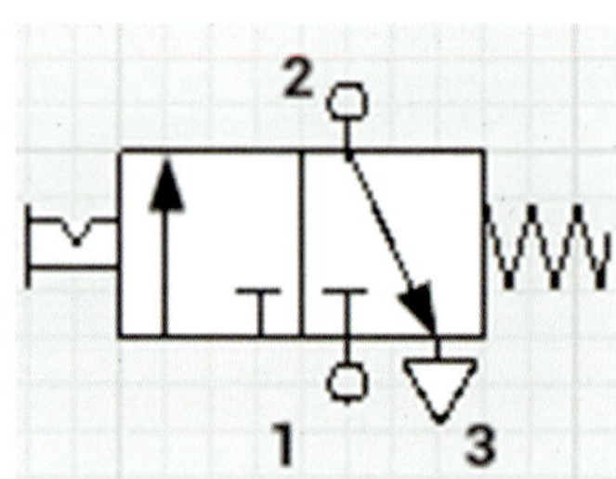

(ㄴ) 작동 방법

① 좌측 버튼, 마우스 좌클릭으로 동작

② 마우스 좌클릭 입력 해제 시 동작 상태 유지

③ 한 번 더 좌측 버튼 클릭 시 복귀

라) 3/2 WAY 선택 스위치 작동 밸브(NO)

(ㄱ) 구성 및 심볼

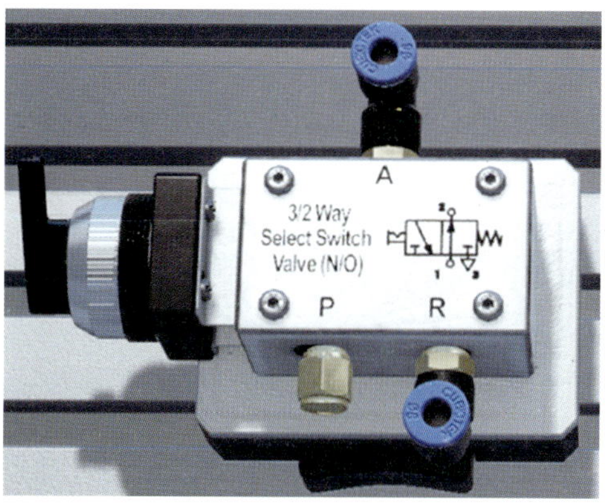

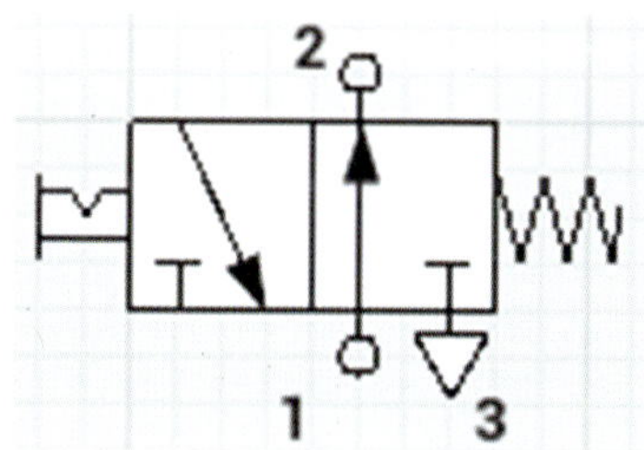

(ㄴ) 작동 방법

① 좌측 버튼, 마우스 좌클릭으로 동작

② 마우스 좌클릭 입력 해제 시 동작 상태 유지

③ 한 번 더 좌측 버튼 클릭 시 복귀

마) 5/2 WAY 공압작동밸브(공압 복귀)

(ㄱ) 구성 및 심볼

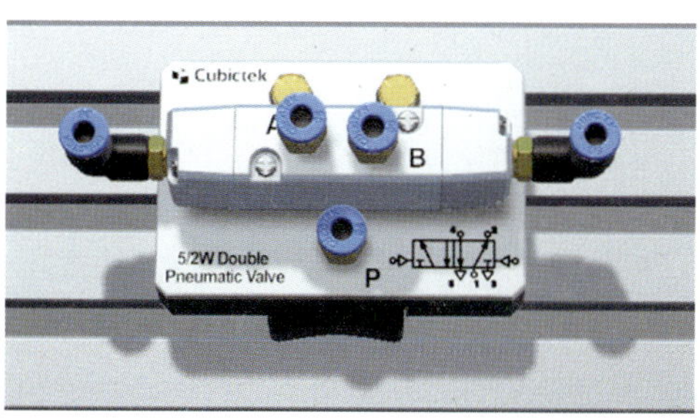

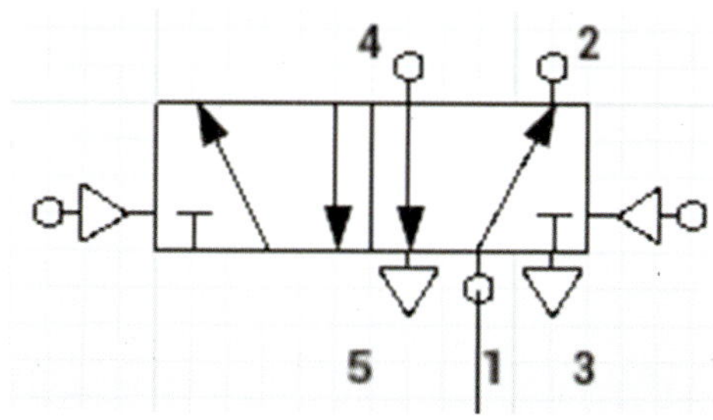

(ㄴ) 작동 방법

① 좌측 동작 신호 포트에 공압 투입 시 동작 제어 위치 활성화

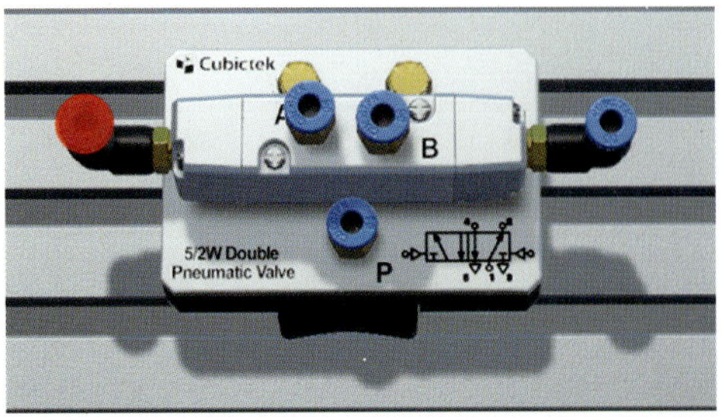

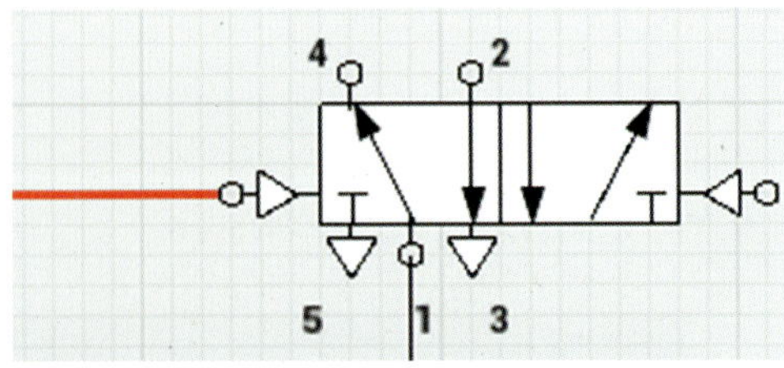

② 우측 동작 신호 포트에 공압 투입 시 복귀 제어 위치 활성화

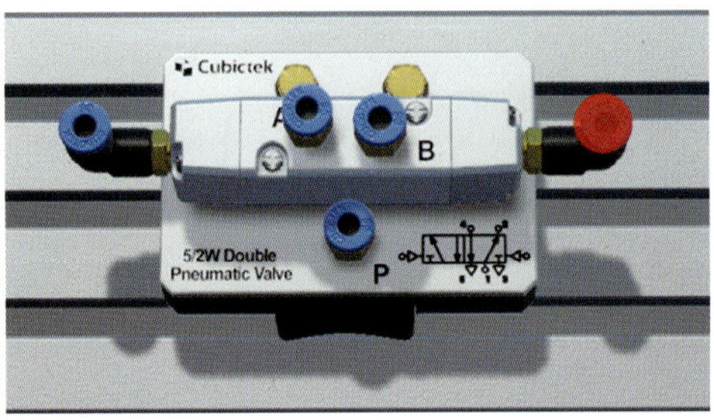

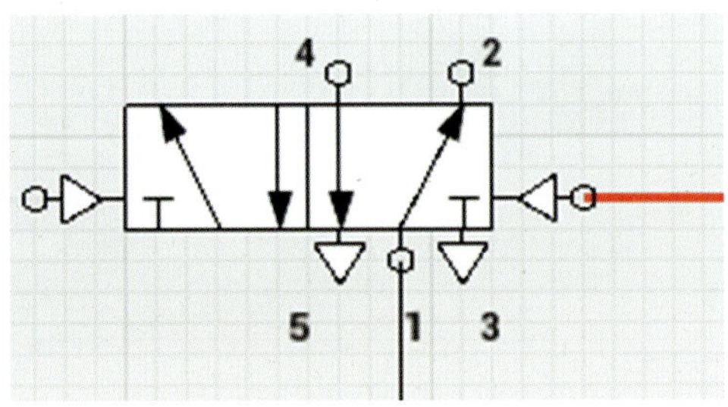

바) 5/2 WAY 공압작동 밸브(스프링 복귀)

(ㄱ) 구성 및 심볼

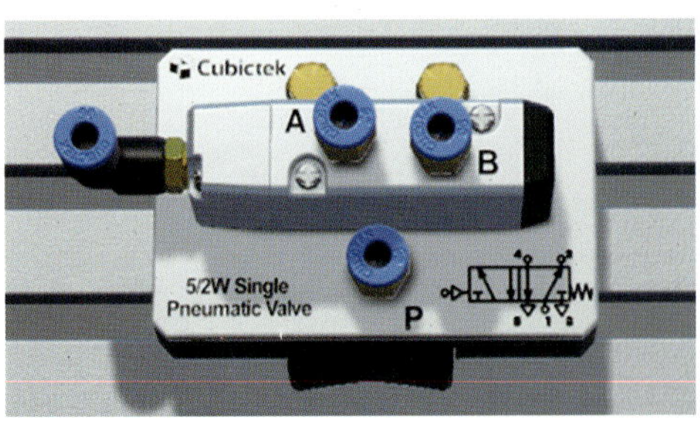

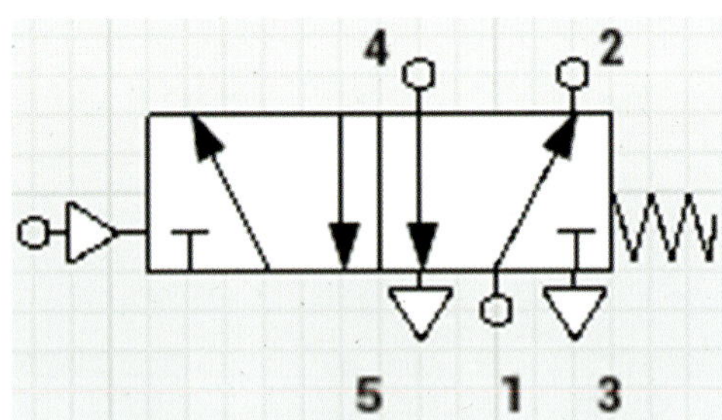

(ㄴ) 작동 방법

① 좌측 동작 신호 포트에 공압 투입 시 동작 제어 위치 활성화

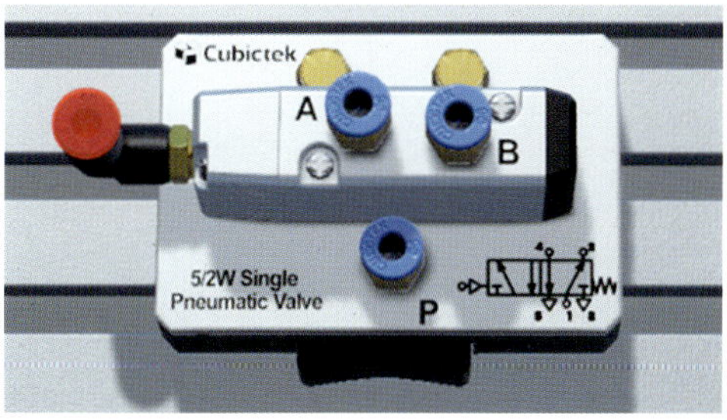

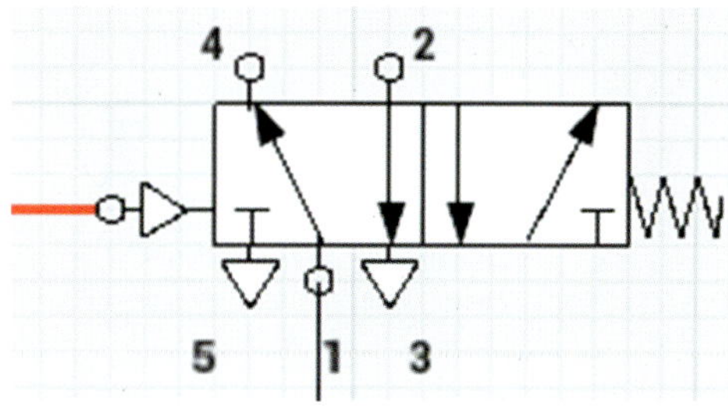

② 좌측 동작 신호 입력 해제 시 자동 복귀 제어 위치 활성화

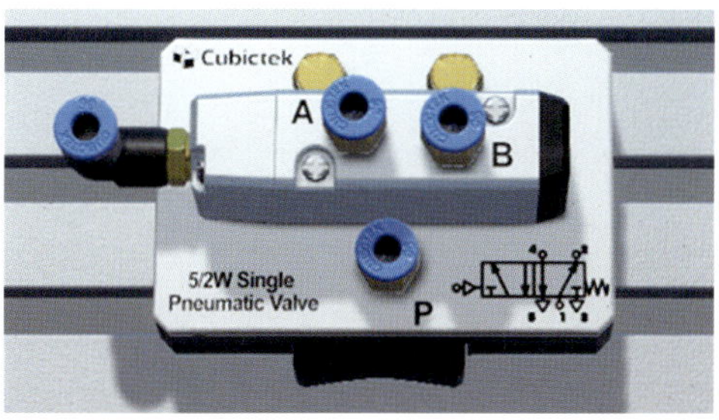

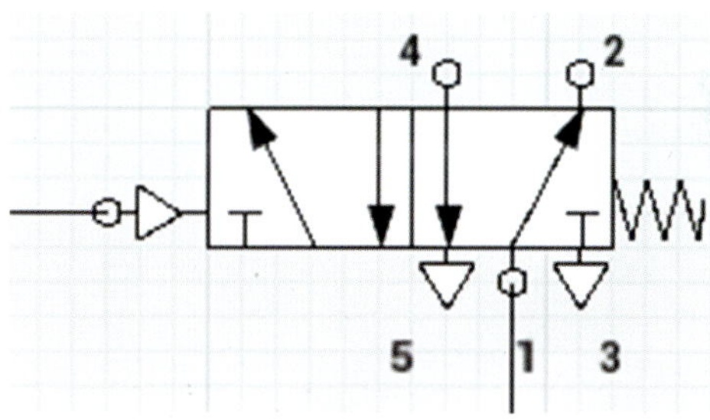

사) 3/2 WAY 공압작동 밸브(NC)

(ㄱ) 구성 및 심볼

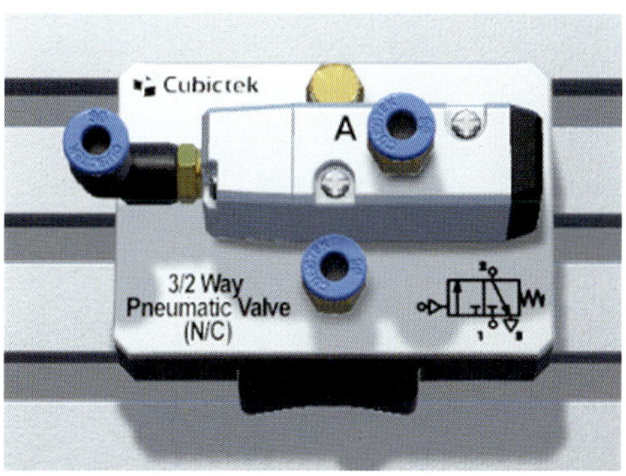

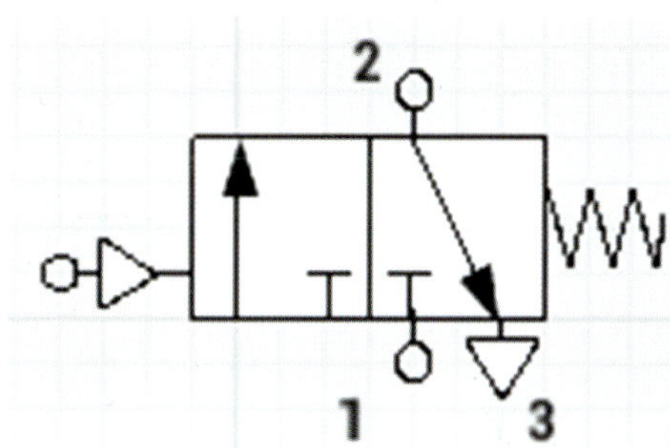

(ㄴ) 작동 방법

① 좌측 동작 신호 포트에 공압 투입 시, 동작 제어 위치 활성화

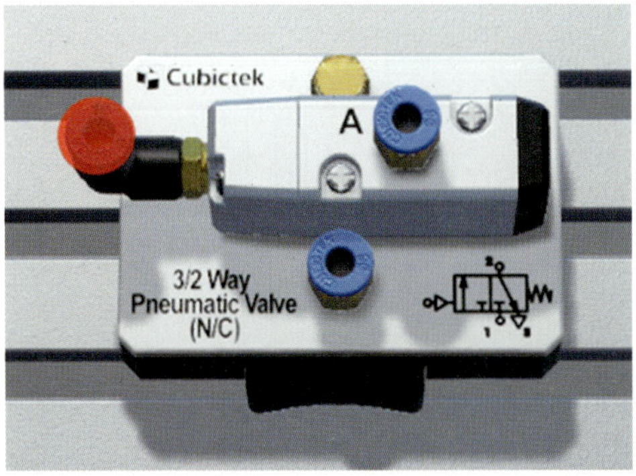

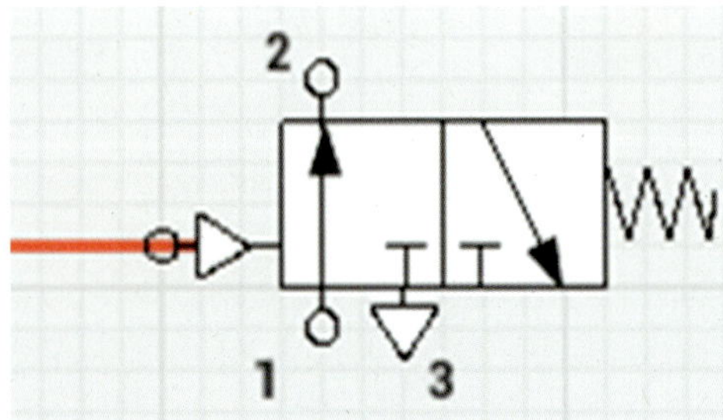

② 좌측 동작 신호 입력 해제 시 자동 복귀 제어 위치 활성화

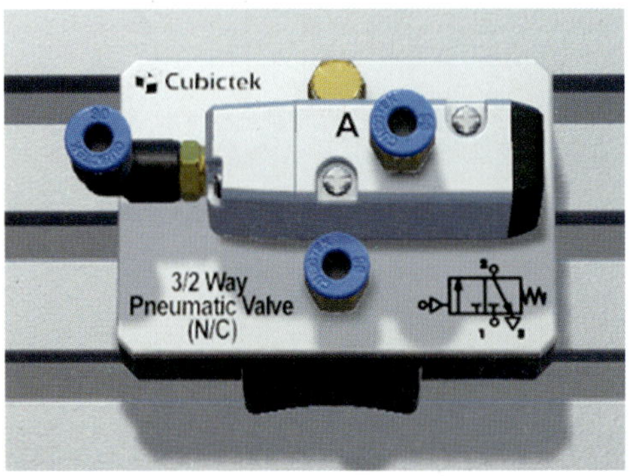

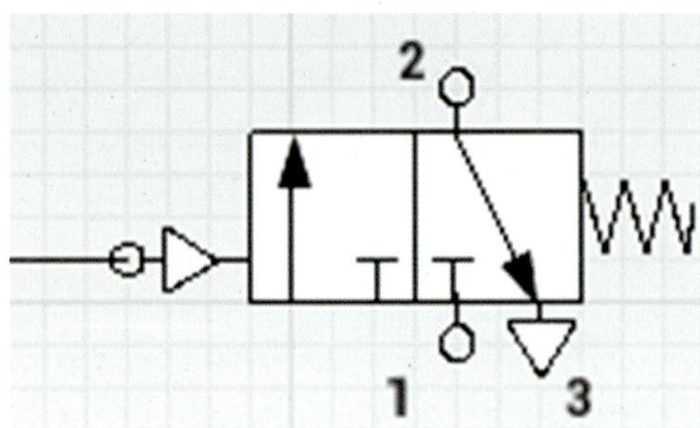

아) 3/2 WAY 공압작동 밸브(NO)

(ㄱ) 구성 및 심볼

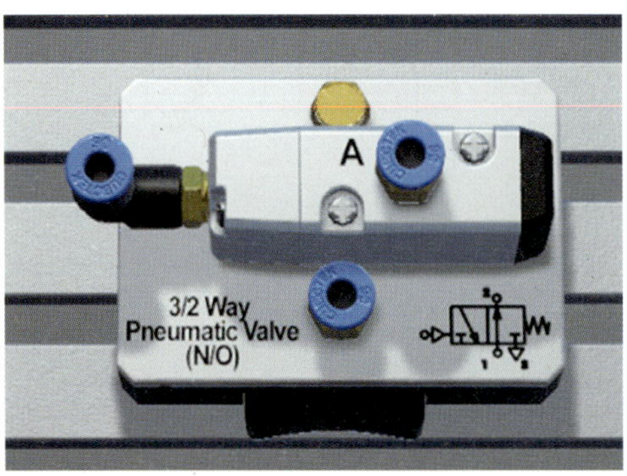

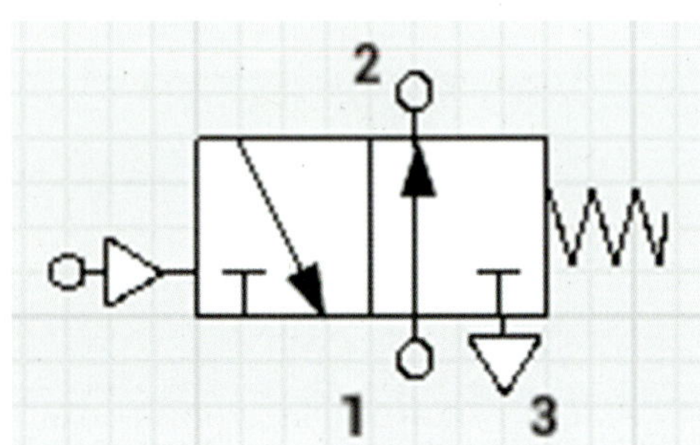

(ㄴ) 작동 방법

① 좌측 동작 신호 포트에 공압 투입 시 동작 제어 위치 활성화

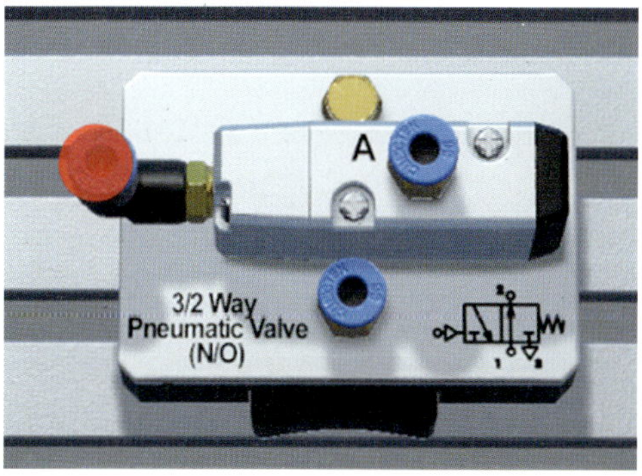

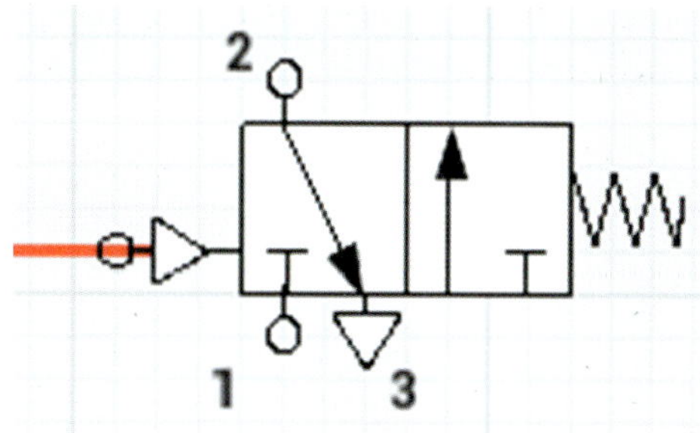

② 좌측 동작 신호 입력 해제 시 자동 복귀 제어 위치 활성화

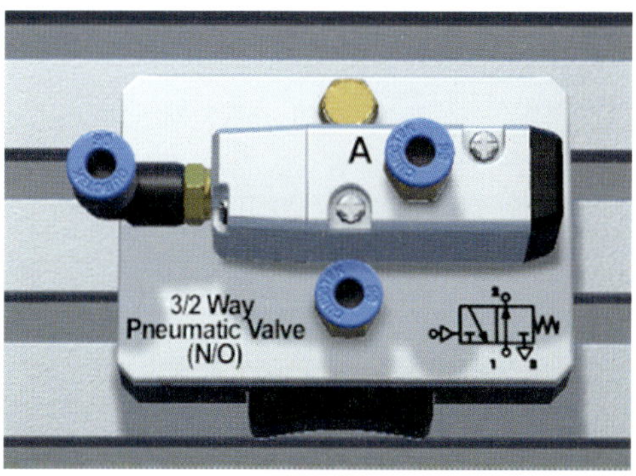

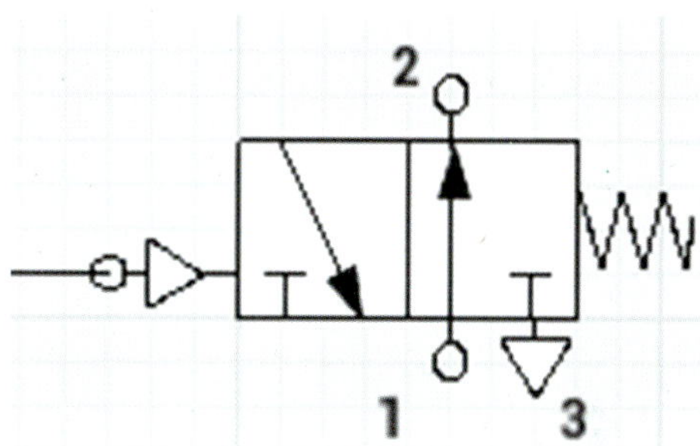

자) AND 밸브

(ㄱ) 구성 및 심볼

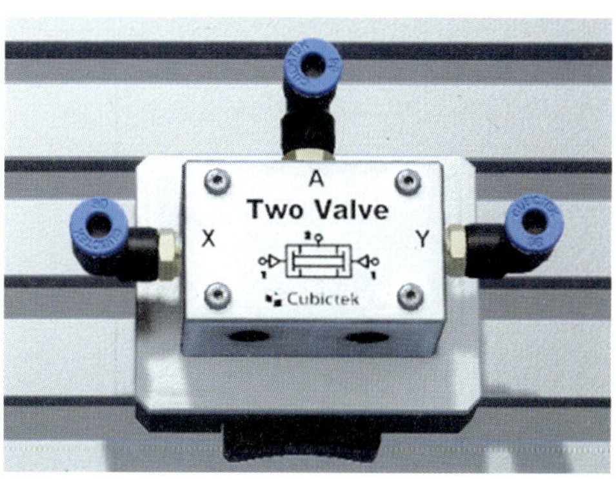

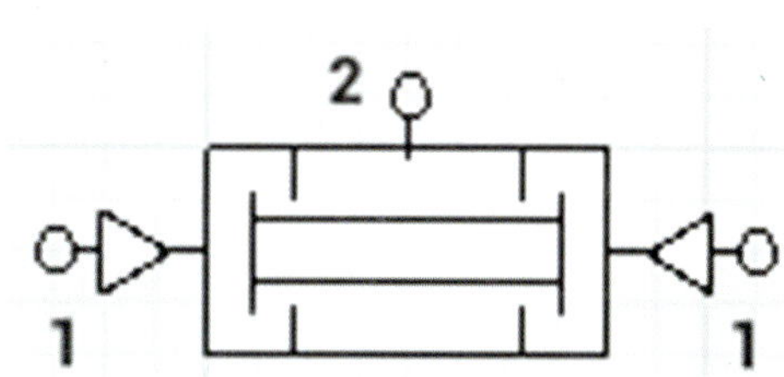

(ㄴ) 작동 방법

① X 포트와 Y 포트 모두에 공압 입력이 있을 때, A 포트로 압력이 흐르는 밸브

② AND 밸브 동작

X(1)	Y(1)	A(2)	동작 이미지
0	0	0	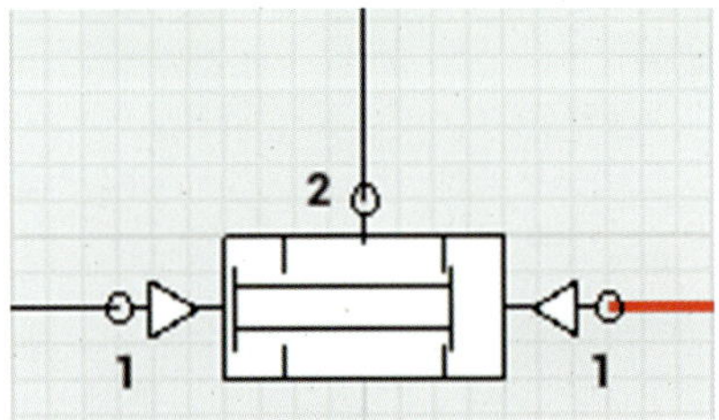
0	1	0	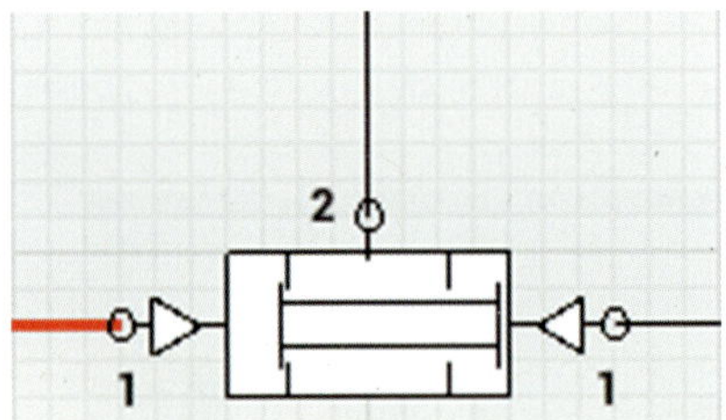
1	0	0	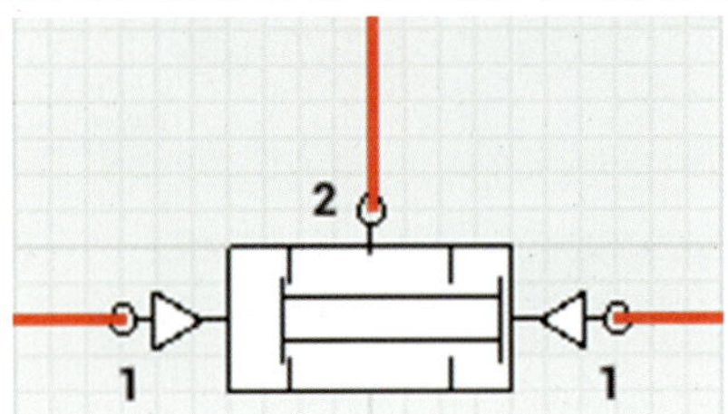
1	1	1	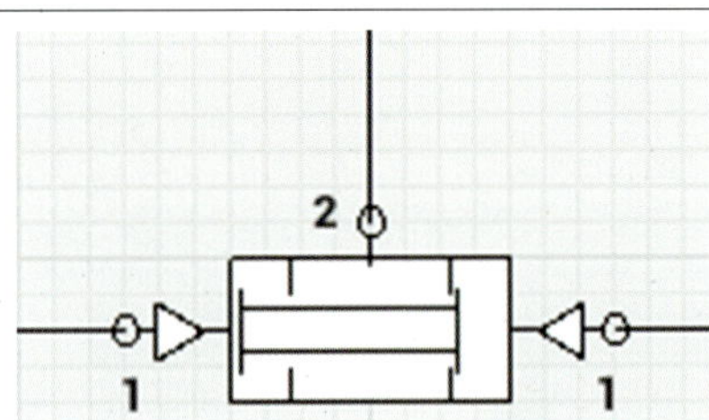

차) OR 밸브

(ㄱ) 구성 및 심볼

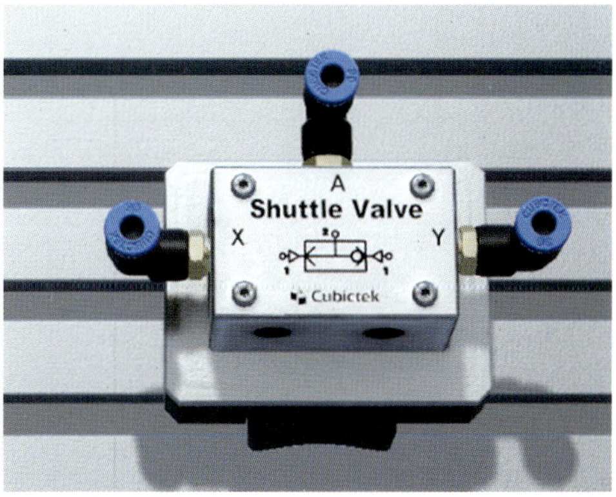

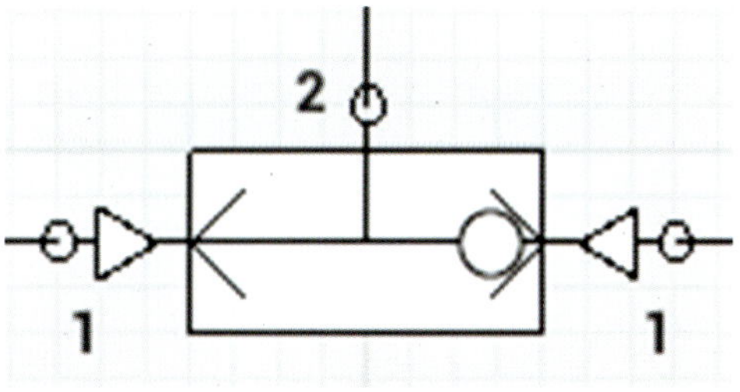

(ㄴ) 작동 방법

① X 포트와 Y 포트, 둘 중 1개라도 공압 입력이 있을 때 A 포트로 압력이 흐르는 밸브

② OR 밸브 동작

X(1)	Y(1)	A(2)	동작 이미지
0	0	0	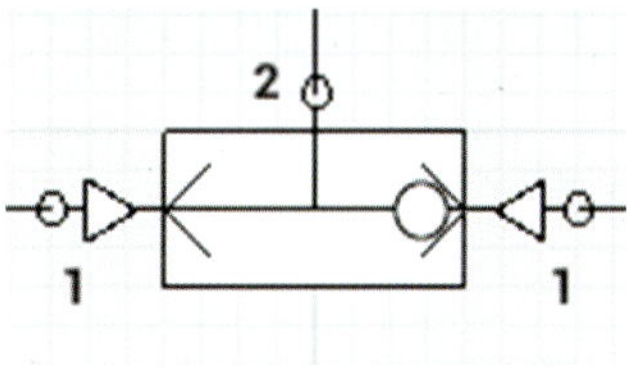
0	1	1	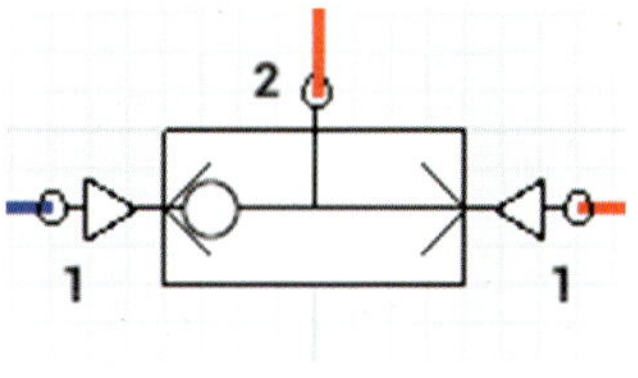
1	0	1	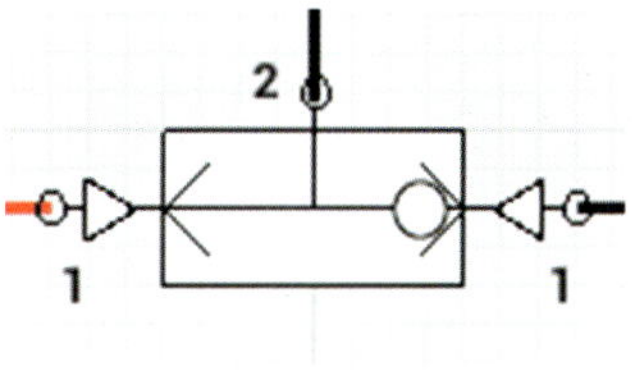
1	1	1	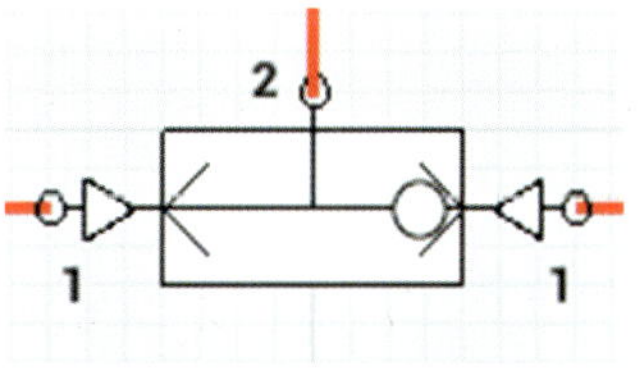

5) 유량 / 압력 제어 밸브

가) 일방향 유량제어 밸브

(ㄱ) 구성 및 심볼

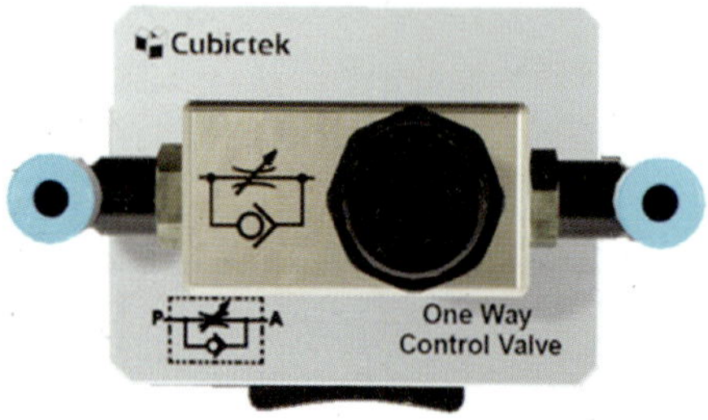

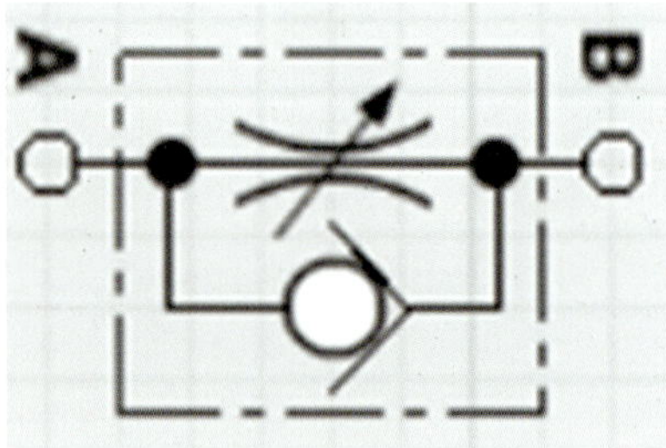

(ㄴ) 작동 방법

① 동작 특성

㉠ P 포트에서 A 포트 방향으로 압력이 흐를 때, 흐르는 압력을 제어

㉡ A 포트에서 P 포트 방향으로 압력이 흐를 때, 압력을 제어하지 않음

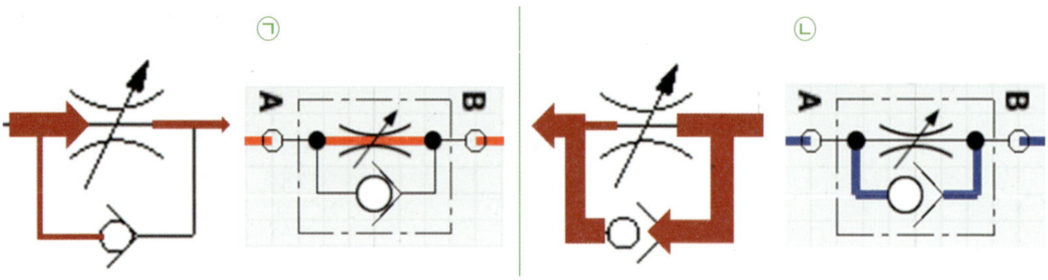

② 작동 방법

㉠ 밸브의 다이얼에 마우스를 위치시킨 후 마우스 휠 업다운

나) 급속 배기 밸브

(ㄱ) 구성 및 심볼

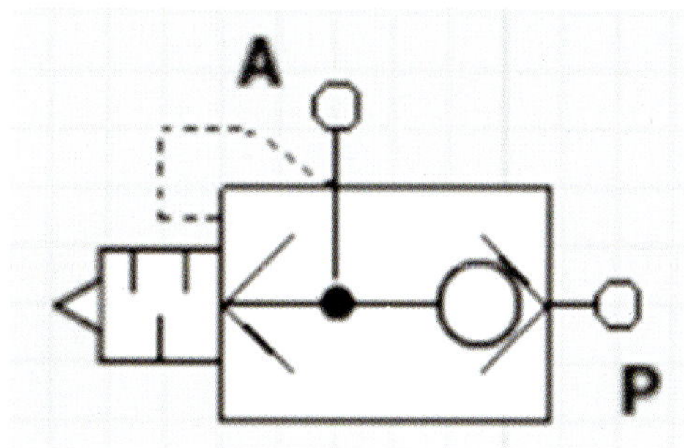

(ㄴ) 작동 방법

① 동작 특성

㉠ P 포트에서 A 포트 방향으로 압력이 흐를 때 정상적으로 흐름

㉡ A 포트에서 P 포트 방향으로 압력이 흐를 때 내부 구조물에 의해서 P 포트가 막히고 R 포트(급속 배기 포트) 쪽으로 압력이 빠져나가면서 매우 빠르게 배기

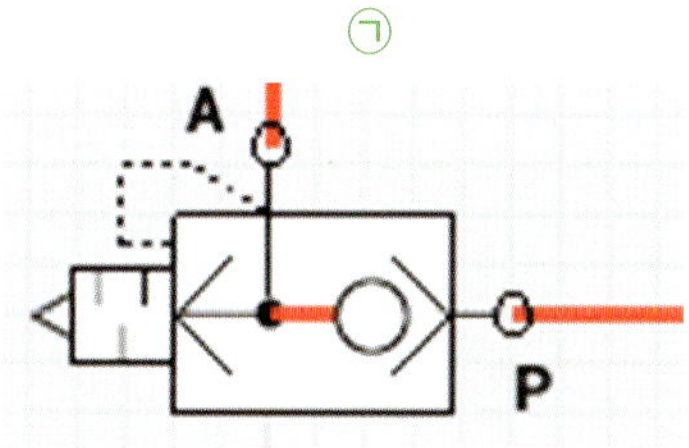

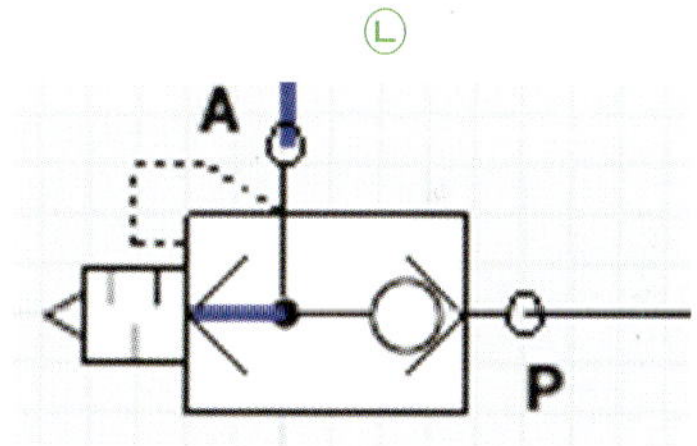

다) 감압 밸브

(ㄱ) 구성 및 심볼

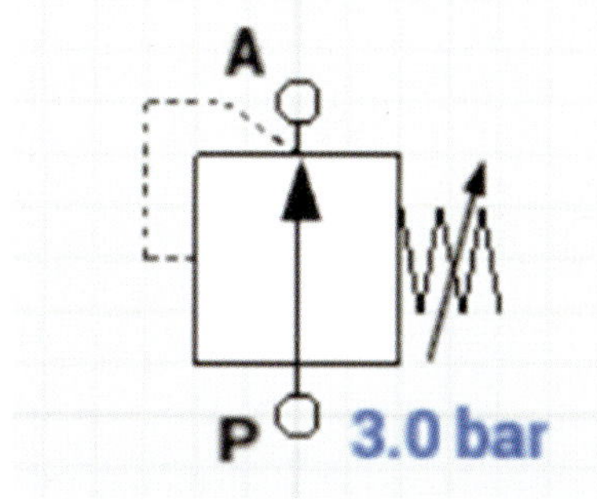

(ㄴ) 작동 방법

① 동작

㉠ P 포트에서 A 포트 방향으로 압력이 흐를 때 설정된 압력을 초과하는 압력이 흐르지 않도록 감압시키는 밸브

② 작동 방법

㉠ 밸브의 다이얼에 마우스를 위치시킨 후 마우스 휠 업다운

6) 감지 센서

가) 리밋스위치

(ㄱ) 구성 및 심볼

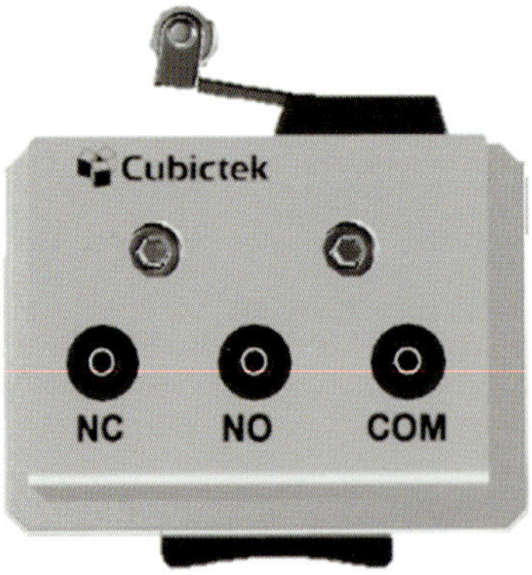

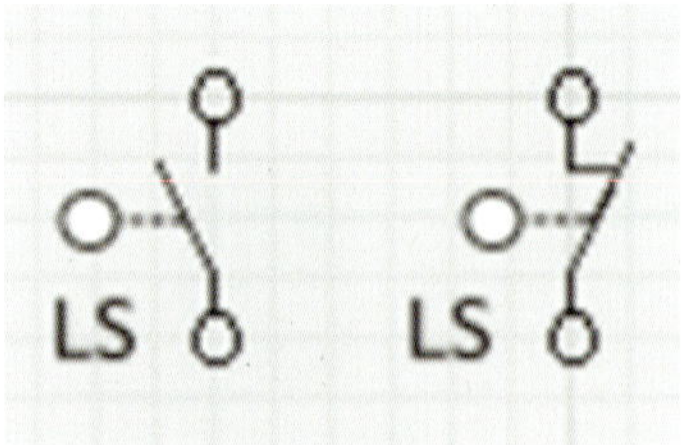

(ㄴ) 작동 방법

① 스위치 개폐 상태를 전기적 신호로 변환

② COM 단자와 NO 단자를 연결했을 때 스위치가 눌린 상태라면 전기 신호 전달

③ COM 단자와 NC 단자를 연결했을 때 스위치가 눌리지 않은 상태라면 전기 신호 전달

나) 정전용량형 센서

(ㄱ) 구성 및 심볼

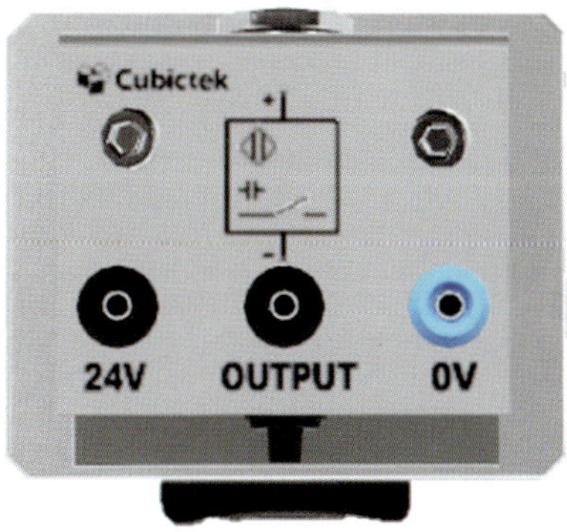

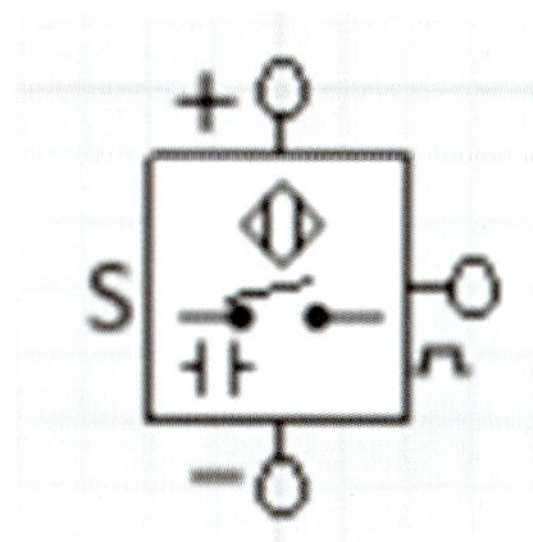

(ㄴ) 작동 방법

① 24V와 0V 전원이 연결

② 센서에 물체가 인식되면 OUTPUT 포트에 전기 신호 발생

다) 유도형 센서

(ㄱ) 구성 및 심볼

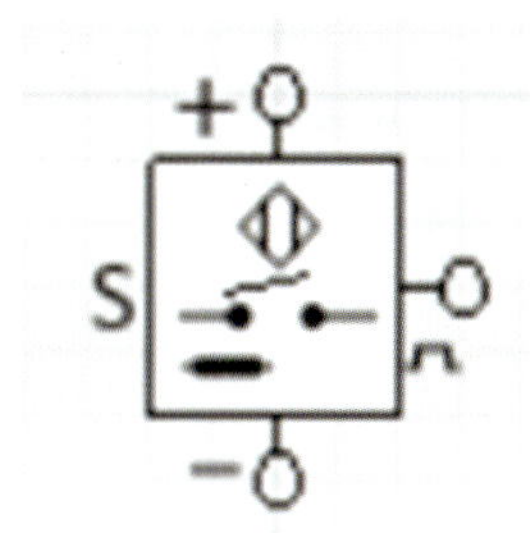

(ㄴ) 작동 방법

① 24V와 0V 전원이 연결

② 센서에 금속 물체가 인식되면 OUTPUT 포트에 전기 신호 발생

라) 롤레버

(ㄱ) 구성 및 심볼

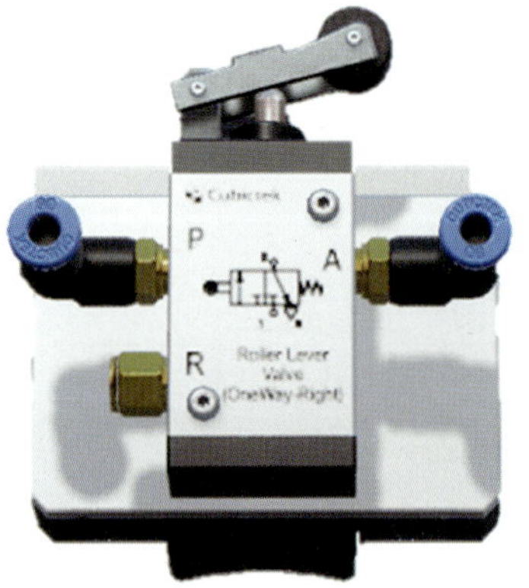

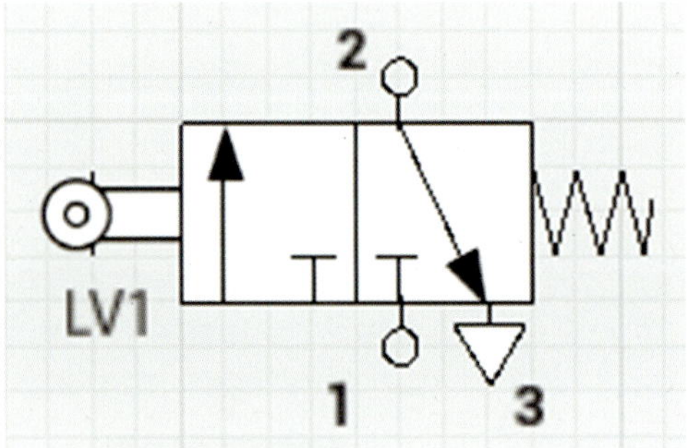

(ㄴ) 작동 방법

① 롤레버가 눌리지 않은 상태에서 P 포트 차단, A 포트와 R 포트 연결

② 롤레버가 눌린 상태에서 P 포트와 A 포트 연결, R 포트 차단

B 전기 모듈

1) 파워 모듈

가) 파워 모듈

(ㄱ) 구성 및 심볼

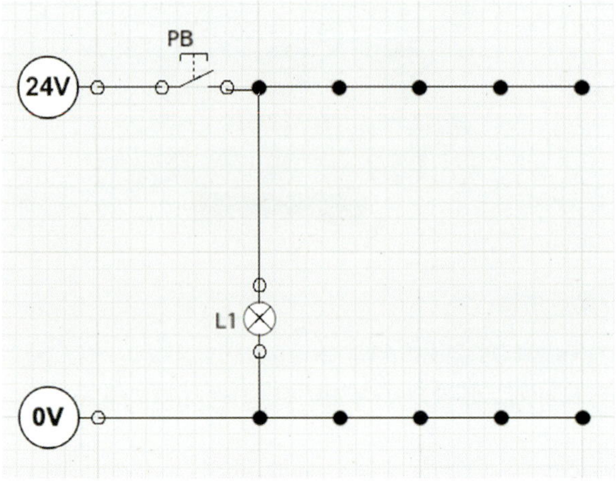

(ㄴ) 작동 방법

① 중앙의 POWER 버튼을 누르면 전체 모듈 전원 공급

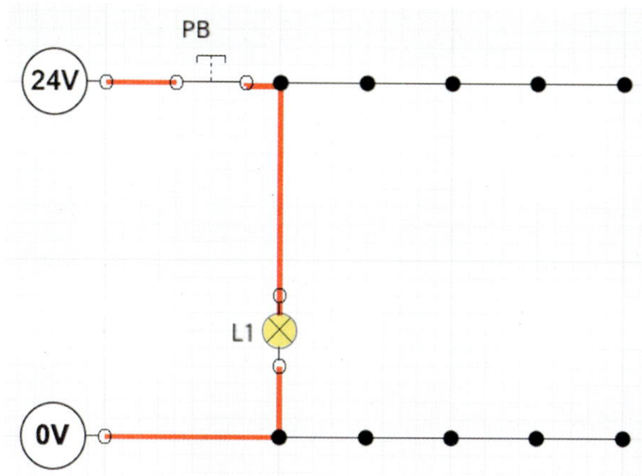

② 단축키 : E

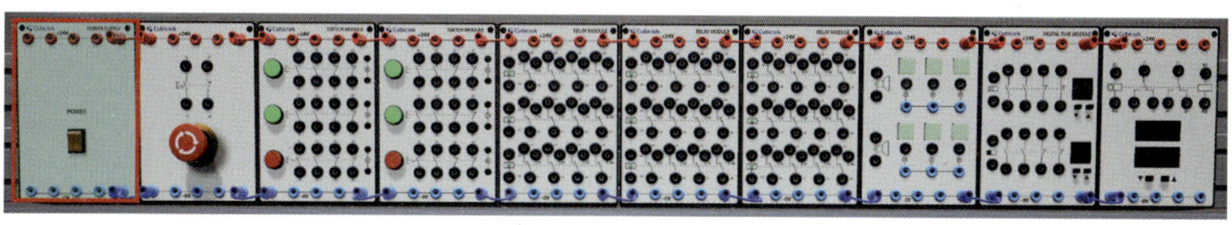

2) 스위치 모듈

가) 2개의 '한시 동작 자동 복귀 스위치'와 1개의 '토클 스위치'로 구성

(ㄱ) 각 스위치의 사용 가능 접점은 각각 A 접점 2개, B 접점 2개

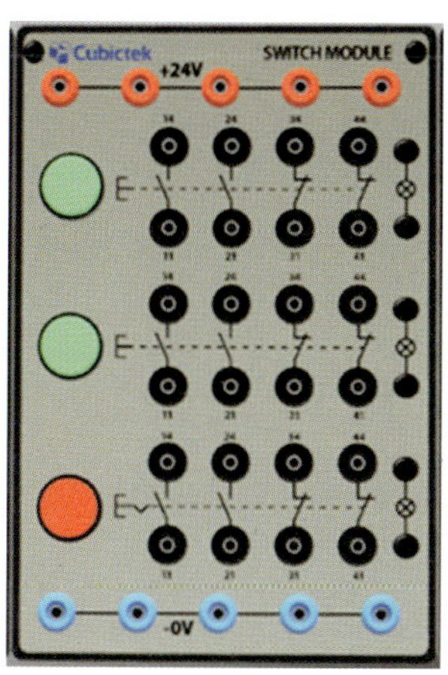

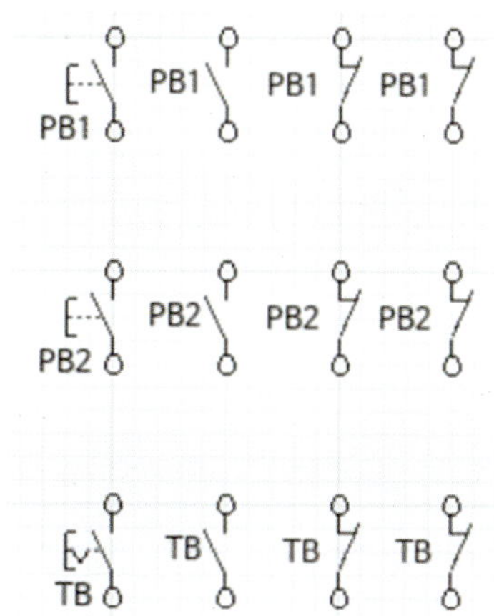

| 스위치 모듈 |

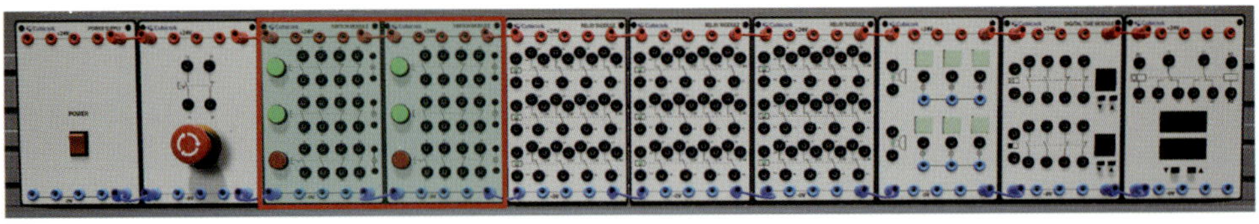

나) 한시 동작 접점 스위치

(ㄱ) 구성 및 심볼

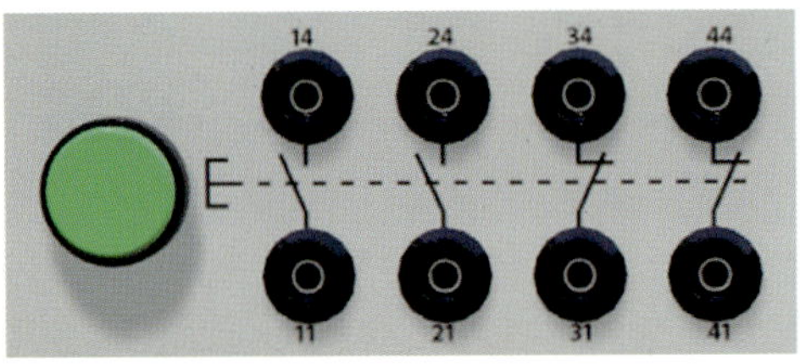

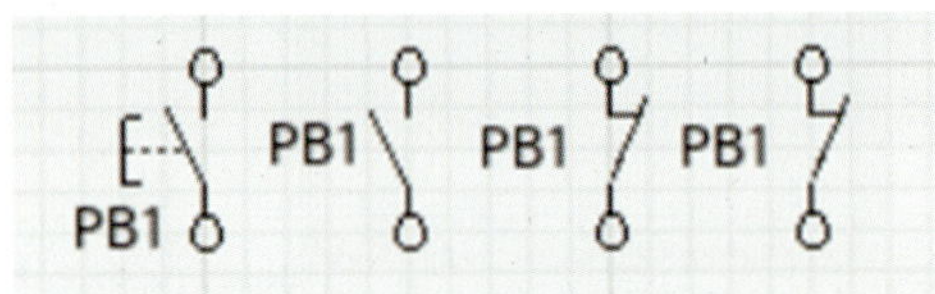

(ㄴ) 작동 방법

① 스위치를 동작시켰을 때 한시적으로 접점 신호의 변화가 발생했다가 스위치를 동작시키던 힘이 없어지면 자동으로 복귀

② 버튼 동작에 따른 각 접점별 동작 상태

	포트	버튼 OFF	버튼 ON
A 접점	11, 14	차단	연결
	21, 24	차단	연결
B 접점	31, 34	연결	차단
	41, 44	연결	차단

③ 단축키 : T, Y, G, H

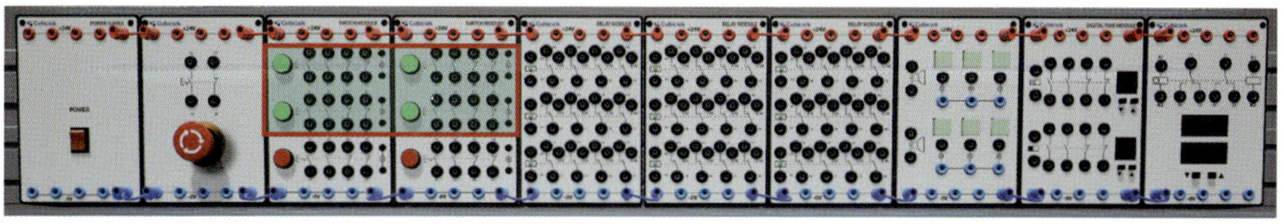

다) 토글 스위치

(ㄱ) 구성 및 심볼

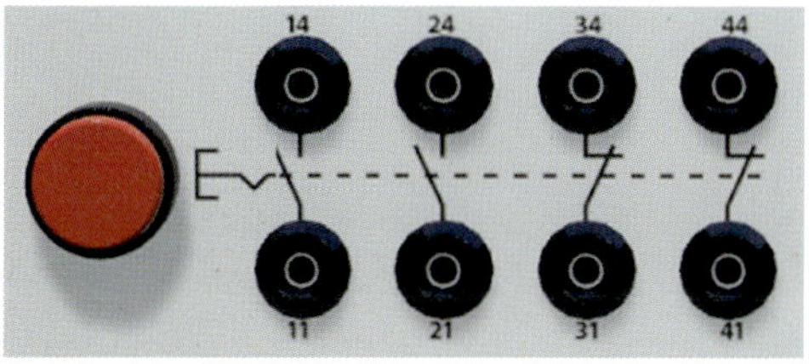

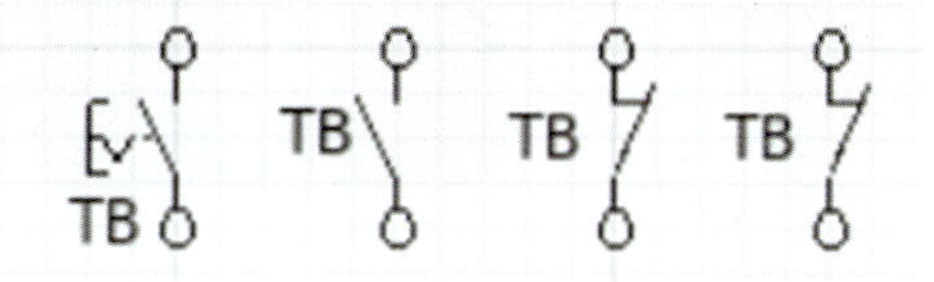

(ㄴ) 작동 방법

① 스위치를 동작시켰을 때 접점 신호의 변화가 발생하고 스위치를 다시 동작시키기 전까지 해당 신호 변화를 유지

② 버튼 동작에 따른 각 접점별 동작 상태

	포트	버튼 OFF	버튼 ON
A 접점	11, 14	차단	연결
	21, 24	차단	연결
B 접점	31, 34	연결	차단
	41, 44	연결	차단

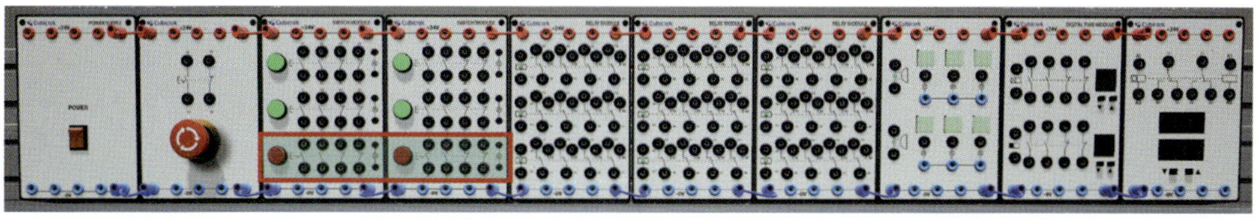

라) 비상정지 스위치

(ㄱ) 구성 및 심볼

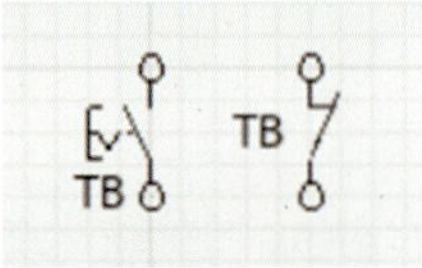

(ㄴ) 작동 방법

① 스위치를 동작시켰을 때 접점 신호의 변화가 발생하고 스위치를 다시 동작시키기 전까지 해당 신호 변화를 유지

② 버튼 동작에 따른 각 접점별 동작 상태

	포트	버튼 OFF	버튼 ON
A 접점	11, 12	차단	연결
B 접점	21. 22	연결	차단

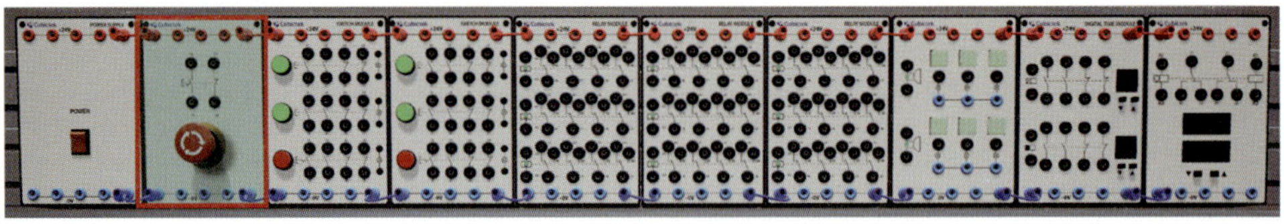

3) 램프 모듈

가) 램프

(ㄱ) 구성 및 심볼

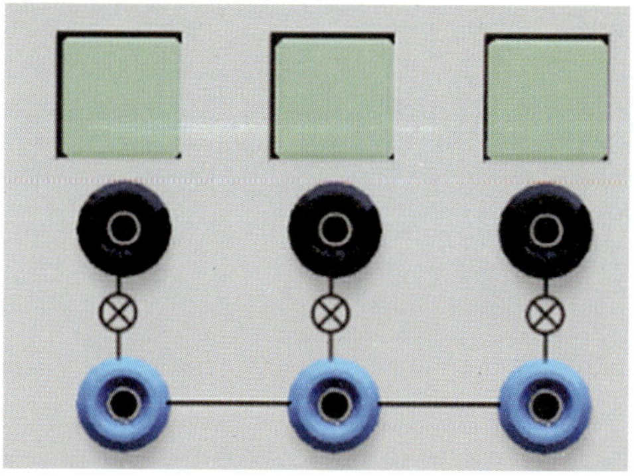

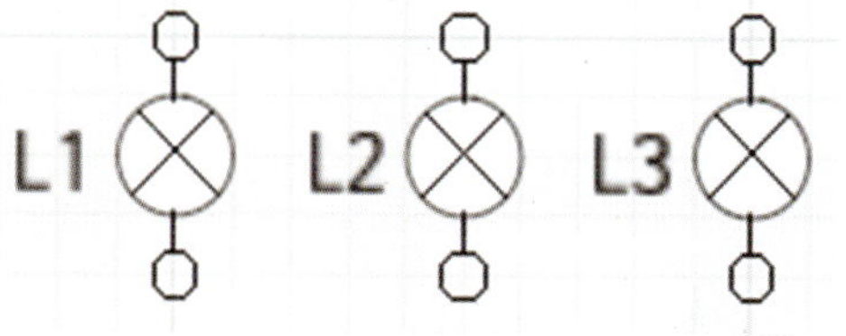

(ㄴ) 작동 방법

① 24V 전원(전기신호)이 검은색 포트에 인가되면 램프 점등

② 청색 포트는 0V(그라운드)가 배선이 된 상태

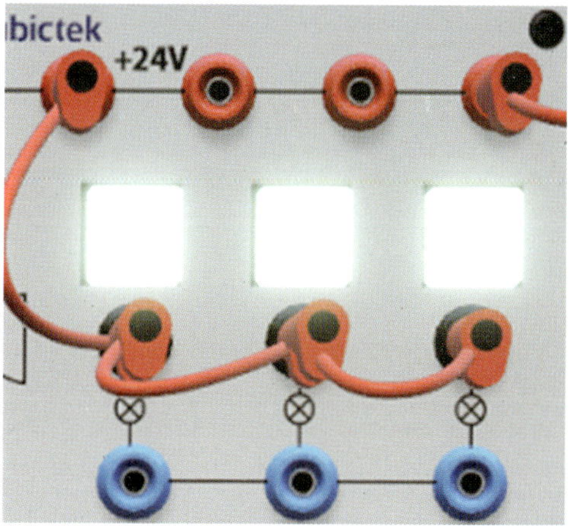

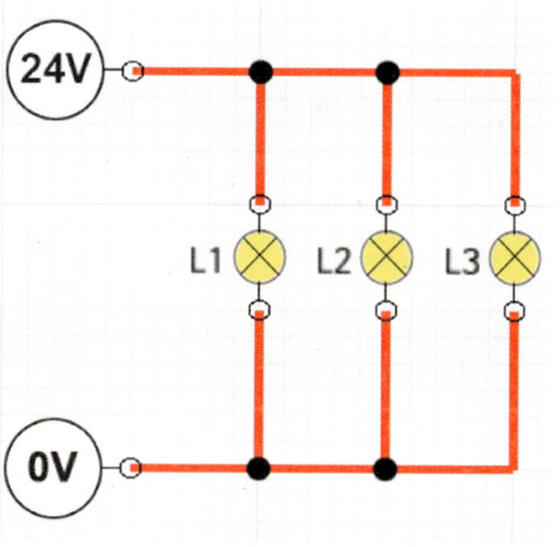

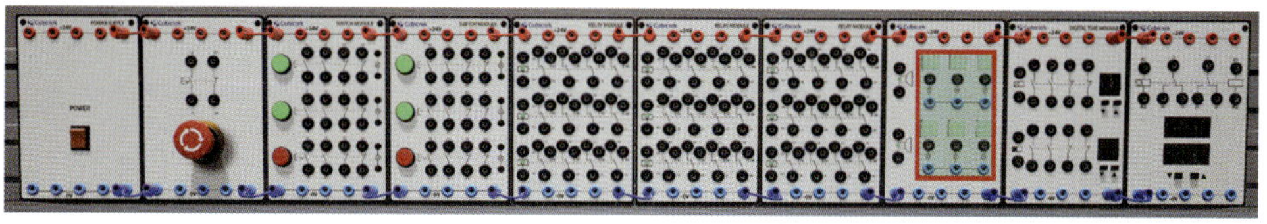

나) 부저

(ㄱ) 구성 및 심볼

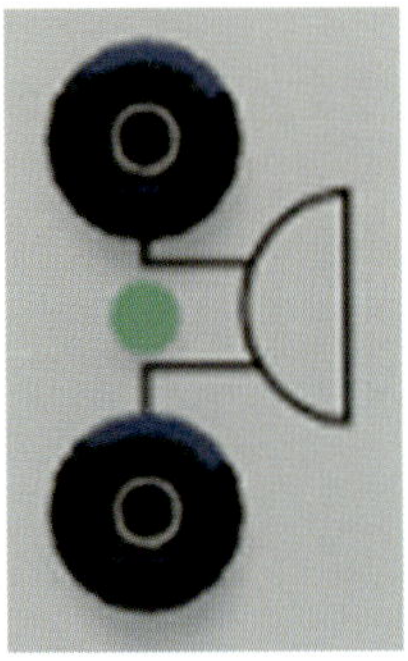

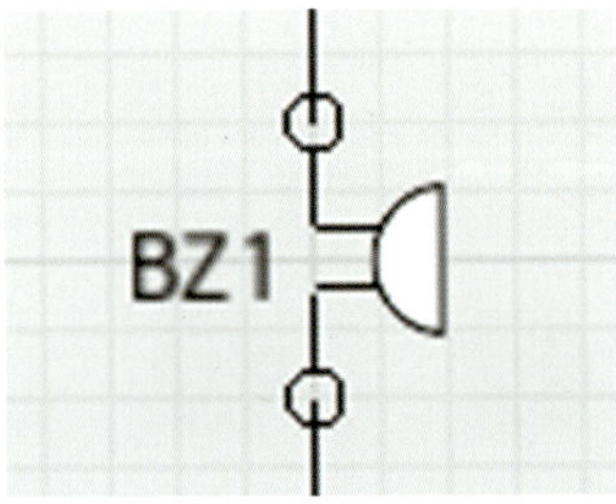

(ㄴ) 작동 방법

① 2개의 포트 중 하나는 24V, 다른 하나는 0V로 연결되었을 때 출력(소리, 중앙 램프) 발생

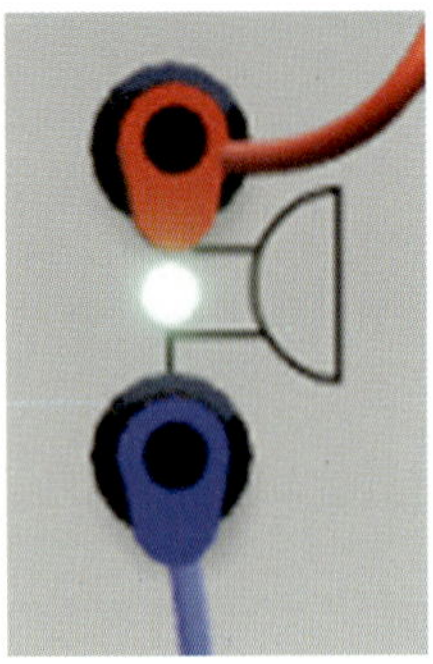

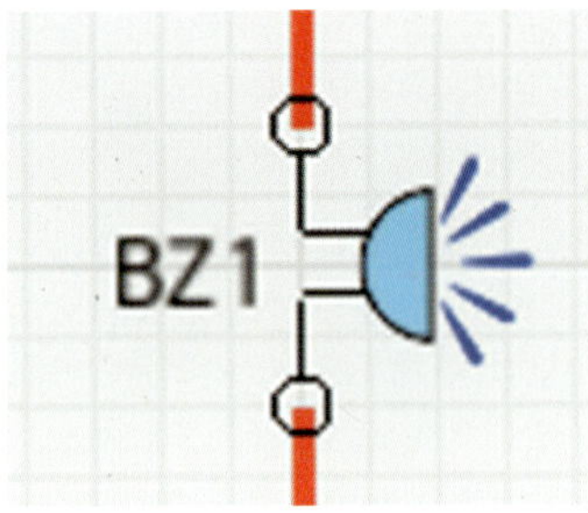

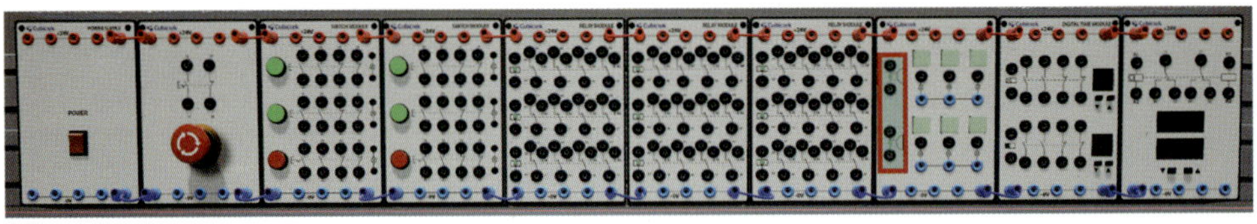

4) 릴레이 모듈

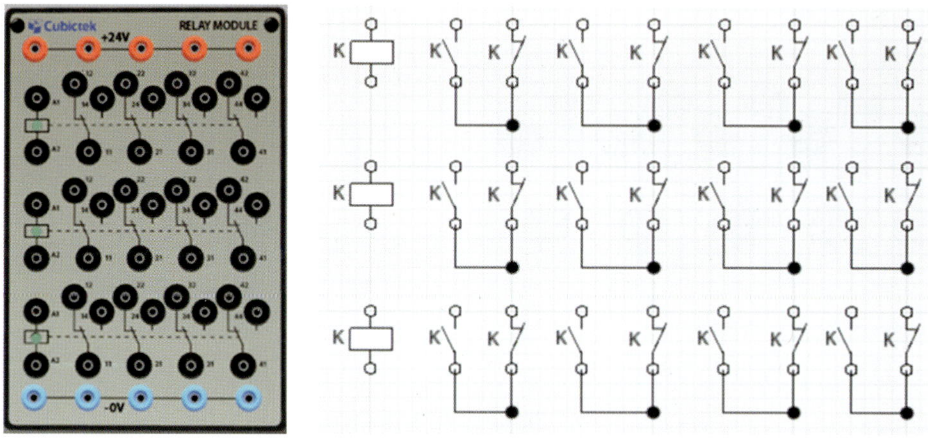

| 릴레이 모듈 |

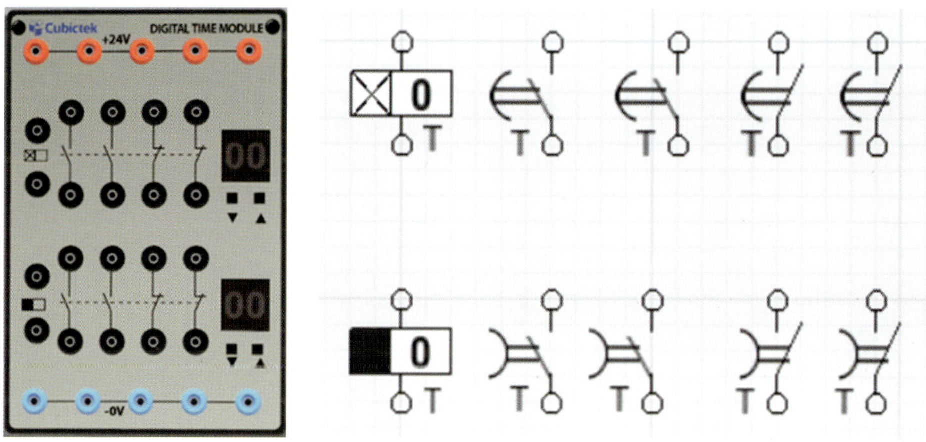

| 특수 릴레이 - 타이머 |

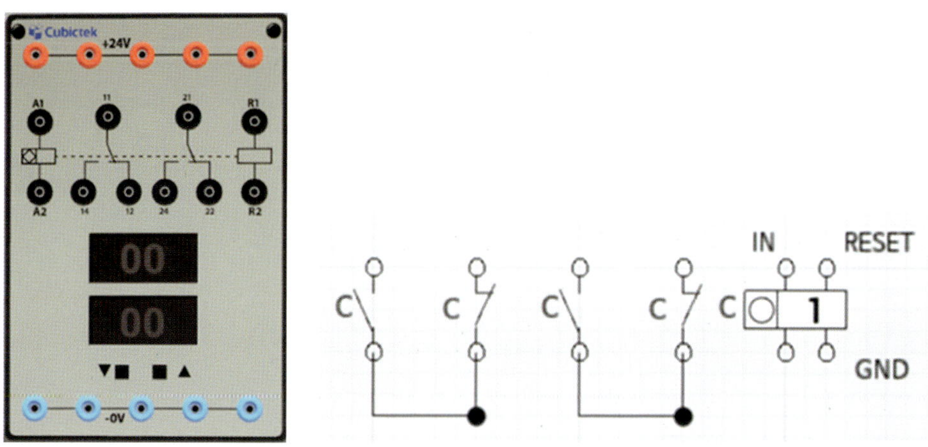

| 특수 릴레이 - 카운터 |

가) 일반 릴레이

(ㄱ) 구성 및 심볼

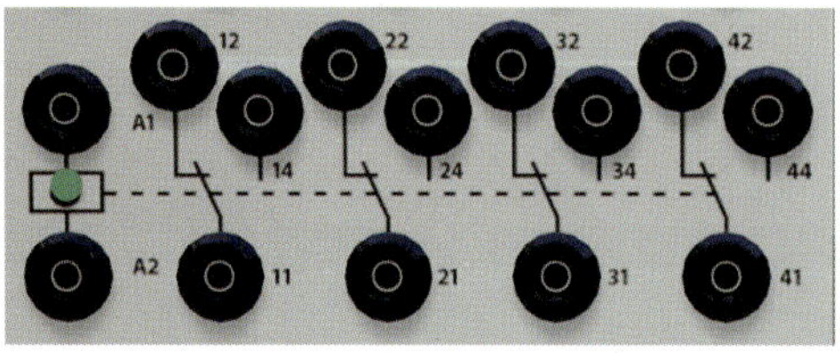

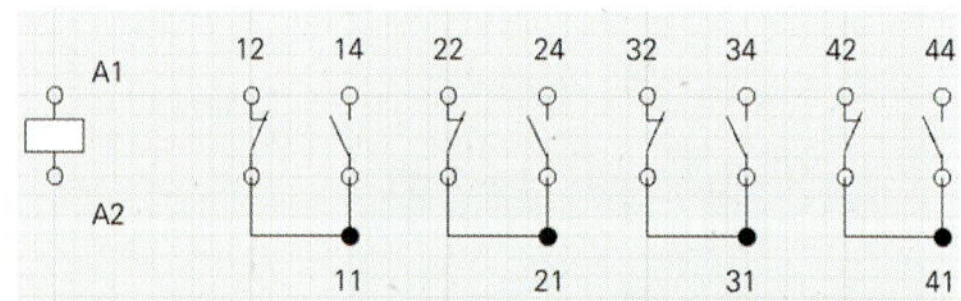

① A1, A2 : 릴레이 코일
② 11, 21, 31, 41 : 각 접점 공통 단자
③ 12, 22, 32, 43 : 각 접점 B접점(NC) 단자
④ 14, 24, 34, 44 : 각 접점 A접점(NO) 단자

(ㄴ) 작동 방법

① 코일에 24V 신호 인가 시, 접점 동작

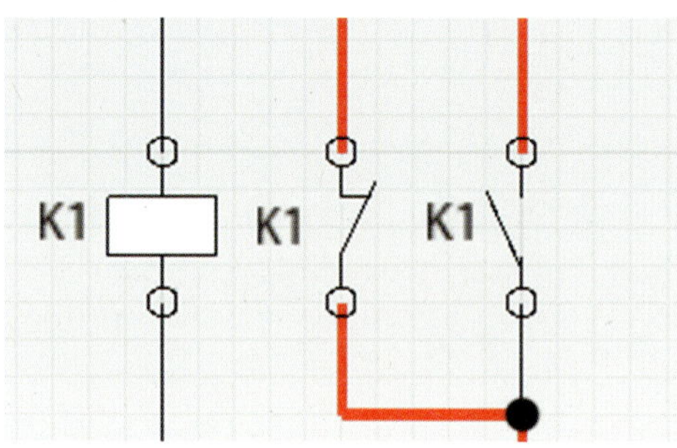

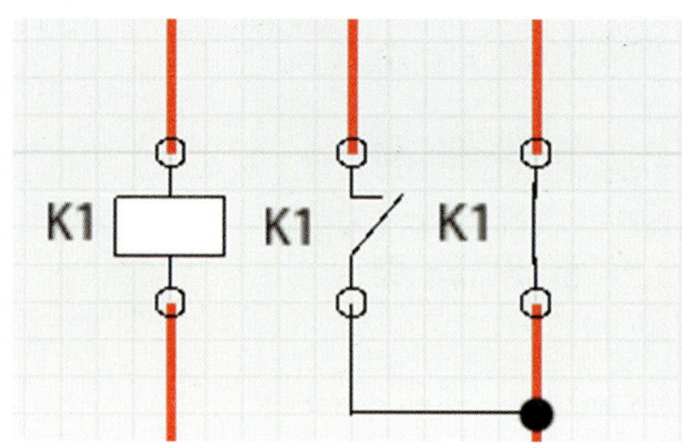

② 코일 전원에 따른 각 접점 동작

<table>
<tr><th></th><th>공통 단자</th><th>포트</th><th>코일 전원 OFF</th><th>코일 전원 ON</th></tr>
<tr><td rowspan="4">A 접점</td><td>11</td><td>14</td><td rowspan="4">차단</td><td rowspan="4">연결</td></tr>
<tr><td>21</td><td>24</td></tr>
<tr><td>31</td><td>34</td></tr>
<tr><td>41</td><td>44</td></tr>
<tr><td rowspan="4">B 접점</td><td>11</td><td>12</td><td rowspan="4">연결</td><td rowspan="4">차단</td></tr>
<tr><td>21</td><td>22</td></tr>
<tr><td>31</td><td>32</td></tr>
<tr><td>41</td><td>42</td></tr>
</table>

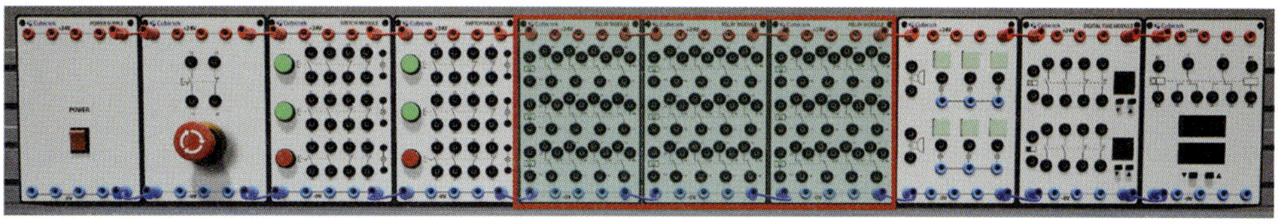

나) 특수 릴레이 - 한시 지연(On-delay) 타이머

(ㄱ) 구성 및 심볼

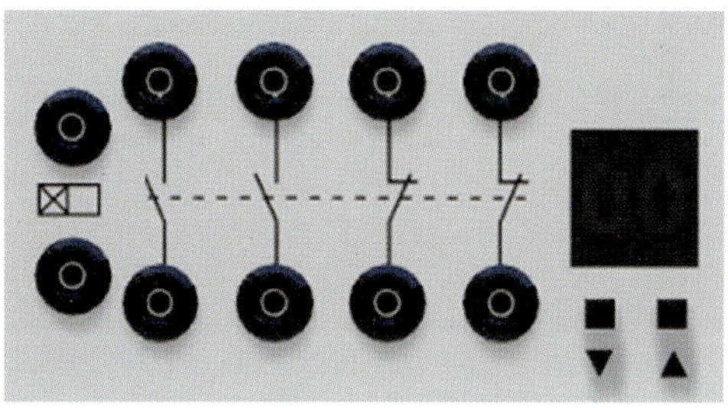

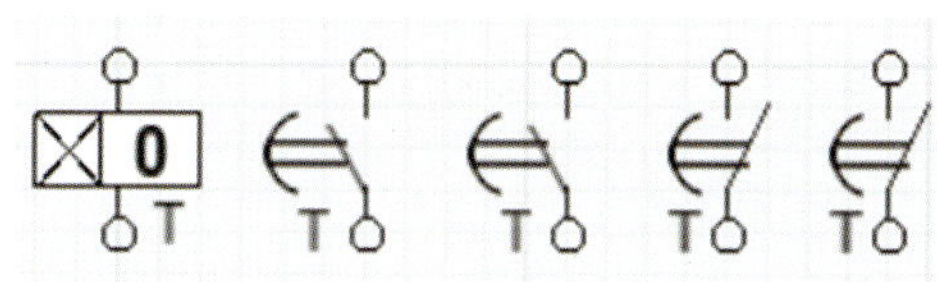

(ㄴ) 작동 방법

① 타이머 코일에 신호가 있을 때부터 설정한 시간(Td) 지연된 뒤 접점이 동작

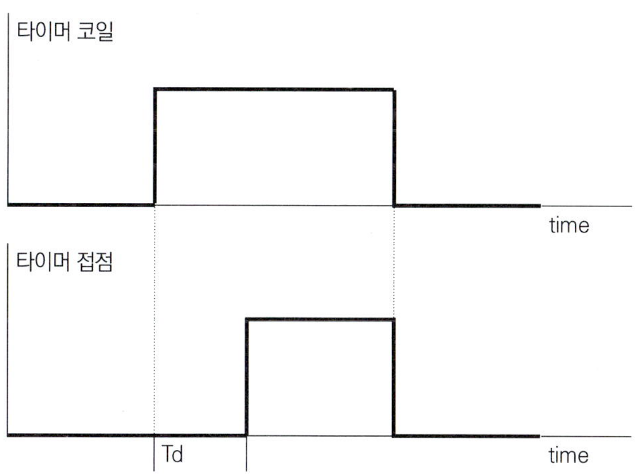

② 시간 설정

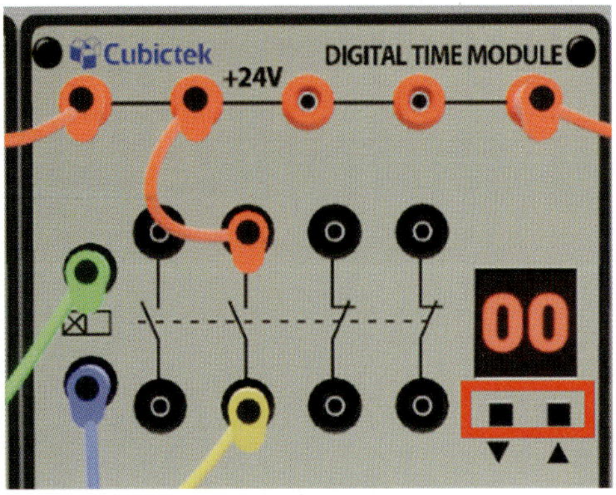

표시 LED 하단
좌측 버튼 : 설정 시간 감소
우측 버튼 : 설정 시간 증가

다) 특수 릴레이 - 한시복귀(Off-delay) 타이머

(ㄱ) 구성 및 심볼

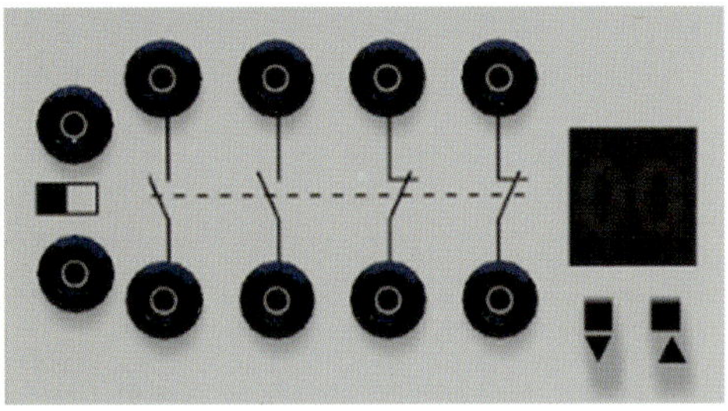

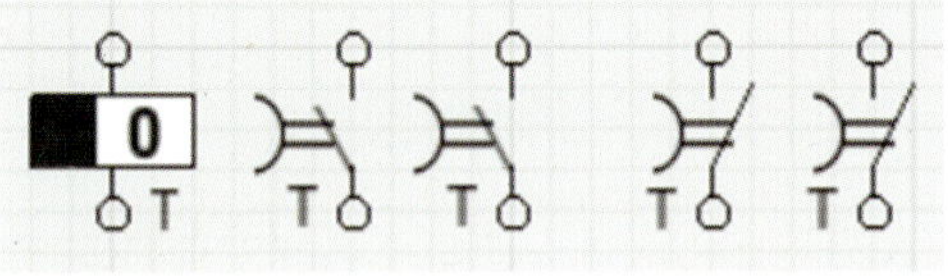

(ㄴ) 작동 방법

① 타이머 코일에 신호가 없어졌을 때부터 설정한 시간(Td) 지연 뒤 접점이 복귀

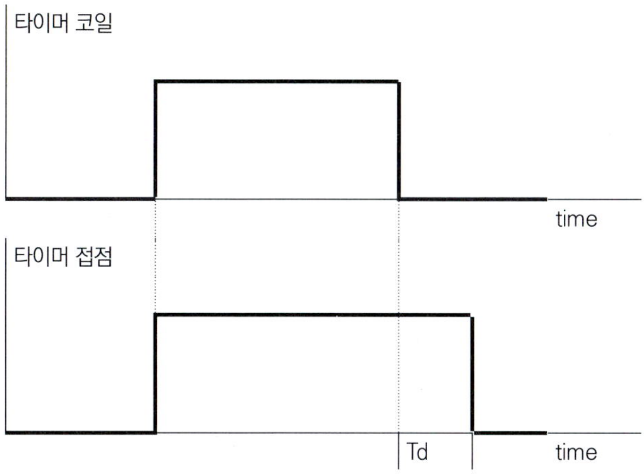

② 시간 설정

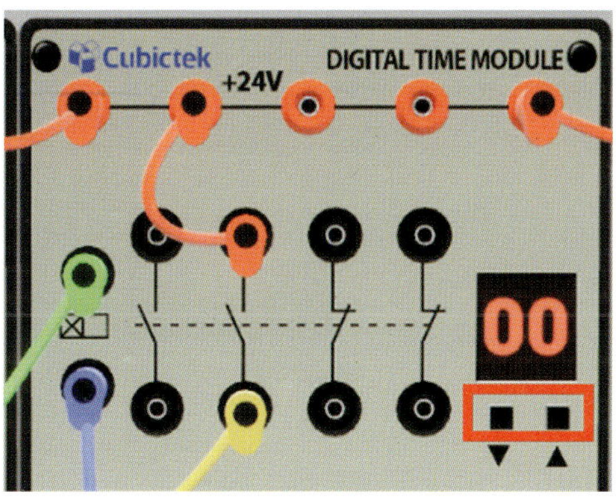

표시 LED 하단
좌측 버튼 : 설정 시간 감소
우측 버튼 : 설정 시간 증가

라) 특수 릴레이 – 가산 카운터

(ㄱ) 구성 및 심볼

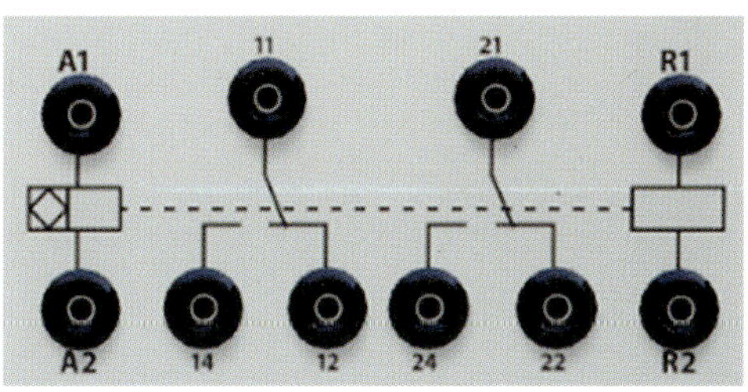

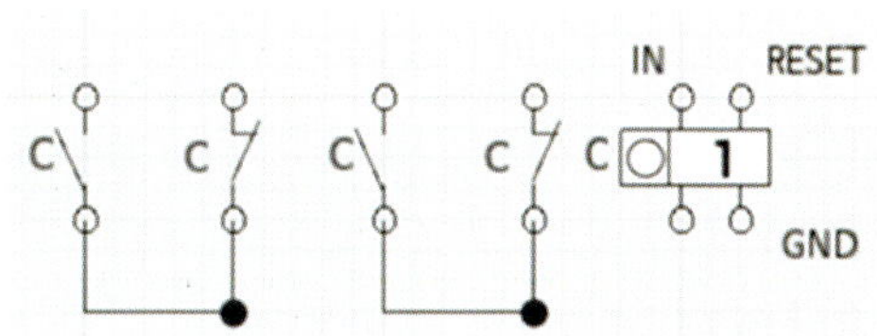

① A1, A2 : 카운터 코일
② 11, 21 : 접점 공통 단자
③ 14, 24 : A 접점 단자
④ 12, 22 : B 접점 단자
⑤ R1, R2 : 리셋 코일

(ㄴ) 작동 방법

① 카운터 코일에 입력된 신호가 인가될 때마다 계수
② 카운터값을 증가하여 정해진 수량을 모두 계수했을 때 출력 발생

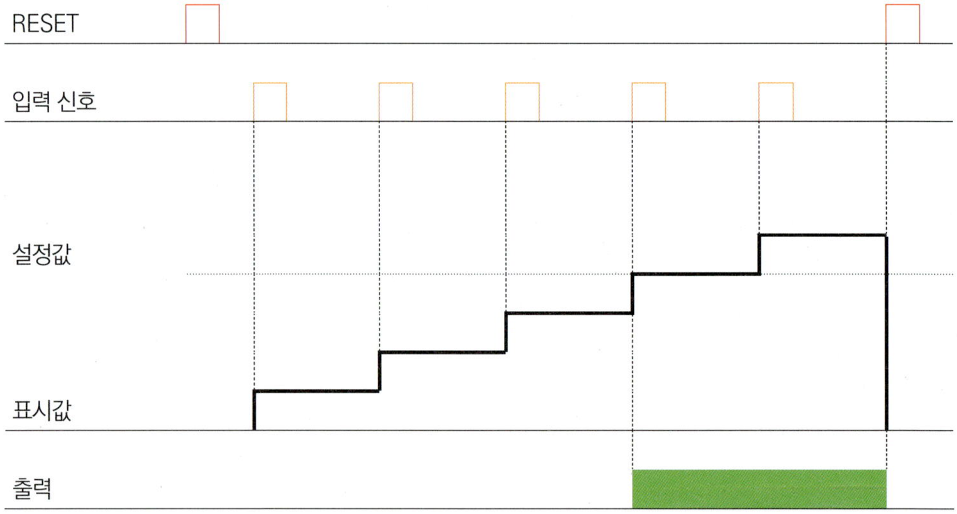

③ 카운터 목표값 설정

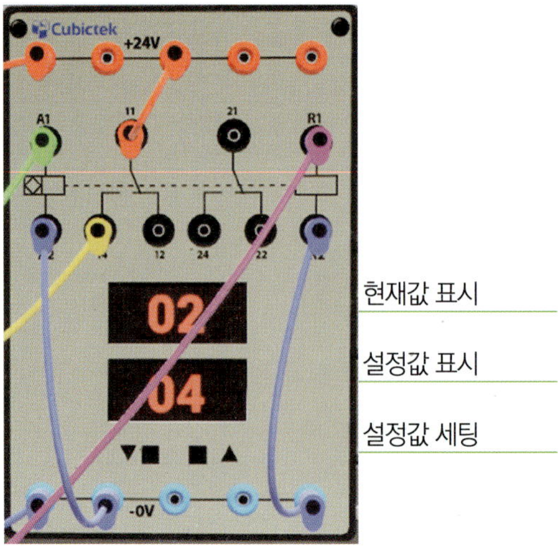

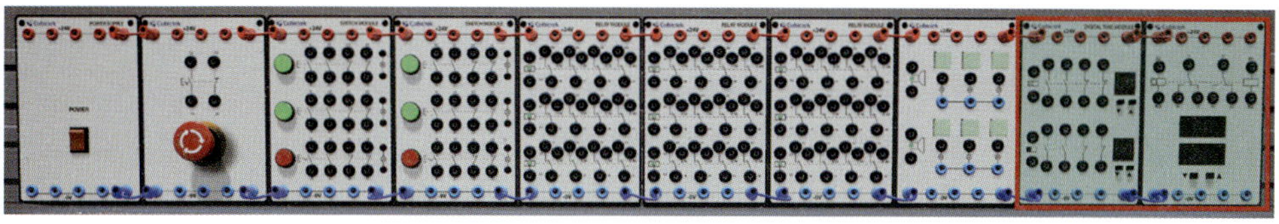

마) 기타

5) PLC 모듈

가) 미쯔비시 – Fx Series

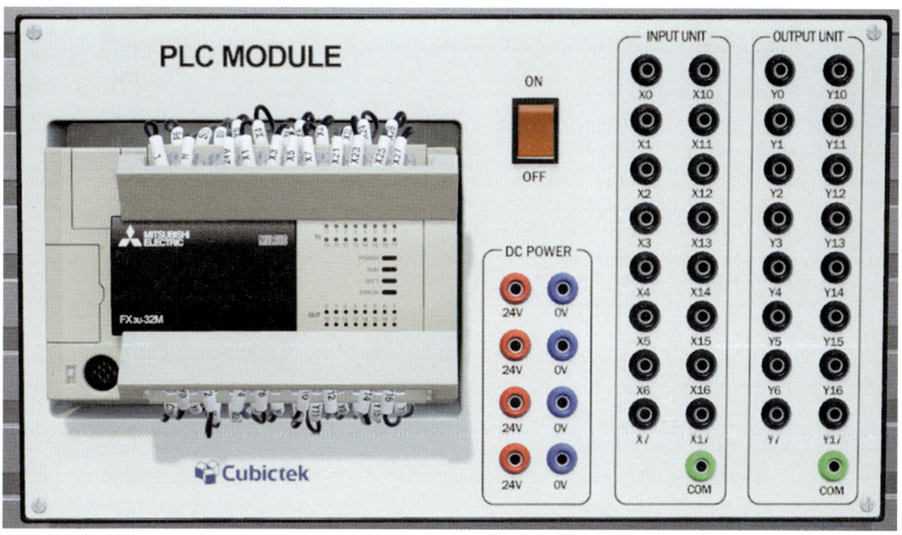

(ㄱ) 구성

① 전원 스위치

② 24V DC POWER

③ INPUT UNIT(16접점 : X0~X7, X10~X17)

④ OUTPUT UNIT(16접점 : Y0~Y7, Y10~Y17)

(ㄴ) 작동 방법

① 전기 배선

㉠ INPUT UNIT COM : 0V

㉡ OUTPUT UNIT COM : 24V

② GX-Works2 시뮬레이션 후 PLC 전원 켜기

나) LS산전 XGB 모델

(ㄱ) 구성

① 전원 스위치

② 24V DC POWER

③ INPUT UNIT(12접점 : P00 ~ P0B)

④ OUTPUT UNIT(8접점 : P40 ~ P47)

(ㄴ) 작동 방법

① 전기 배선

㉠ INPUT UNIT COM : 0V

㉡ OUTPUT UNIT COM : 24V

② XG5000 시뮬레이션 후 PLC 전원 켜기

6) 기타

가) T 커넥터

(ㄱ) 구성

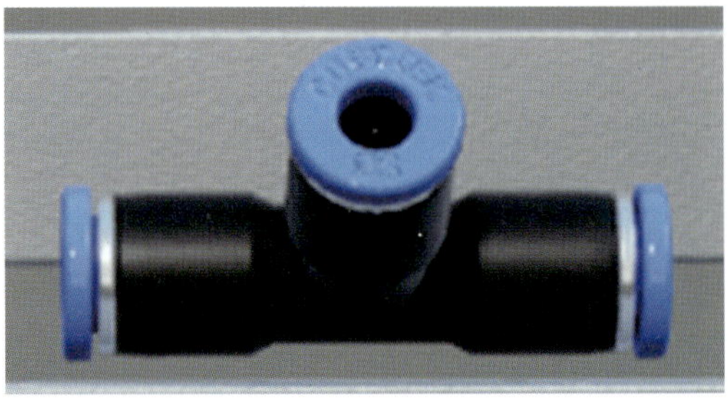

(ㄴ) 작동 방법

① 복수의 공압 배관을 연결할 때 사용

나) 분배기

(ㄱ) 구성

(ㄴ) 작동 방법

① 복수의 공압 배관을 연결할 때 사용

다) 단자대

(ㄱ) 구성

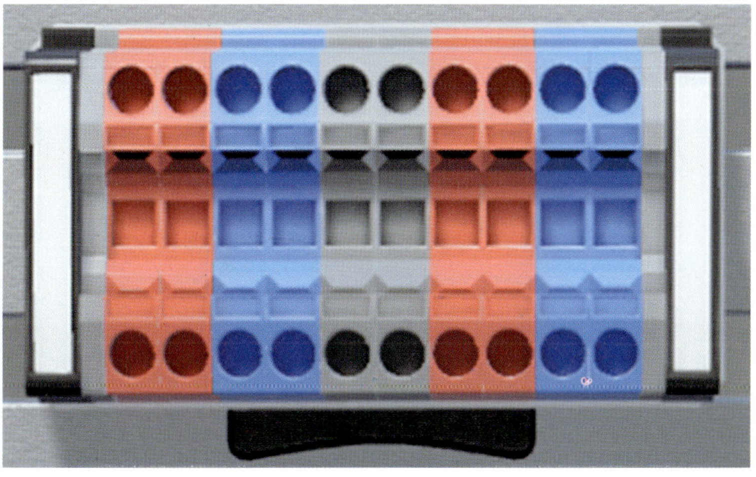

(ㄴ) 작동 방법

① 상단 10개 포트가 하단 10개 포트와 대응

4. 전기 모듈 제어 - 활용 예제

A 기본 논리 회로 구성

1) 사용 모듈

가) 스위치 모듈

- 2개의 '한시 동작 자동 복귀 스위치'와 1개의 '토글 스위치'로 구성
- 각 스위치의 사용 가능 접점은 각각 A 접점 2개, B 접점 2개

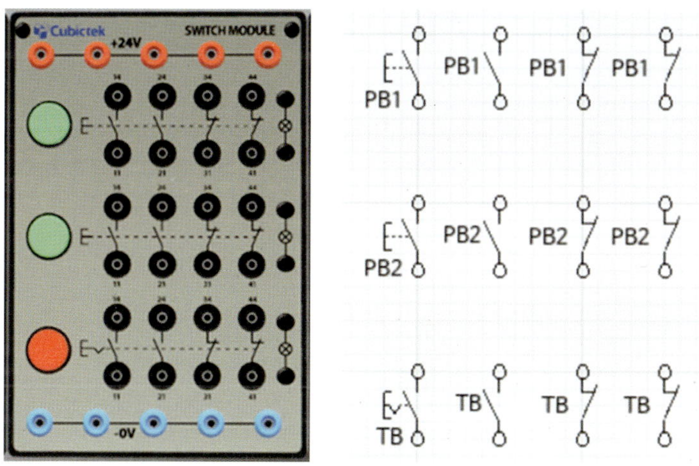

| 스위치 모듈 |

(ㄱ) 한시 동작 자동 복귀 스위치

스위치를 동작시켰을 때, 한시적으로 접점 신호의 변화가 발생했다가 스위치를 동작시키던 힘이 없어지면 자동으로 복귀

(ㄴ) 토글 스위치

스위치를 동작시켰을 때 접점 신호의 변화가 발생하고 스위치를 다시 동작 시키기 전까지 해당 신호 변화를 유지

나) 램프 모듈

- 전기 신호가 인가되면 켜지는 램프 6개로 구성된 모듈
- 그라운드는 모두 연결된 상태

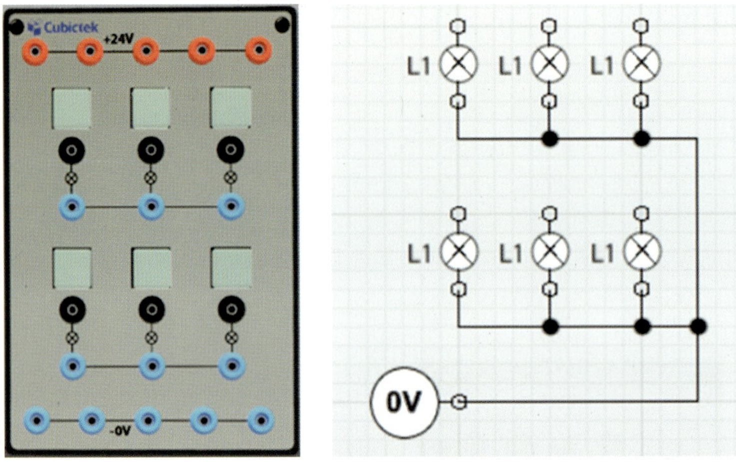

| 램프 모듈 |

2) 기본 논리 회로

가) YES

- 입력이 존재할 때에만 출력이 존재하고 입력이 없어지면 출력도 없어지는 기본 논리(A 접점)

논리	YES
입력	출력
0	0
1	1

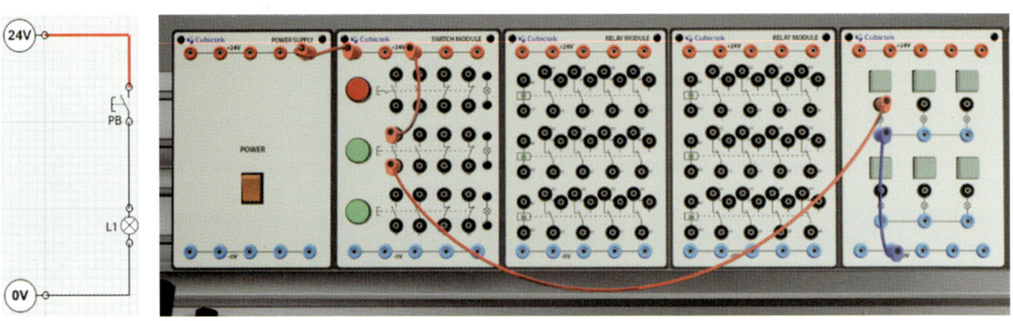

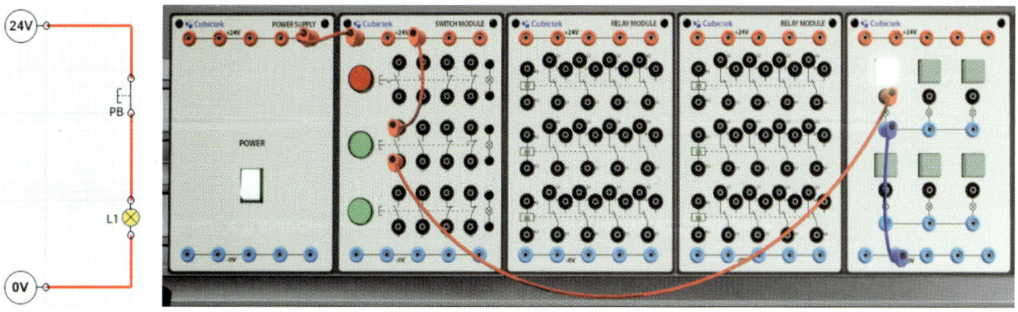

나) NOT

- 입력이 존재하면 출력이 없어지는 기본 논리(B 접점)

논리	NOT
입력	출력
0	1
1	0

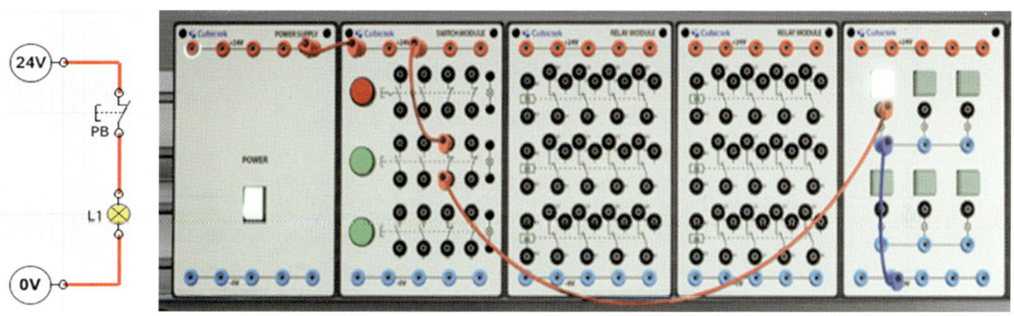

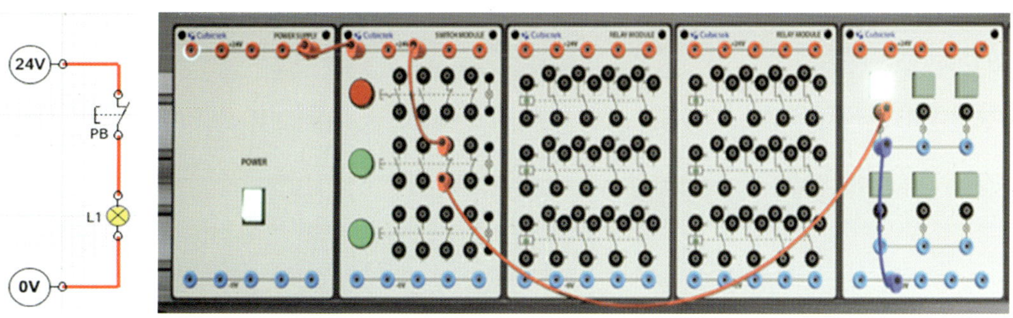

다) AND

• 연결된 입력 신호가 모두 존재하는 경우에만 출력이 존재하는 논리

논리	AND	
입력1	입력2	출력
0	0	0
0	1	0
1	0	0
1	1	1

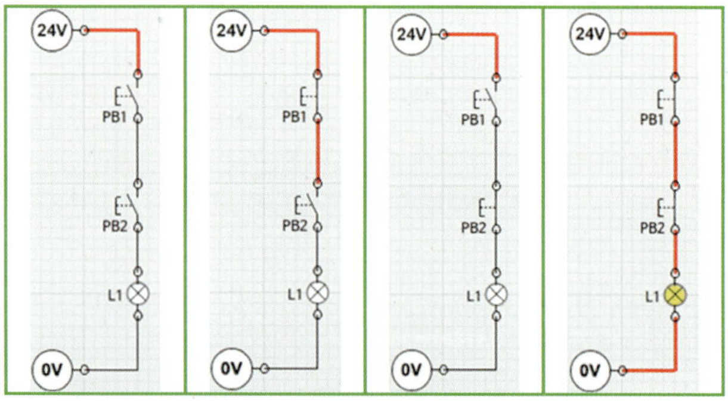

라) OR

• 연결된 입력 신호 중 어느 하나라도 신호가 존재할 때 출력이 존재하는 논리

논리	OR	
입력1	입력2	출력
0	0	0
0	1	1
1	0	1
1	1	1

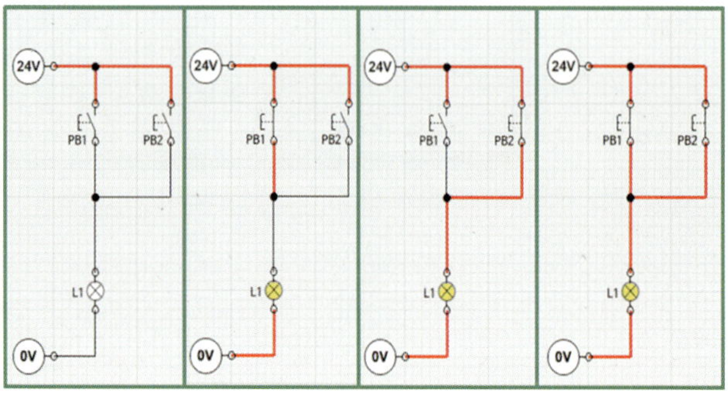

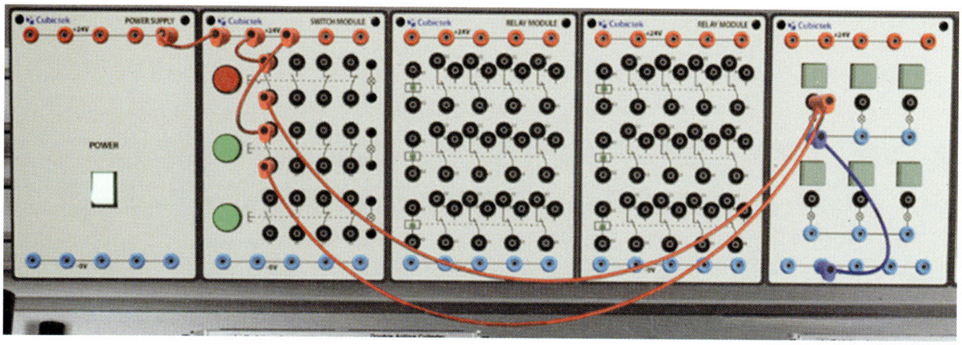

B Relay 모듈

1) 사용 모듈

가) 전기 모듈

(ㄱ) 스위치 모듈
(ㄴ) 램프 모듈
(ㄷ) 릴레이 모듈

2) 릴레이 기초 동작 예제

가) 회로 및 동작 예시

- PB1 스위치를 누르면 릴레이가 동작하고, 그로 인해 해당 릴레이의 A 접점과 B 접점에 각각 연결된 램프 1번과 2번의 동작 변화를 확인

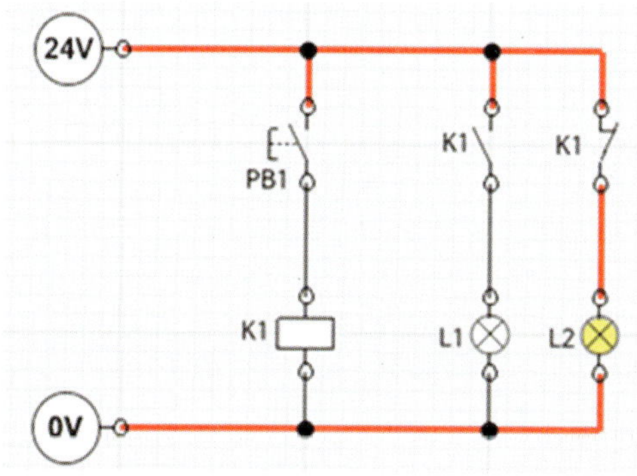

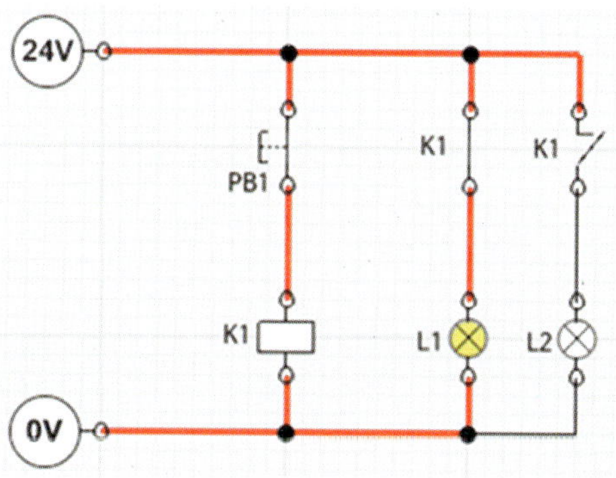

나) 전기 배선

(ㄱ) 전원과 스위치, 릴레이 코일을 연결

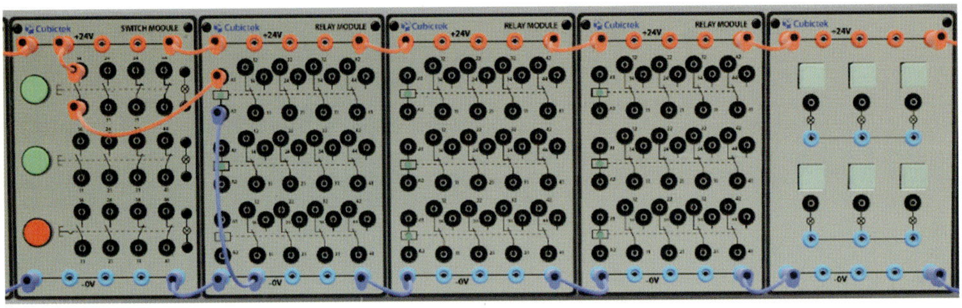

① 24V 전원과 스위치 한쪽 단자

② 스위치의 남은 단자와 릴레이 전원 코일의 한쪽 단자

③ 릴레이 전원 코일의 남은 단자와 그라운드

(ㄴ) 사용한 릴레이의 A 접점과 B 접점을 각각 램프와 연결

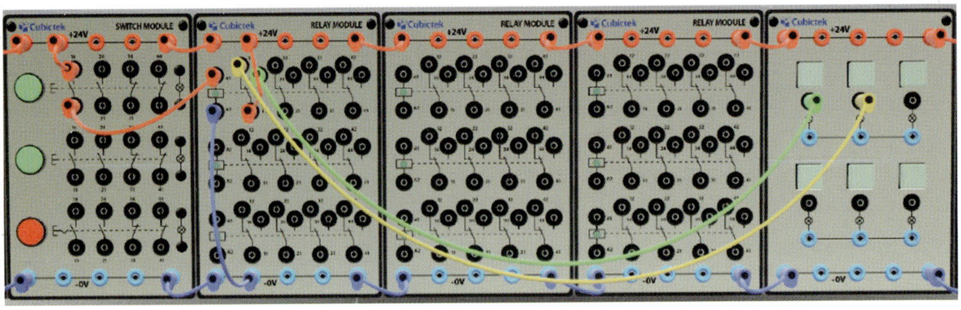

① 24V 전원과 릴레이 접점의 공통 단자 연결

② A 접점에 해당하는 단자는 램프 1번으로 연결(녹색 전선)

③ B 접점에 해당하는 단자는 램프 2번으로 연결(노란색 전선)

다) 시뮬레이션

(ㄱ) 파워 모듈의 전원 ON

(ㄴ) PB1 스위치를 누르며 램프의 ON/OFF 상태 확인

① PB1 OFF

② PB1 ON

(ㄷ) 동작 결과

① A 접점과 연결된 램프는 PB1의 동작과 같은 결과를 출력

② B 접점과 연결된 램프는 PB1의 동작과 반대 결과를 출력

3) 활용 예제 2 - ON 우선 자기 유지 회로

가) 회로 및 동작 예시

(ㄱ) 자기 유지 회로란 입력 신호가 발생한 후 끊어지더라도 별도의 추가 입력이 발생하지 않을 때 자기 자신의 신호를 유지하는 시퀀스 회로를 말한다.

(ㄴ) ON 우선 자기 유지 회로는 자기 유지 회로를 동작시키는 ON 신호와 자기 유지를 끊어주는 OFF 신호 중 ON 신호를 우선한다는 의미

(ㄷ) 두 가지 신호가 동시에 발생했을 때 ON 신호를 우선하여 회로가 동작

(ㄹ) PB1 스위치는 ON 신호, PB2 스위치는 OFF 신호

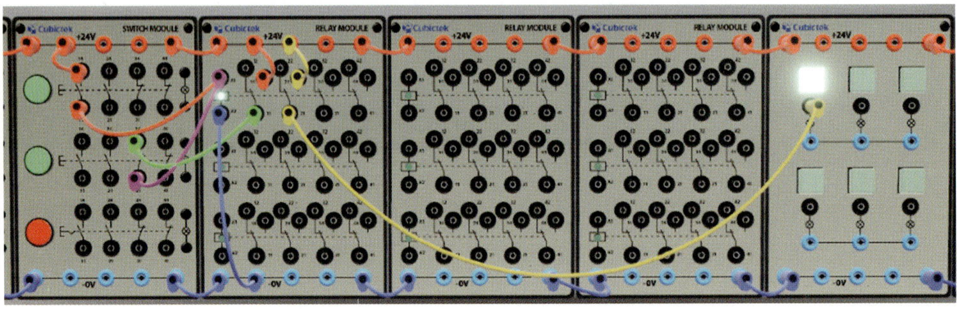

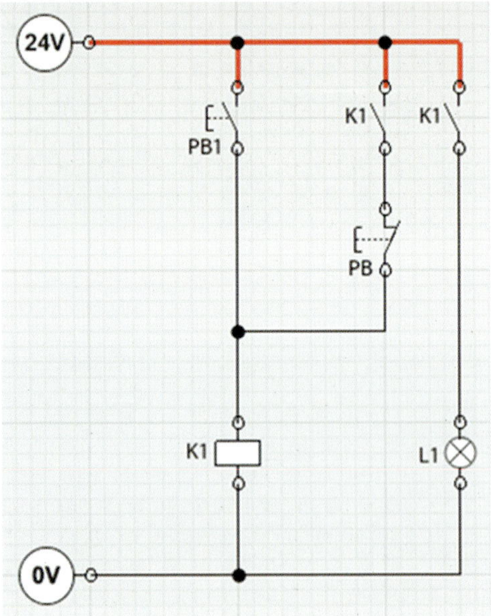

| ON 우선 자기 유지 회로 예시 |

나) 전기 배선

(ㄱ) PB1 스위치를 눌렀을 때 릴레이 코일 K1에 전원이 들어올 수 있도록 연결

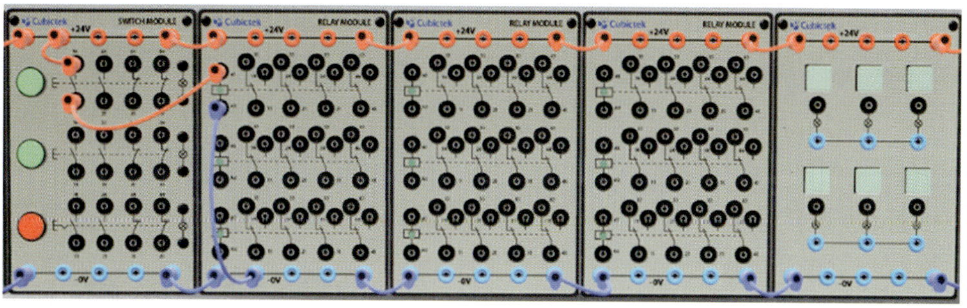

① 24V 전원과 PB1 스위치(붉은색)
② 스위치의 남은 단자와 릴레이 코일의 한쪽 단자(붉은색)
③ 릴레이 코일의 남은 한쪽 단자와 그라운드(푸른색)

(ㄴ) 릴레이 K1 A 접점을 통한 자기유지 구성

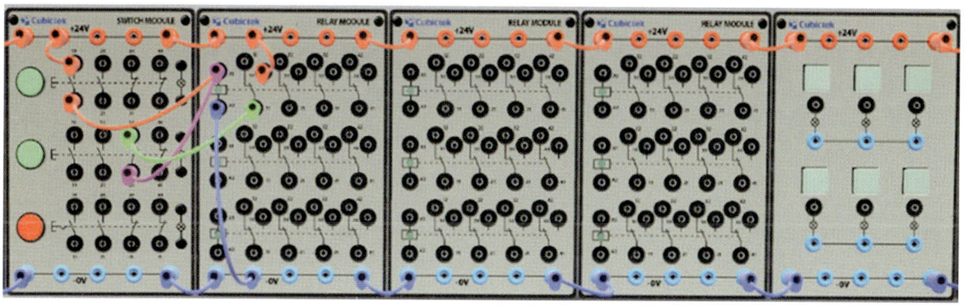

① 24V 전원과 K1의 A 접점 단자와 연결(붉은색)
② A 접점 단자의 남은 한쪽과 PB2 스위치 B 접점 연결(녹색)
③ PB2 스위치 B 접점 남은 단자와 K1 코일(PB1와 연결된 단자쪽) 연결(보라색)

(ㄷ) 동작을 확인하기 위해 램프 연결

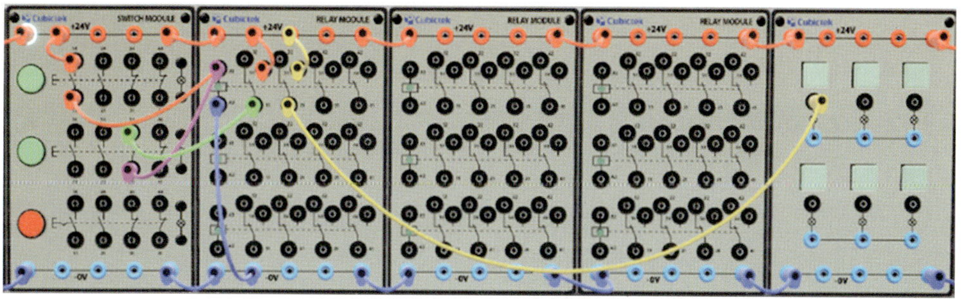

① 24V 전원과 K1의 새로운 A 접점 단자와 연결(노란색)
② A 접점 단자의 남은 한쪽과 램프 모듈 연결(노란색)

다) 시뮬레이션

(ㄱ) 파워 모듈의 전원 ON
(ㄴ) PB1, PB2 스위치를 누르며 램프의 ON/OFF 상태 확인
(ㄷ) 동작 결과
① B1을 눌렀을 때, 램프 점등
② 이후 PB1에서 손을 떼더라도 점등된 램프는 유지
③ PB2를 눌렀을 때 램프 소등
④ PB1과 PB2를 동시에 눌렀을 때 램프 점등

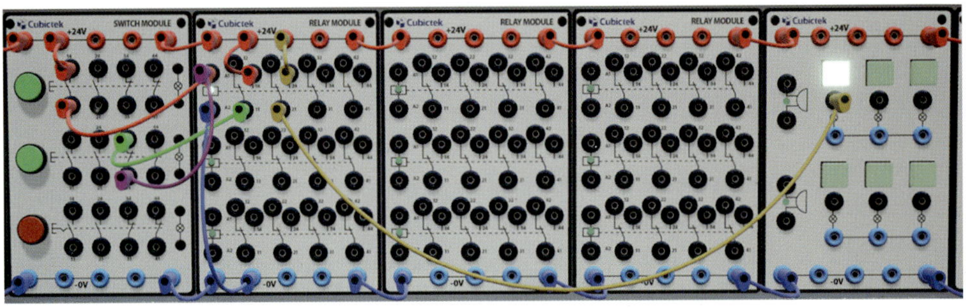

| 동작 예시 |

4) 활용 예제 3 – OFF 우선 자기 유지 회로

가) 회로 및 동작 예시

(ㄱ) OFF 우선 자기 유지 회로는 자기 유지 회로를 동작시키는 ON 신호와 자기 유지를 끊어주는 OFF 신호 중 OFF 신호를 우선한다는 의미
(ㄴ) 두 가지 신호가 동시에 발생했을 때 OFF 신호를 우선하여 회로의 동작이 정지
(ㄷ) PB1 스위치는 ON 신호, PB2 스위치는 OFF 신호

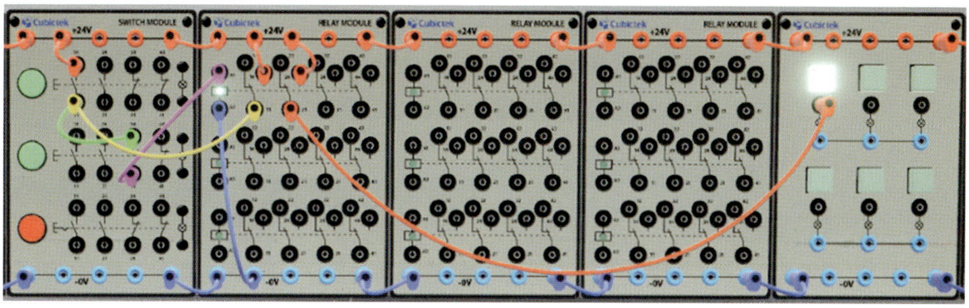

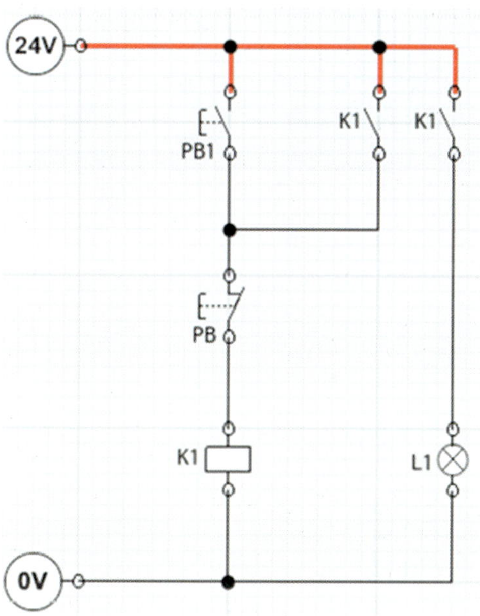

〈OFF 우선 자기 유지 회로 예시〉

나) 전기 배선

(ㄱ) PB1 A 접점과 PB2 스위치 B 접점을 직렬로 연결하여 릴레이 코일 K1의 전원이 인가될 수 있도록 구성

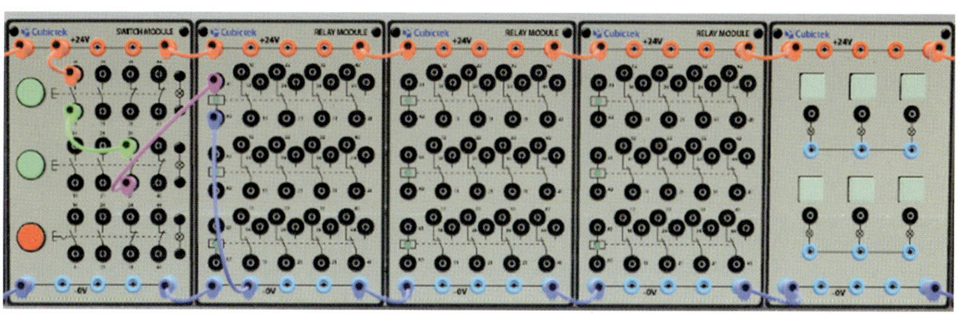

① 24V 전원과 PB1 스위치 A 접점 연결(붉은색)

② PB1 스위치 A 접점 남은 한쪽과 PB2 스위치 B 접점(녹색)

③ PB2 스위치 B 접점 남은 한쪽과 릴레이 코일 K1(보라색)

④ 릴레이 코일 K1 남은 한쪽과 그라운드(푸른색)

(ㄴ) 릴레이 K1 A 접점을 통한 자기 유지 구성

① 24V 전원과 릴레이 K1 A 접점 연결(붉은색)

② 릴레이 K1 A 접점 남은 한쪽과 PB1 스위치와 PB2 스위치의 공통 단자 연결(노란색)

(ㄷ) 동작 확인을 위한 램프 연결

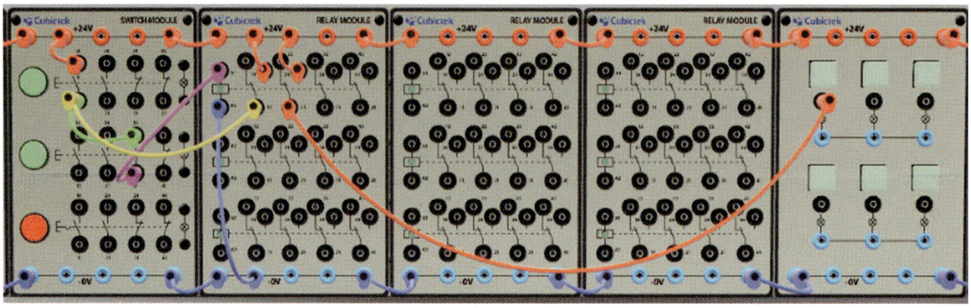

① 24V 전원 – K1 A 접점 – 램프(붉은색)

다) 시뮬레이션

(ㄱ) 파워 모듈의 전원 ON

(ㄴ) PB1, PB2 스위치를 누르며 램프의 ON/OFF 상태 확인

(ㄷ) 동작 결과

① PB1을 눌렀을 때 램프 점등

② 이후 PB1에서 손을 떼더라도 점등된 램프는 유지

③ PB2를 눌렀을 때 램프 소등

④ PB1과 PB2를 동시에 눌렀을 때 램프 소등

C 타이머(Timer)

1) 사용 모듈

가) 전기 모듈

(ㄱ) 스위치 모듈

(ㄴ) 램프 모듈

(ㄷ) 타이머 모듈

① 타이머(Timer)는 일반적으로 시간을 지연하는 기능을 가진 특수 릴레이로 포괄하는 용어

② 신호가 발생했을 때부터 시간을 지연하는 한시지연(On-delay) 타이머

③ 신호가 없어졌을 때부터 시간을 지연하는 한시복귀(Off-delay) 타이머

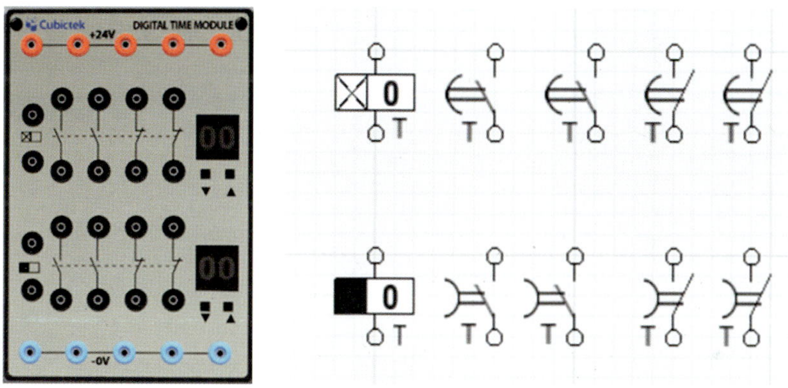

| 타이머 모듈 |

2) 한시지연(On-delay) 타이머

가) 회로 및 동작 예시

(ㄱ) 타이머 코일에 신호가 있을 때부터 설정한 시간(Td) 지연된 뒤 접점이 동작

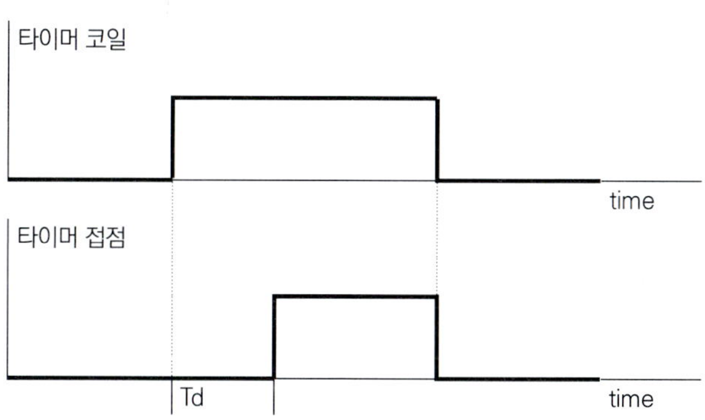

| 한시지연(On-delay) 타이머 동작 |

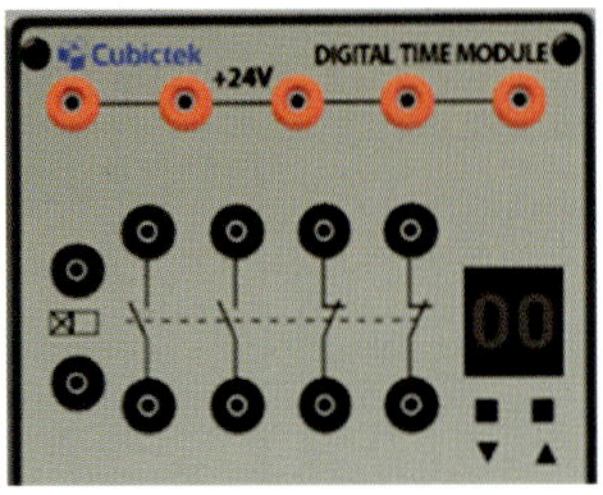

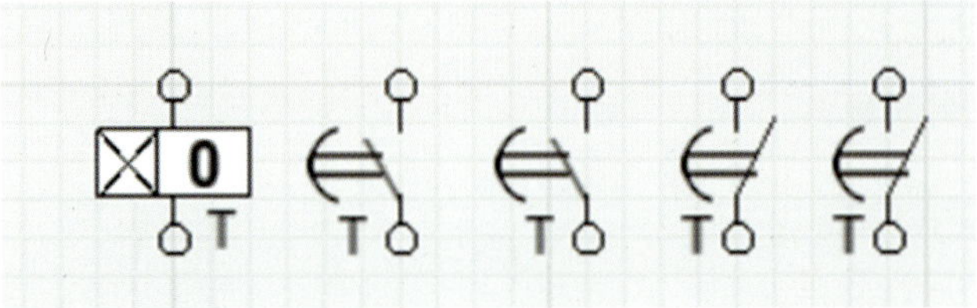

| 한시지연(On-delay) 타이머 모듈 및 기호 |

(ㄴ) 한시지연(On-delay) 타이머 예제

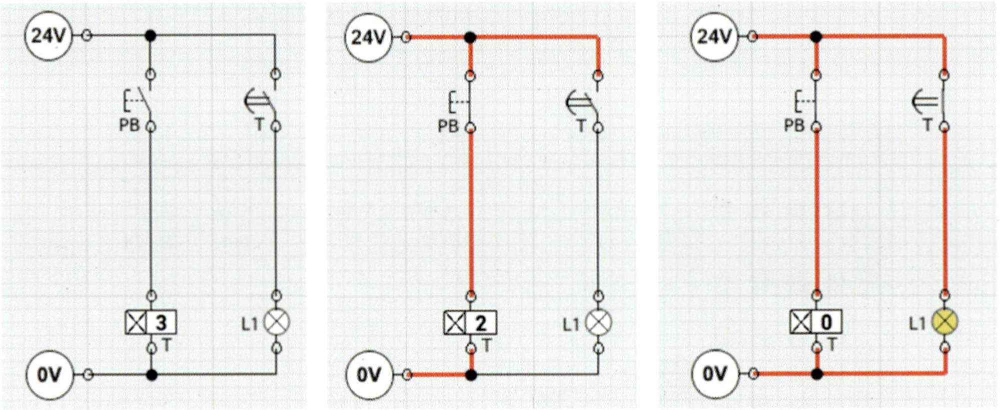

나) 전기 배선

(ㄱ) PB1 스위치를 누르면 한시지연(On-delay) 타이머 코일에 전원 인가

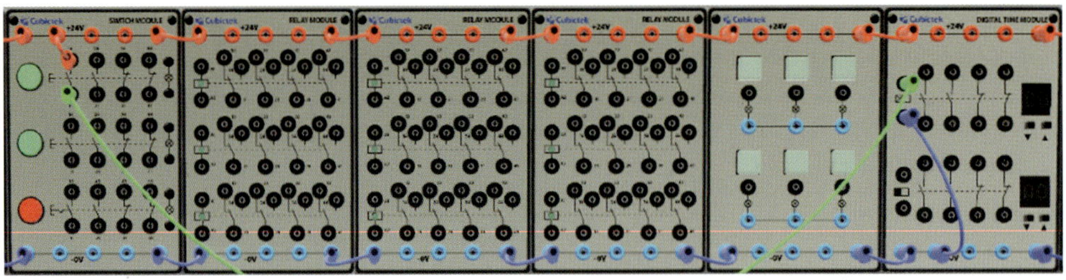

① 24V – PB1 A 접점(붉은색)

② PB1 A 접점 반대쪽 – 한시지연(On-delay) 타이머 코일(녹색)

③ 한시지연(On-delay) 타이머 남은 한쪽 – 그라운드(푸른색)

(ㄴ) 동작 확인을 위한 타이머 A 접점과 램프 연결

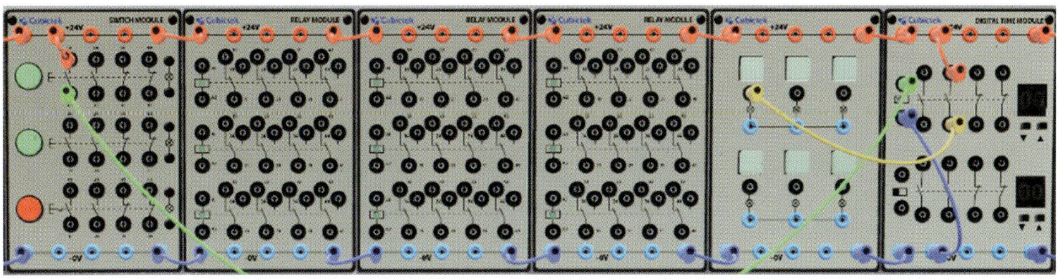

① 24V – 타이머 A 접점(붉은색)

② 타이머 A 접점 남은 한쪽 – 램프(노란색)

다) 시뮬레이션

(ㄱ) 파워 모듈의 전원 ON

(ㄴ) 타이머 설정

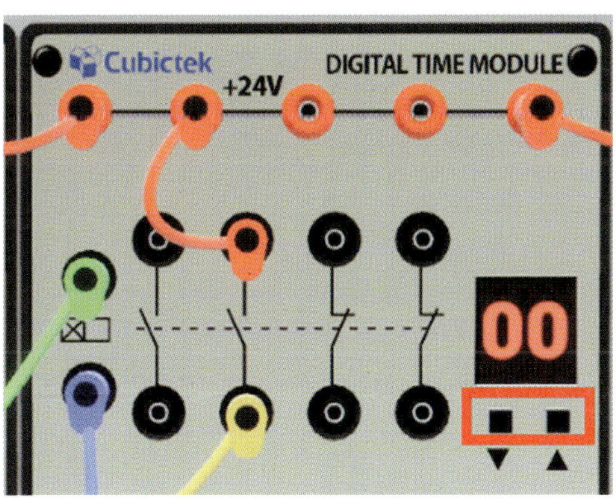

표시 LED 하단
좌측 버튼 : 설정 시간 감소
우측 버튼 : 설정 시간 증가

(ㄷ) PB1 스위치를 타이머 설정 시간만큼 눌린 상태 유지

(ㄹ) 동작 결과

① PB1을 눌렀을 때 램프 변화 없음

② 이후 PB1이 눌린지 설정한 시간만큼 지났을 때 램프 점등

③ PB1에서 손을 떼는 순간 램프 소등

3) 한시복귀(Off-delay) 타이머

가) 회로 및 동작 예시

(ㄱ) 타이머 코일에 신호가 없어졌을 때부터 설정한 시간(Td) 지연 뒤 접점이 복귀

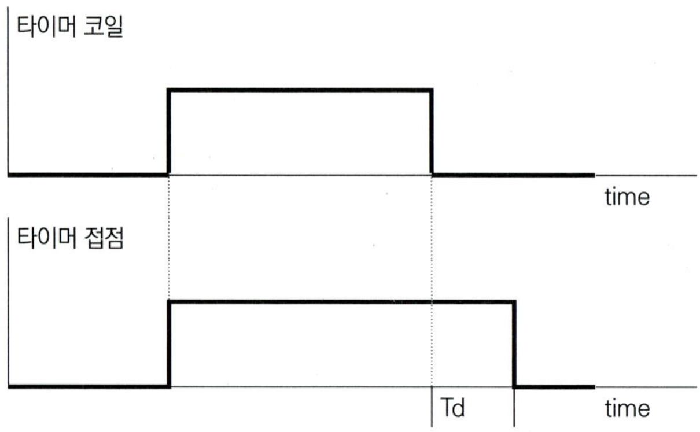

| 한시복귀(Off-delay) 타이머 동작 |

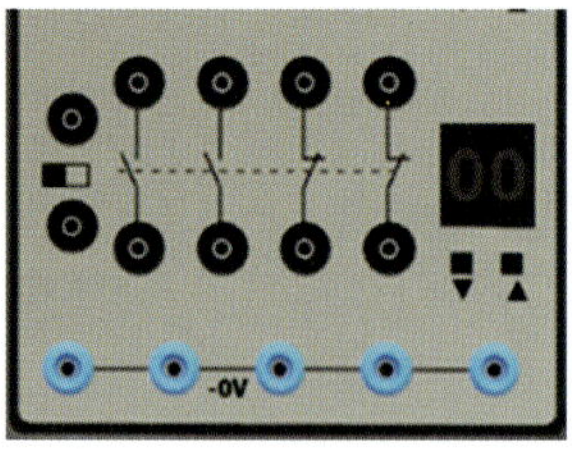

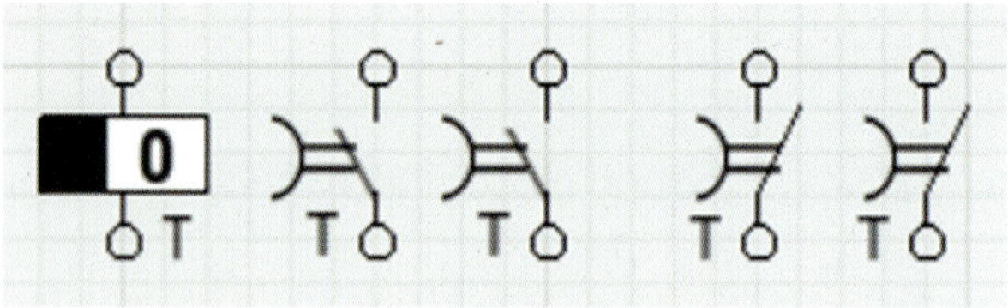

| 한시복귀(Off-delay) 타이머 모듈 및 기호 |

(ㄴ) 한시복귀(Off-delay) 타이머 예제

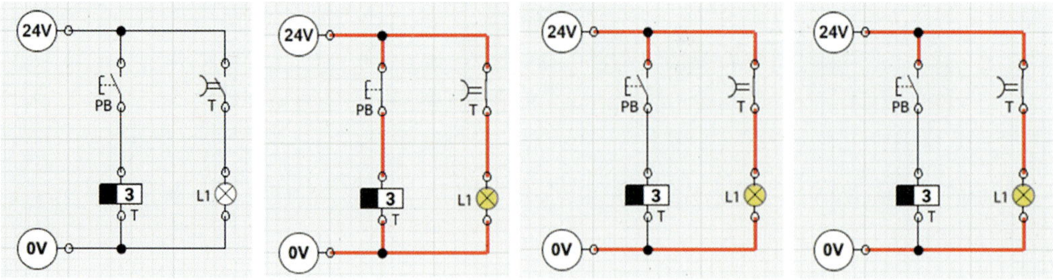

나) 전기 배선

(ㄱ) PB1 스위치를 누르면 한시복귀(Off-delay) 타이머 코일에 전원 인가

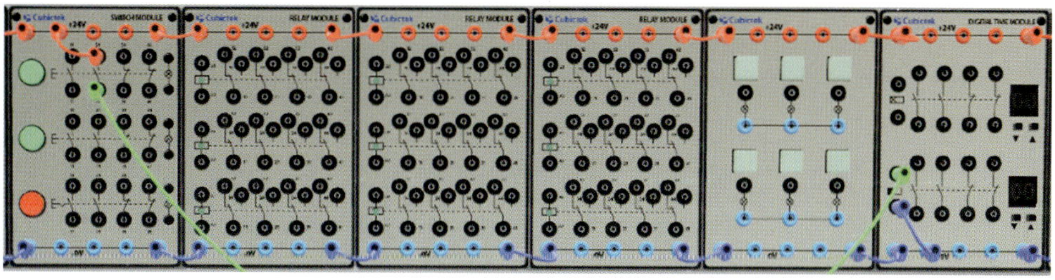

① 24V – PB1 A 접점(붉은색)

② PB1 A 접점 반대쪽 – 한시복귀(Off-delay) 타이머 코일(녹색)

③ 한시지연(On-delay) 타이머 남은 한쪽 – 그라운드(푸른색)

(ㄴ) 동작 확인을 위한 타이머 A 접점과 램프 연결

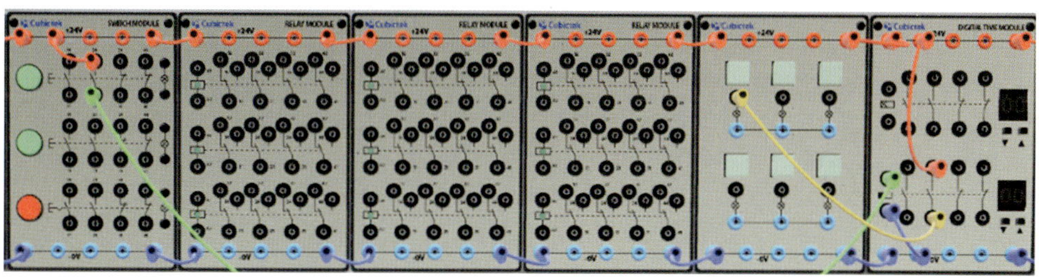

① 24V – 타이머 A 접점(붉은색)

② 타이머 A 접점 남은 한쪽 – 램프(노란색)

다) 시뮬레이션

(ㄱ) 파워 모듈의 전원 ON

(ㄴ) 타이머 설정

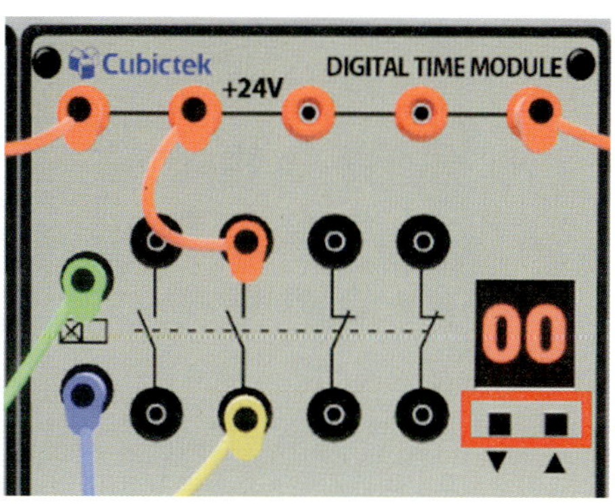

표시 LED 하단
좌측 버튼 : 설정 시간 감소
우측 버튼 : 설정 시간 증가

(ㄷ) PB1 스위치를 타이머 설정 시간만큼 눌린 상태 유지

(ㄹ) 동작 결과

① PB1을 눌렀을 때 램프 점등

② 이후 PB1에서 손을 뗐을 때 점등된 상태 유지

③ 설정한 시간만큼 지났을 때 램프 소등

D 카운터(Counter)

1) 사용 모듈

가) 전기 모듈

(ㄱ) 스위치 모듈

(ㄴ) 램프 모듈

(ㄷ) 카운터 모듈

① 카운터(Counter)는 정해진 입력을 계수하여 출력을 발생시키는 기능을 가진 특수 릴레이

② 계수의 방식에 따라 가산카운터와 감산카운터로 구분

(단, V-AMT에선 가산카운터 모듈만 존재)

③ 가산카운터 : 카운터값을 증가하여 정해진 수량을 모두 계수했을 때 출력 발생

④ 감산카운터 : 카운터값을 감소하여 그 값이 0이 되었을 때 출력 발생

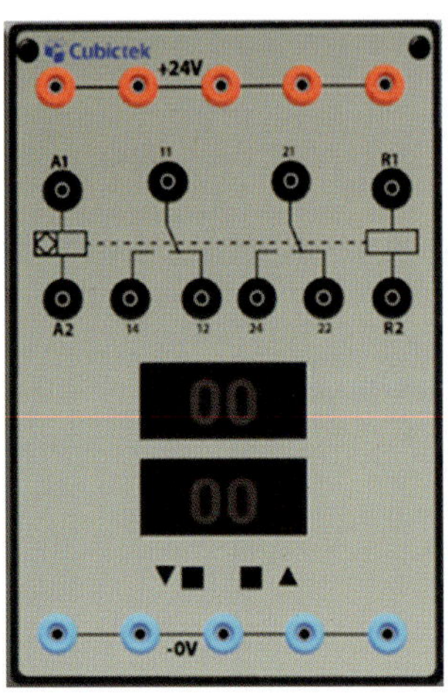

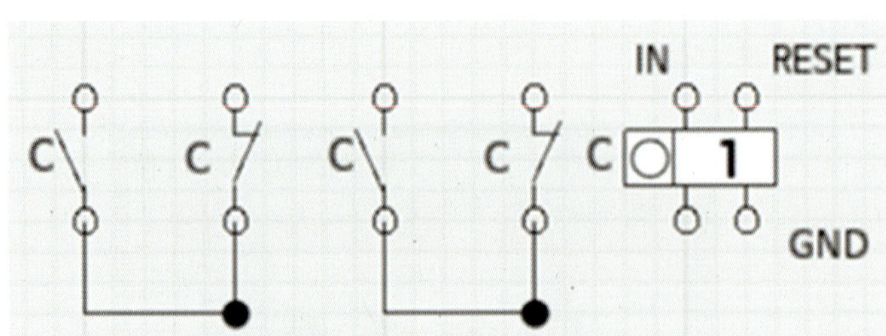

| 카운터 모듈 |

2) 카운터(가산카운터) 동작

가) 회로 및 동작 예시

(ㄱ) 카운터 코일에 입력 신호가 인가되었을 때를 한 번으로 계수

① 설정된 값을 모두 계수했을 때 출력이 발생

② RESET 코일에 신호가 인가될 경우 계수되었던 값이 초기화되고 출력도 끊어짐

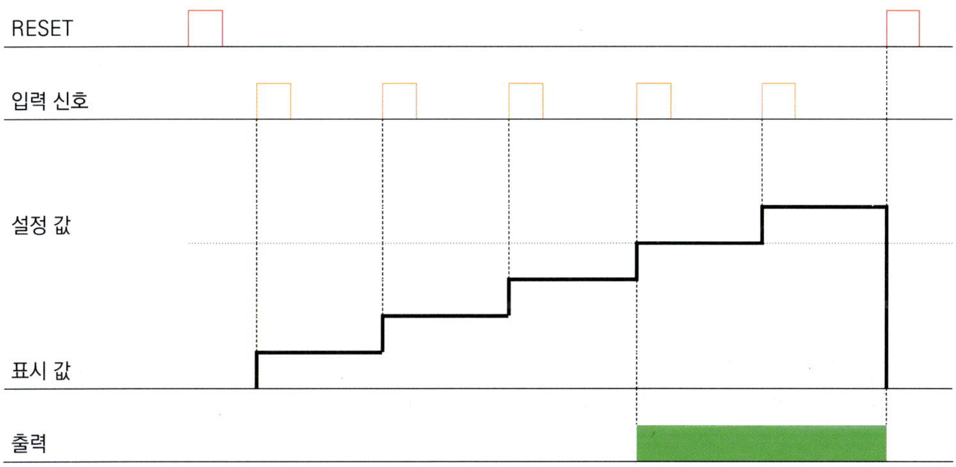

(ㄴ) 카운터(가산카운터) 예제

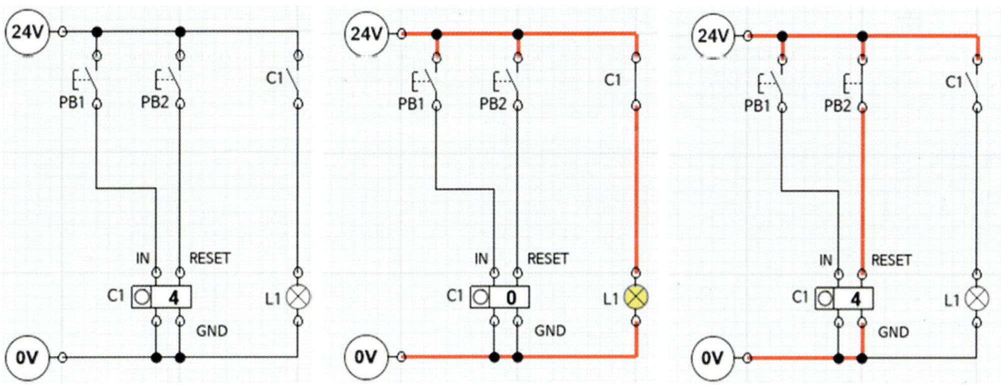

나) 전기 배선

(ㄱ) PB1을 누르면 카운터 코일에 신호가 입력되면서 카운트가 계수되도록 배선

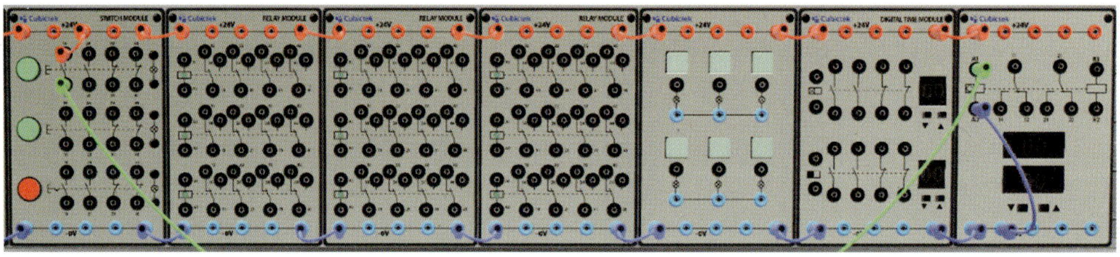

① 24V 전원 – PB1 A 접점 한쪽 단자(붉은색)
② PB1 A 접점 남은 한쪽 단자 – 카운터 코일(녹색)
③ 카운터 코일 남은 한쪽 단자 – 그라운드(푸른색)

(ㄴ) PB2를 누르면 RESET 코일에 신호가 입력되면서 계수된 카운터가 초기화되도록 배선

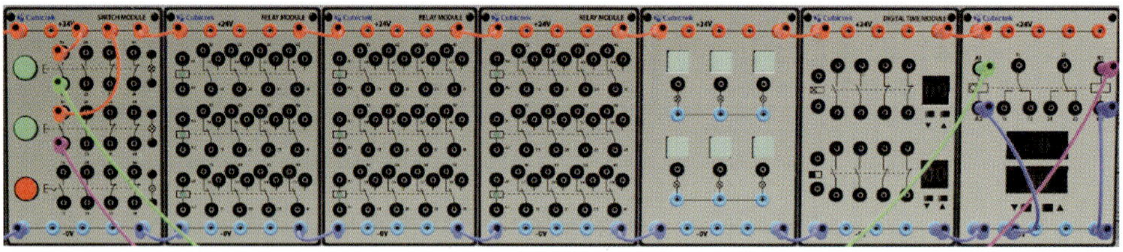

① 24V 전원 – PB2 A 접점 한쪽 단자(붉은색)
② PB2 A 접점 남은 한쪽 단자 – RESET 코일(보라색)
③ RESET 코일 남은 한쪽 단자 – 그라운드(푸른색)

(ㄷ) 동작 확인을 위한 램프 연결

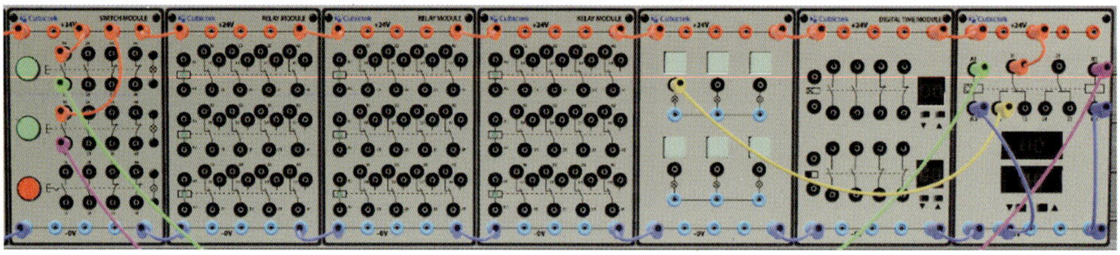

① 24V 전원 – 카운터 A 접점(붉은색)
② 카운터 A 접점 남은 한쪽 단자 – 램프(노란색)

다) 시뮬레이션

(ㄱ) 파워 모듈의 전원 ON

(ㄴ) 카운터 설정

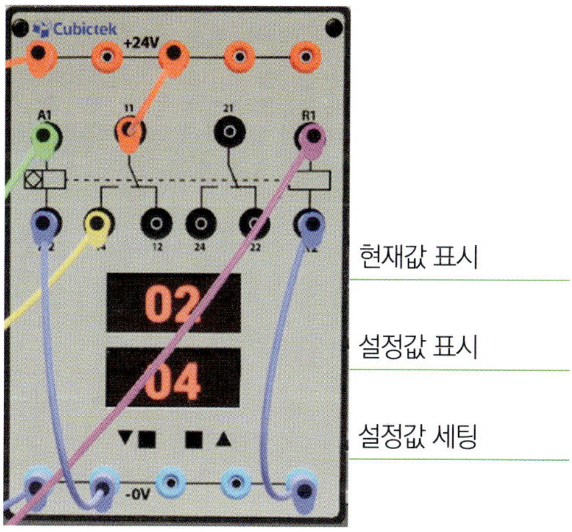

(ㄷ) PB1 스위치 ON/OFF 반복하여 계수되는 값 확인

(ㄹ) 동작 결과

① PB1 ON / OFF 시 램프 변화 없음

② 현재값 표시 숫자가 올라감

③ 1번을 반복했을 때 설정값에 현재값이 도달하면 램프 점등

④ 이후 1번을 반복해도 램프는 점등된 상태를 유지

⑤ PB2를 눌러서 리셋시키면 현재값 초기

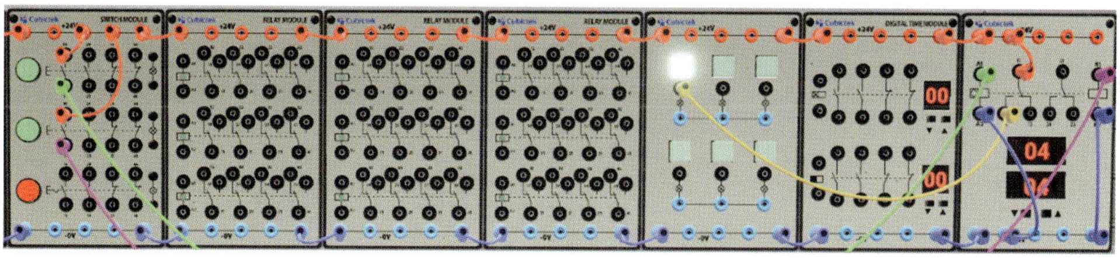

5. 전기공압 - 활용 예제

A 단동실린더 동작 회로

1) 사용 모듈

가) 공압 모듈

(ㄱ) 작동기 - 단동실린더

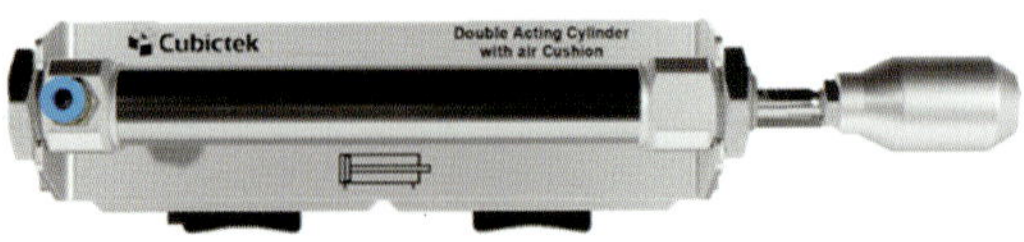

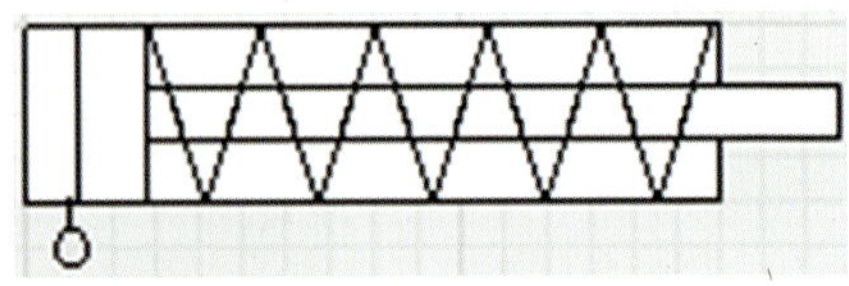

(ㄴ) 공압 작동 밸브 - 3/2 WAY 공압 작동 스위치(NC)

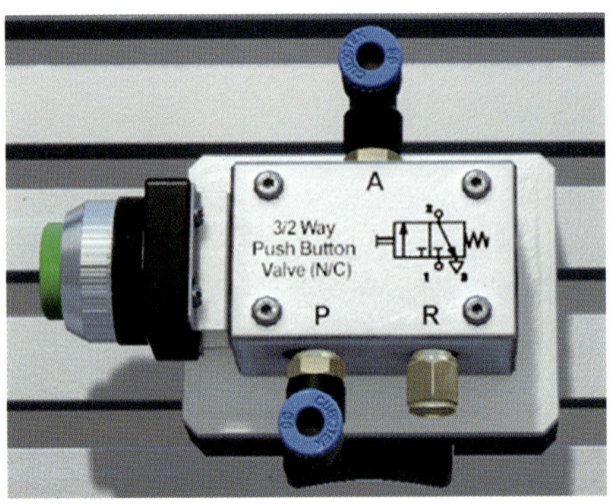

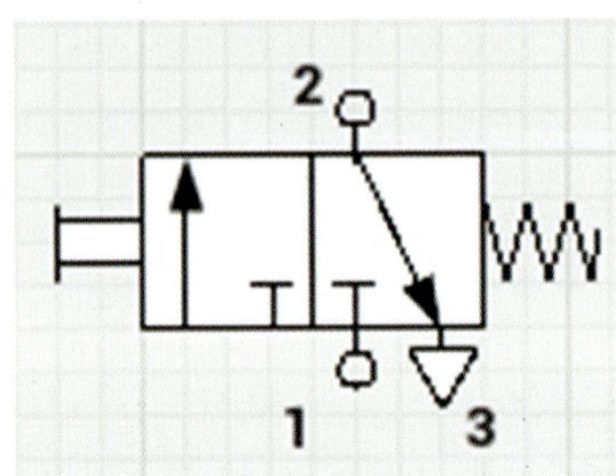

(ㄷ) 공압 작동 밸브 - 3/2 WAY 공압 작동 스위치(NO)

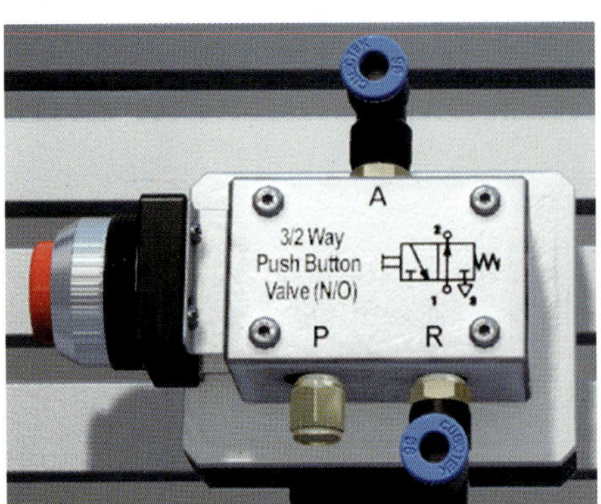

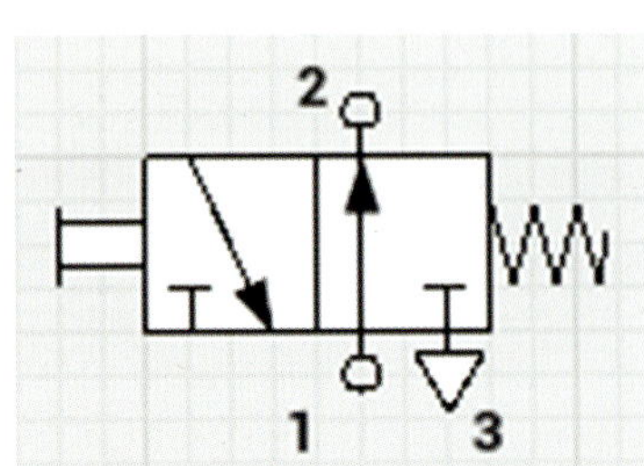

2) 단동실린더 전후진 예제

가) 회로 및 동작 예시

(ㄱ) 동작

① 3/2 WAY 스위치 작동형 밸브의 스위치를 ON 시켜 단동실린더를 전진시키고,

② 스위치를 OFF 시켜 단동실린더를 후진시키는 동작

(ㄴ) 회로 예시

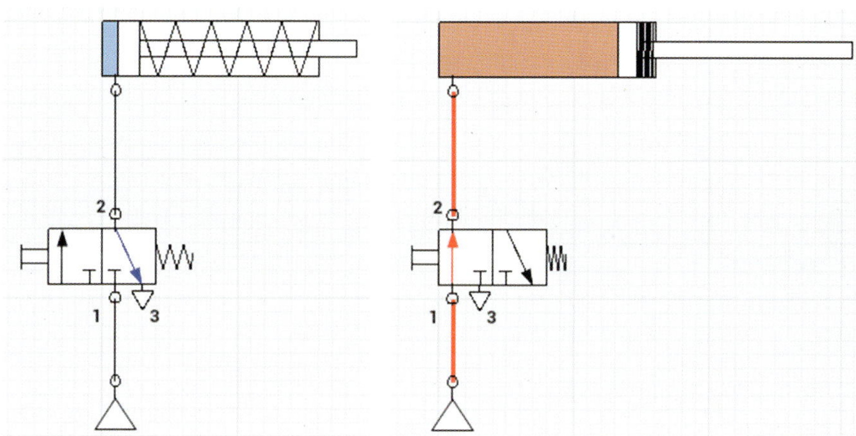

나) 공압 배치 및 배관

(ㄱ) 공압 배치

① 작동기 - 단동실린더

② 공압 작동 밸브 - 3/2 WAY 공압 작동 스위치(NC)

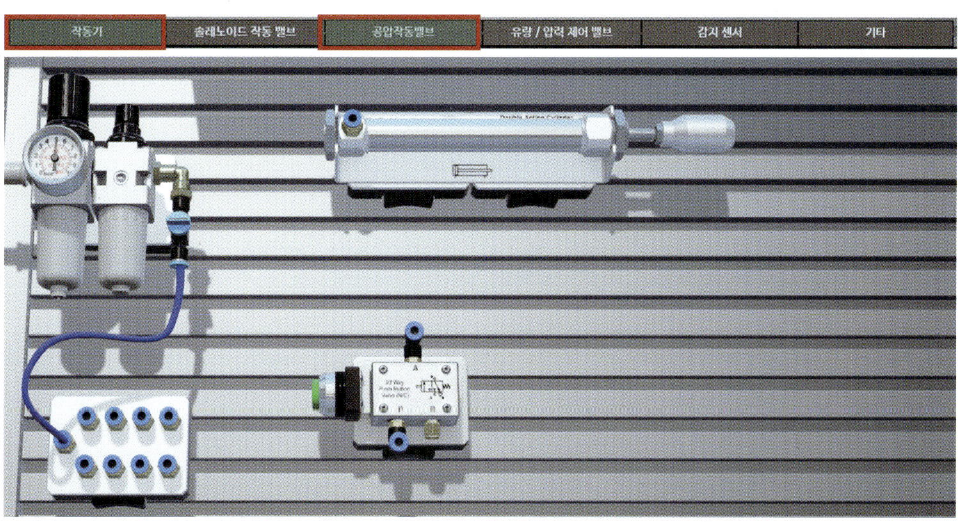

(ㄴ) 공압 배관

① 에어 서비스 유닛과 연결된 분배기 – 3/2 WAY 밸브 P 포트

② 3/2 WAY 밸브 A 포트 – 단동 실린더 공압 포트

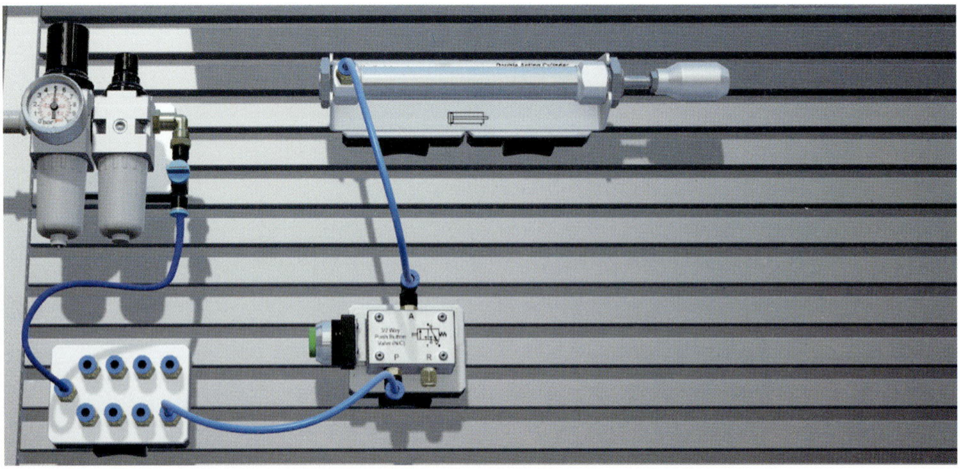

다) 시뮬레이션

(ㄱ) 에어 서비스 유닛 차단 밸브 해제

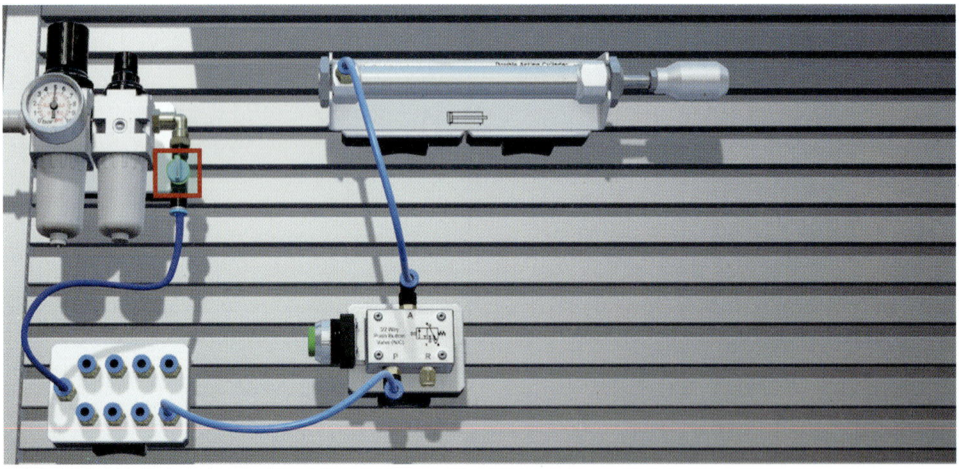

(ㄴ) 3/2 WAY 작동 버튼 ON

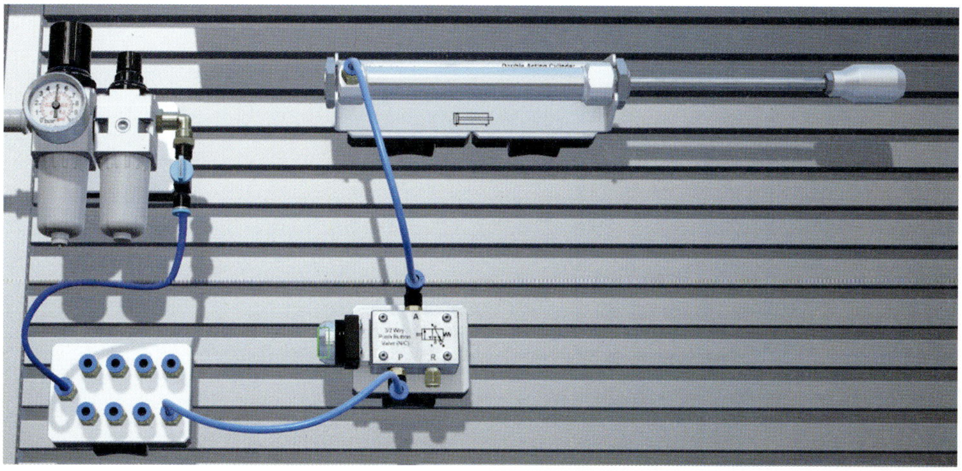

(ㄷ) 동작 결과

① 작동 버튼을 누르면 실린더 전진

② 작동 버튼의 눌린 상태를 해제하면 실린더 자동 후진

3) NC 밸브와 NO 밸브

가) 회로 및 동작 예시

(ㄱ) 동작

① 3/2 WAY 스위치 작동형 밸브(NO)의 스위치를 ON시켜 단동실린더를 후진시키고,

② 스위치를 OFF 시켜 단동실린더를 전진시키는 동작

(ㄴ) 회로 예시

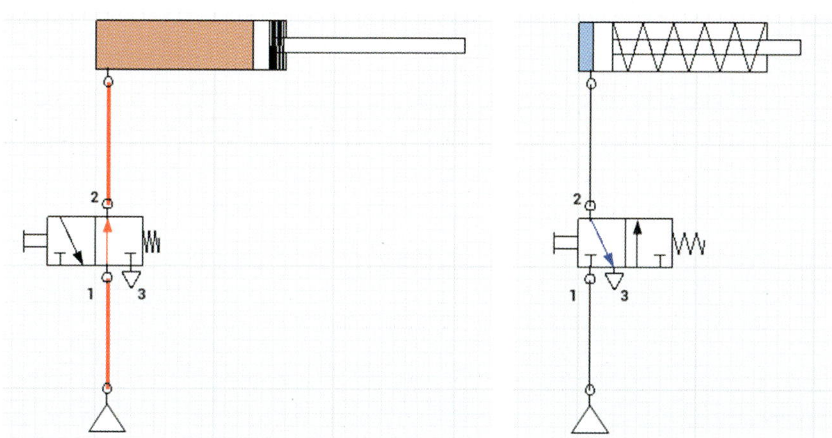

나) 공압 배치 및 배관

(ㄱ) 공압 배치

① 작동기 - 단동실린더

② 공압 작동 밸브 - 3/2 WAY 공압 작동 스위치(NO)

(ㄴ) 공압 배관

① 에어 서비스 유닛과 연결된 분배기 - 3/2 WAY 밸브 P 포트

② 3/2 WAY 밸브 A 포트 - 단동 실린더 공압 포트

다) 시뮬레이션

(ㄱ) 에어 서비스 유닛 차단 밸브 해제

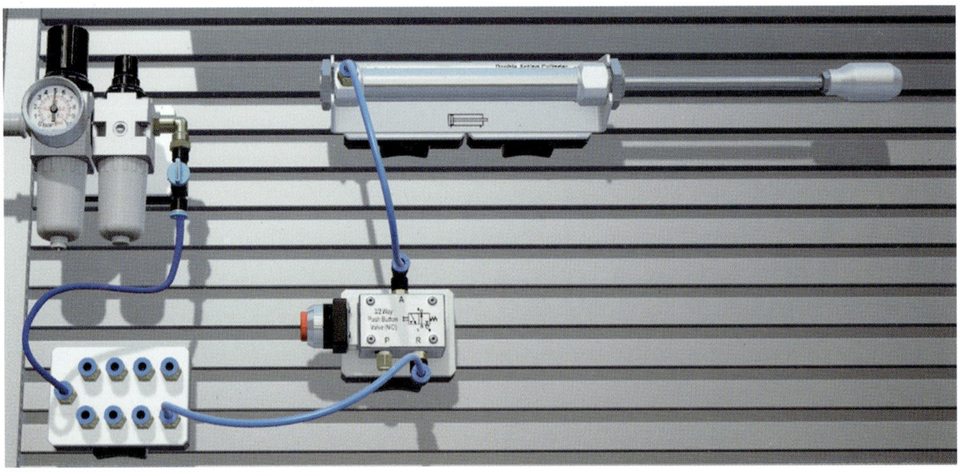

(ㄴ) 3/2 WAY 작동 버튼 ON

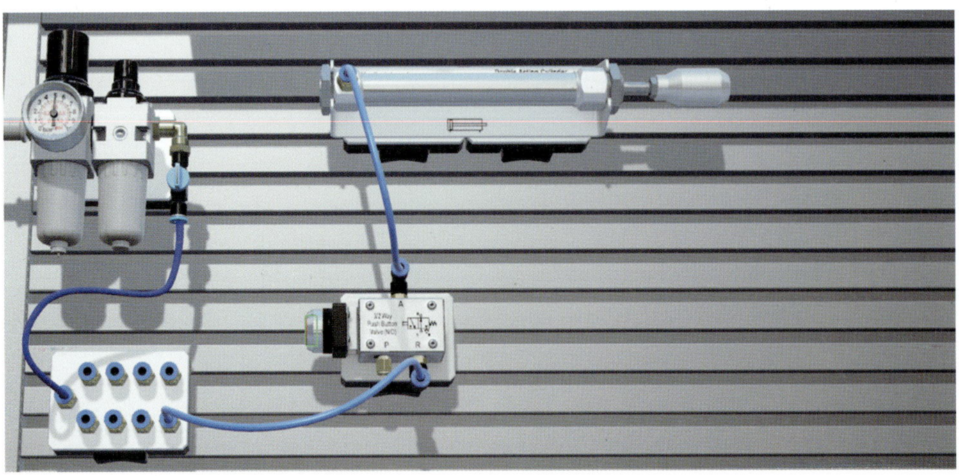

(ㄷ) 동작 결과

① 서비스 유닛에서 공압을 공급하는 순간 실린더 전진

② 작동 버튼을 누르면 실린더 후진

③ 작동 버튼의 눌린 상태를 해제하면 실린더 자동 전진

CHAPTER

03

회로 작도실

1 회로 작도실 메인 화면

2 기본 조작

3 활용 예제

이 장에서는 공압 및 유압 회로 작도실에 구현된 기능들을 소개하고 사용 예제들을 소개한다.

1. 회로 작도실 메인 화면

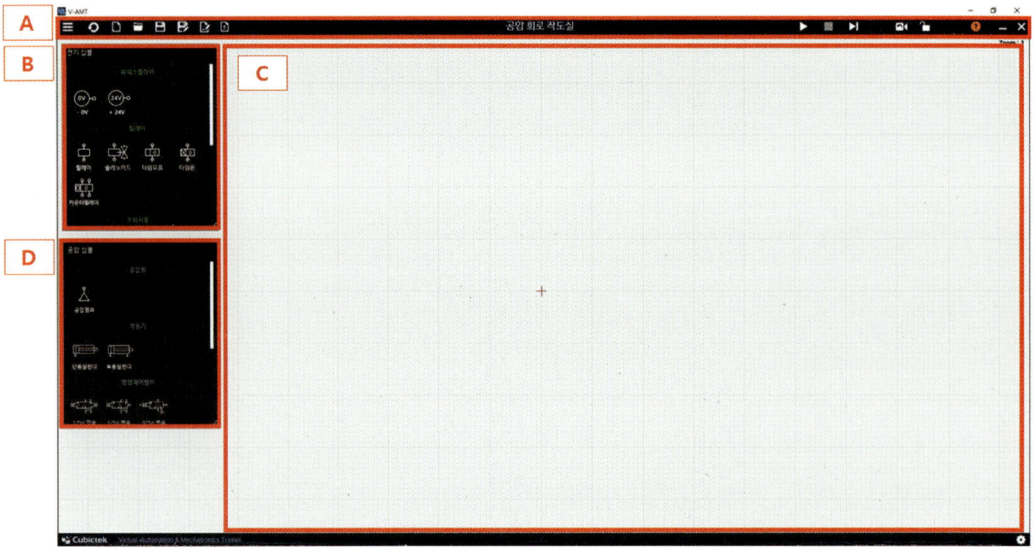

기호	명 칭
A	리본 메뉴바 V-AMT 사용을 위한 주요 기능들을 모아둔 메뉴바
B	전기 시퀀스 심볼 라이브러리 시퀀스 회로 작도용 전기 제어 심볼 라이브러리
C	작업 영역 각종 심볼을 배치하고 배선하여 2D 회로를 작도하는 작업 영역
D	요소(유닛) 심볼 라이브러리 요소(유닛)이 모여 있는 라이브러리(공압 회로 작도실은 공압, 유압 회로 작도실은 유압)

A 리본 메뉴바

아이콘	명 칭	기능	비고
	실습실 이동	실습실 및 초기 화면으로 이동	
	새 프로젝트	새로운 프로젝트 생성	
	불러오기	저장된 프로젝트 불러오기	
	저장하기	현재 프로젝트 저장	
	다른 이름으로 저장	현재 프로젝트를 다른 이름으로 저장	
	파일설명편집	텍스트 추가 기능	
	템플릿1 생성	템플릿 생성	
	실행	시뮬레이션 시작	
	멈춤	시뮬레이션 중지	
	단계별 실행	단계별 시뮬레이션 시작	
	뷰 초기화	변경된 뷰 상태를 초기 상태로 되돌림	
	뷰 고정	현재 뷰 상태를 고정	
	도움말	기본 조작 도움말을 확인할 수 있음	
	프로젝트 초기화	프로젝트 상태를 초기로 되돌림	
	최소화	프로그램 최소화	
	닫기	프로그램 닫기	

B 전기 시퀀스 심볼 라이브러리

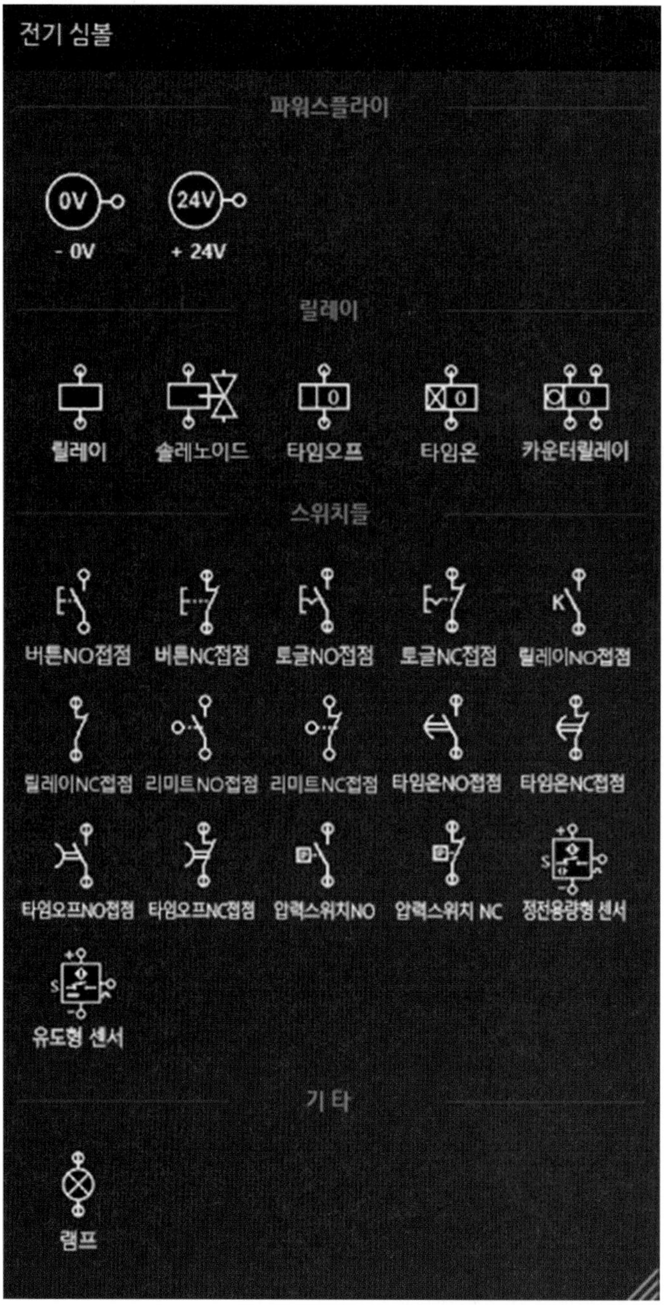

C 공압 회로 작도실 - 공압 심볼 라이브러리

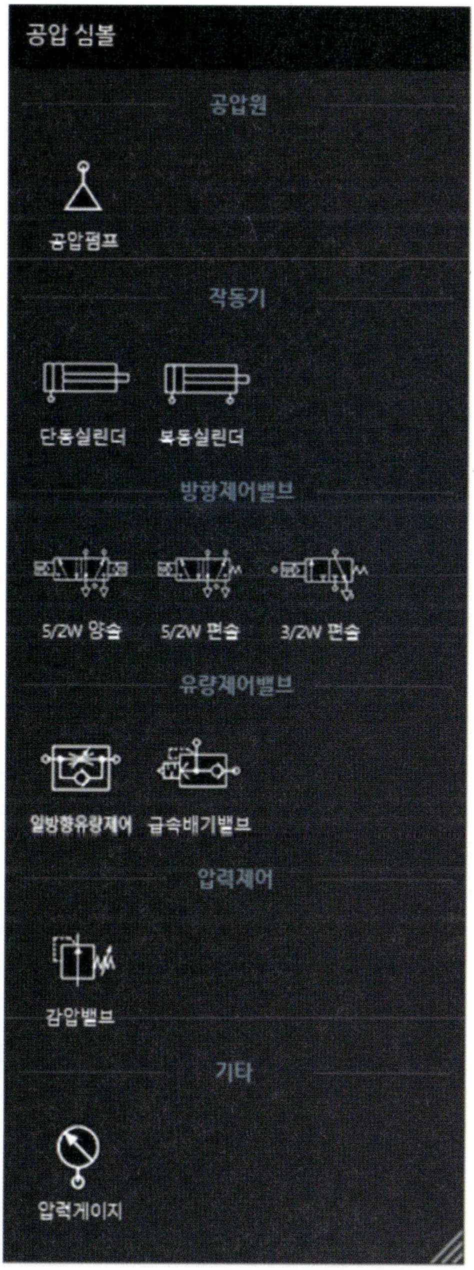

D 유압 회로 작도실 – 유압 심볼 라이브러리

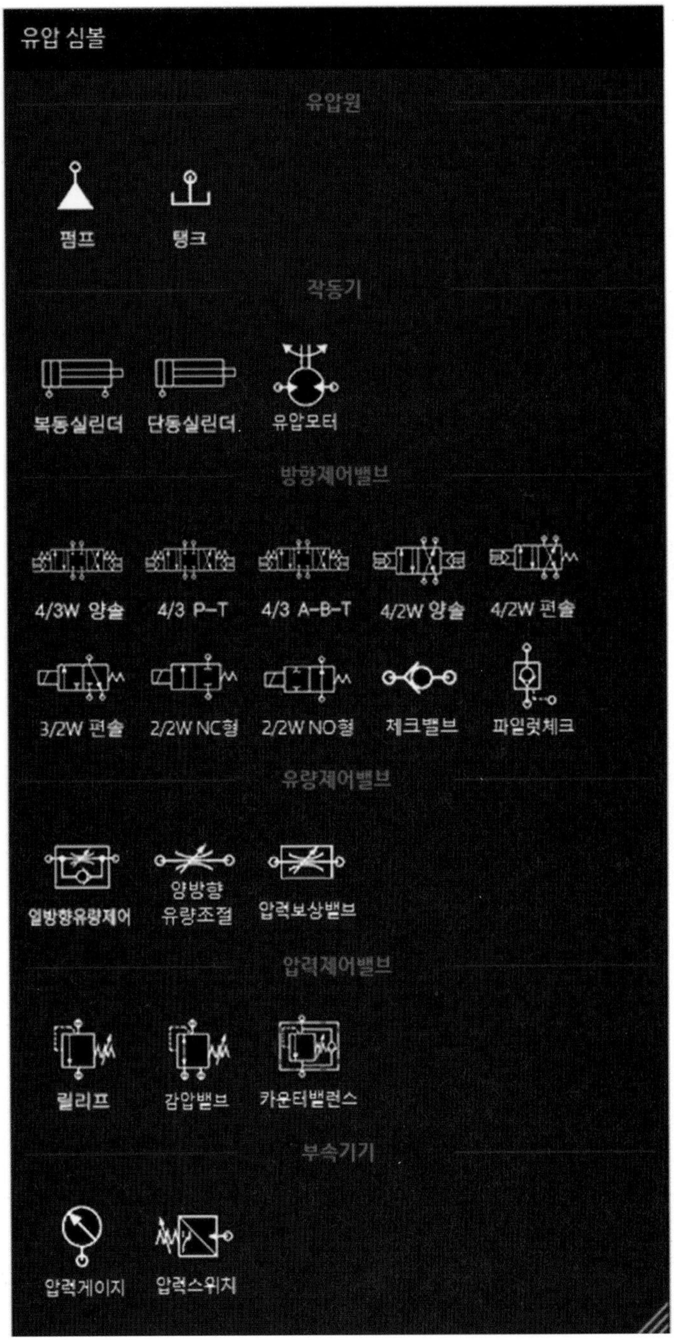

2. 기본 조작

A 화면 조작

기능	마우스 조작	키보드 커멘드	비고
화면 이동	마우스 오른쪽 클릭 후, 드래그	없음	
확대	휠 업	없음	
축소	휠 다운		
초기화	상단 초기화 버튼 클릭	스페이스 키(Space)	

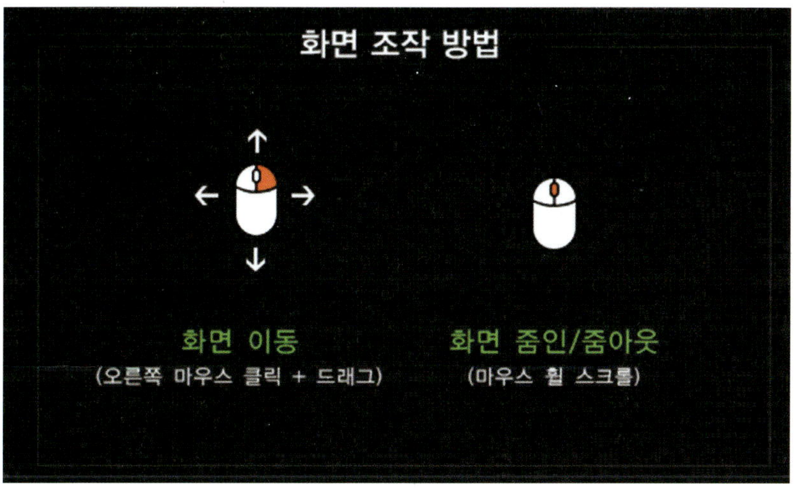

B 심볼 생성 및 배치

1) 심볼 생성

① 각종 심볼 라이브러리에서 원하는 심볼 마우스 왼쪽 클릭

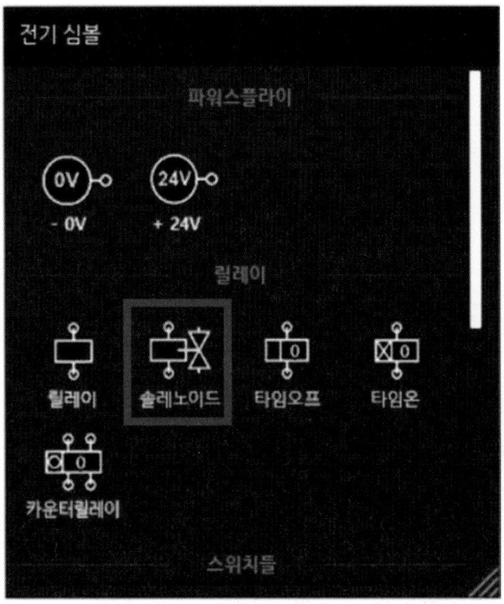

| 심볼 선택 전 |

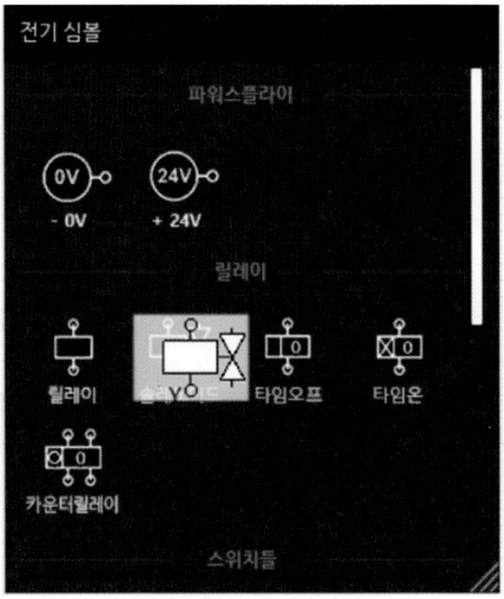

| 심볼 선택 후 |

2) 심볼 배치

① 생성된 심볼을 드래그하여 작업 영역 내 원하는 위치에서 드롭

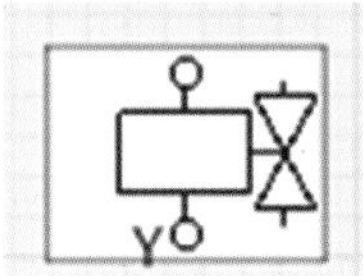

| 심볼 드래그 중 |

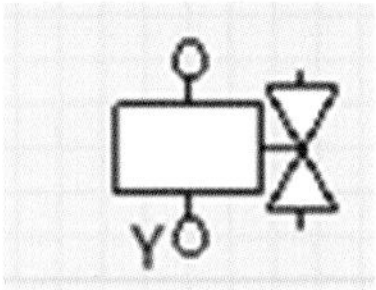

| 심볼 드롭 후 (배치완료) |

② 배치 완료 후에도 드래그 앤 드롭을 통해서 이동 가능

* 단, 배선이 완료된 상태에선 심볼 이동이 불가능

3) 심볼 회전

회전을 원하는 심볼에 마우스를 위치시킨 후, 휠 업 or 휠 다운

* 최초 생성 심볼 기준 -270도 ~ +270도 방향 90도 단위 회전

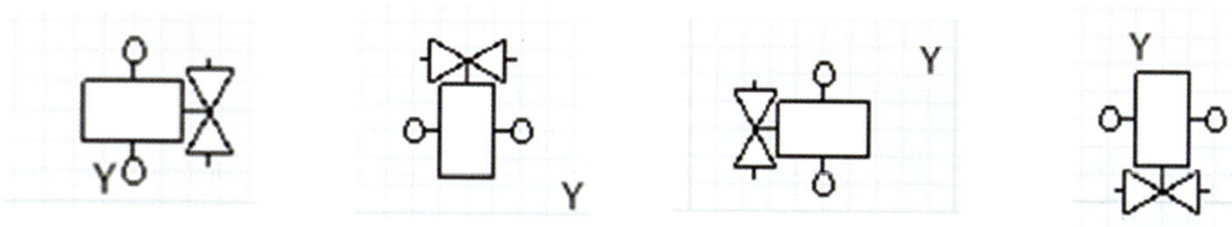

4) 심볼 삭제

삭제를 원하는 심볼에 마우스를 위치시킨 후, 'Ctrl + 마우스 오른쪽 클릭'

5) 심볼 복사

복사를 원하는 심볼에 마우스를 위치시킨 후, 'Ctrl + 마우스 왼쪽 클릭'

6) 심볼 이름 변경

이름 변경을 원하는 심볼을 더블 클릭하여 심볼 설정창을 열고 변경 후 확인 버튼 클릭

EX) 솔레노이드 이름 변경

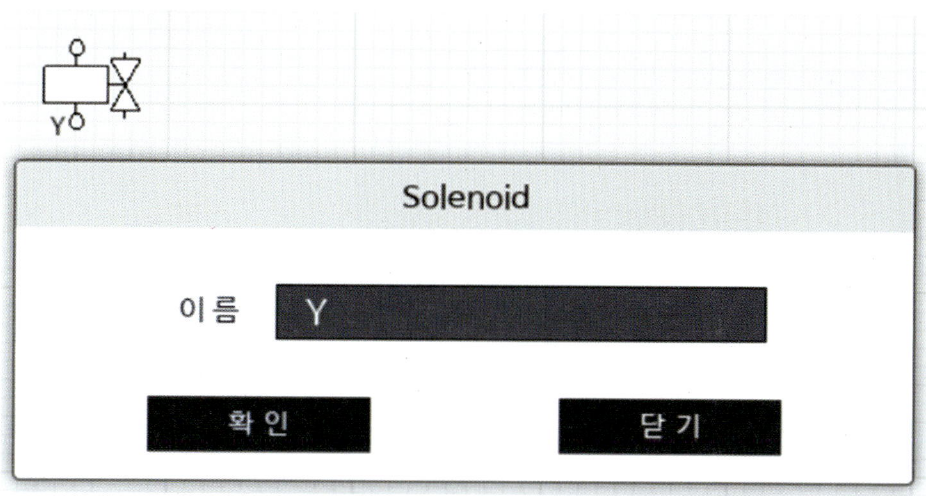

C 리밋 스위치 및 센서

실린더와 함께 사용되는 리밋 스위치 및 리밋 센서의 경우, 그 설정 방법이 다른 심볼들과 다르다.

1) 리밋 스위치 요소(유닛) 생성

① 실린더 심볼 배치 후, 해당 심볼 더블 클릭하여 '실린더 리밋 스위치 위치 설정' 활성화

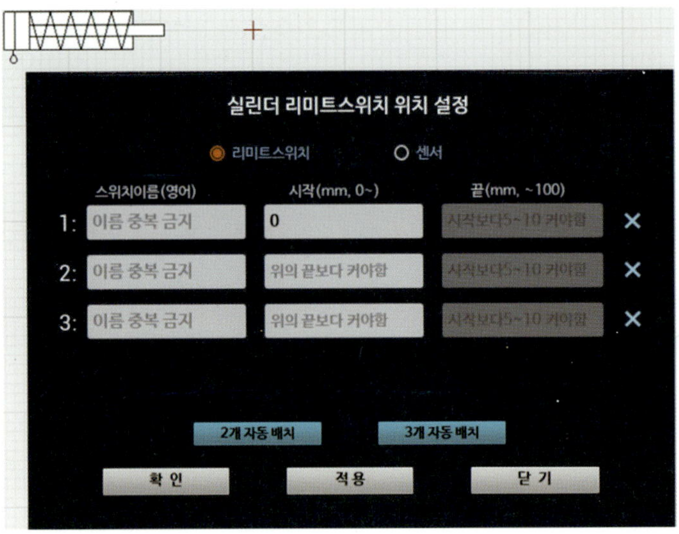

(ㄱ) 리밋 스위치 or 센서 선택

(ㄴ) 스위치 이름 및 배치 위치 선언

(ㄷ) 적용 버튼 클릭 후, 확인 클릭

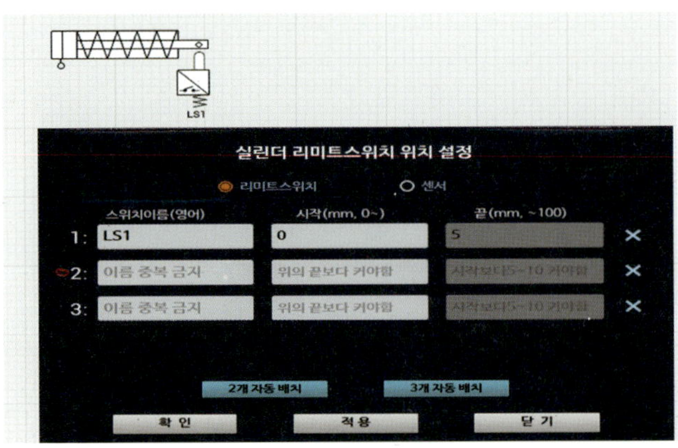

(ㄹ) 하단 자동 배치 버튼을 클릭 시, 자동으로 생성 가능

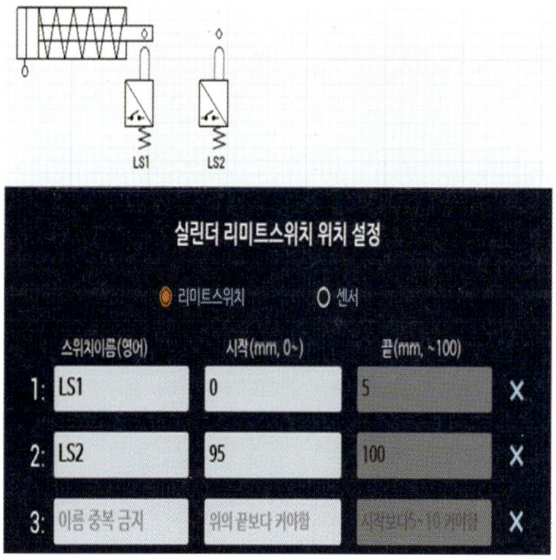

| 2개 자동 배치 |

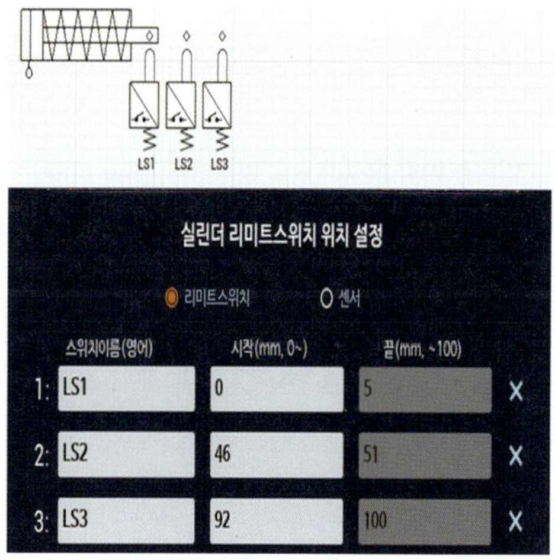

| 3개 자동 배치 |

2) 리밋 스위치 전기 시퀀스 설정

① 심볼 생성 후, 심볼 더블 클릭 시 초기 상태 설정 가능

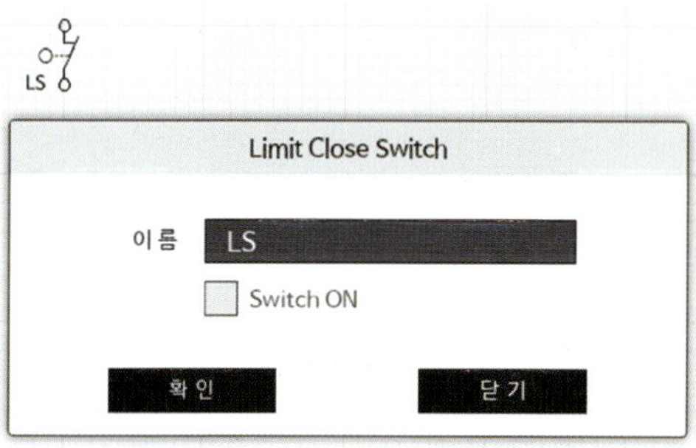

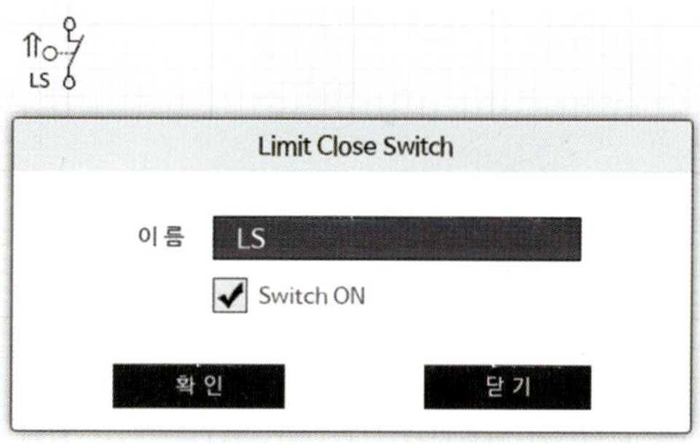

D 배선

전기 시퀀스 배선 및 공압 또는 유압 배관 작업

1) 배선 및 배관 생성

① 연결을 원하는 시작 지점 클릭 후, 끝 지점 클릭

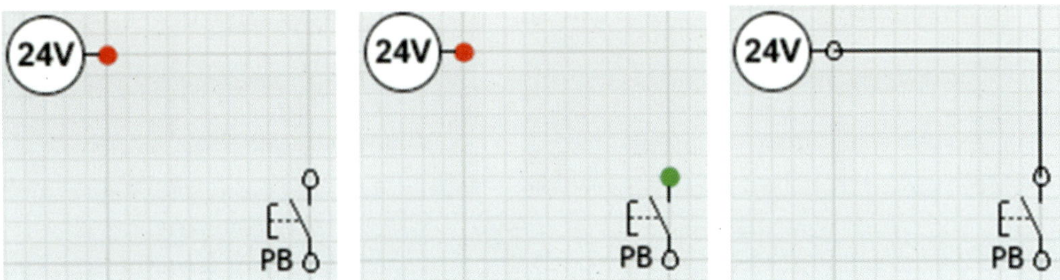

2) 배선 및 배관 편집

① 생성된 배선 및 배관을 마우스 왼쪽 드래그 앤 드롭을 통하여 변경 가능

3) 배선 및 배관 삭제

① 삭제를 원하는 배선에 마우스 위치 후, 'Ctrl + 마우스 오른쪽 클릭'

4) 분기점 생성

① 3개 이상의 포트를 연결할 때, 우선 2개의 심볼을 연결

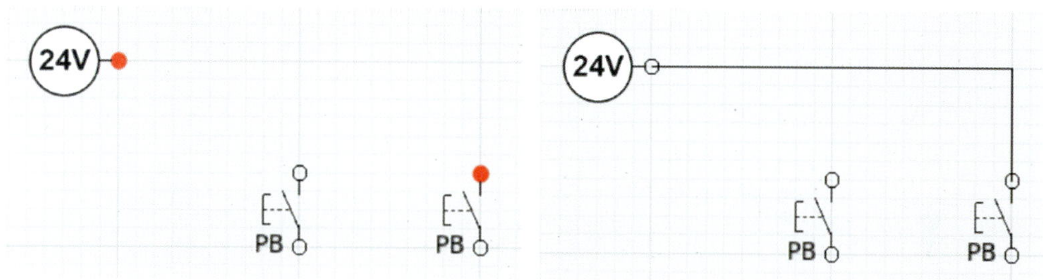

② 추가 연결이 필요한 심볼의 시작 지점을 선택한 후, 생성된 배선에서 끝 지점 선택

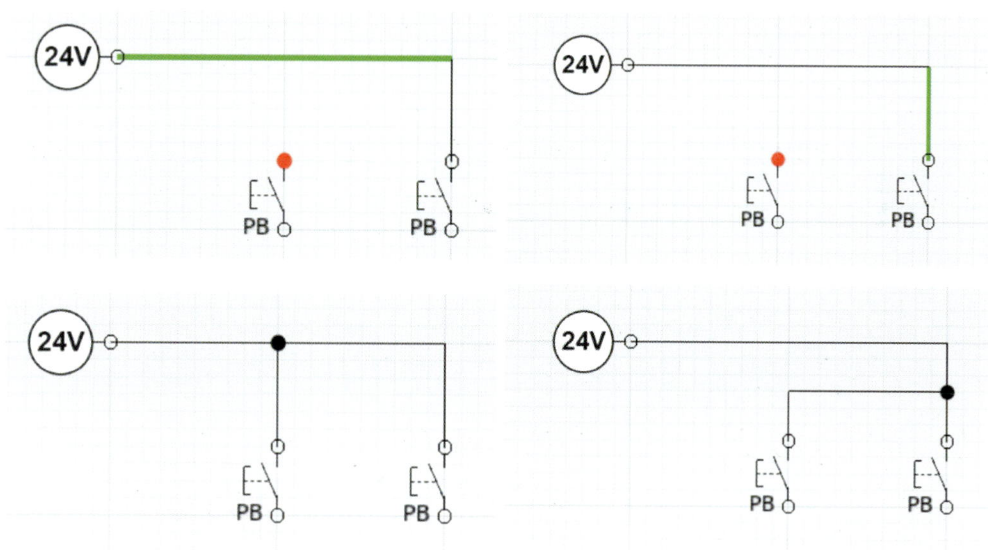

| 긴 배선 선택 시 |　　　　| 짧은 배선 선택 시 |

3. 활용 예제

A 전기 공압 회로 작도 예제

1) 예제 회로도

① 변위단계선형도(A+, B+, B-. A-)

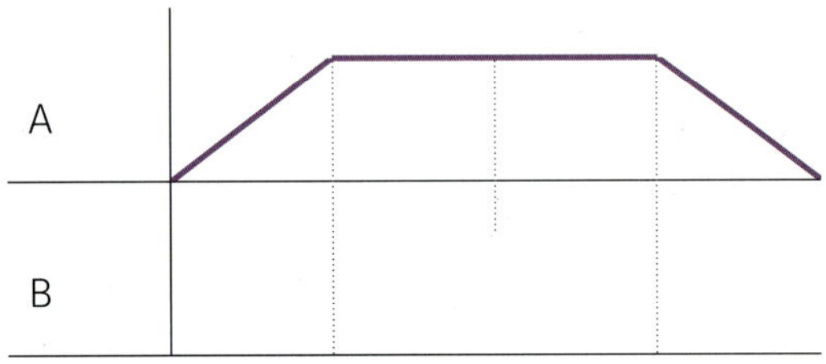

② 공압 회로도

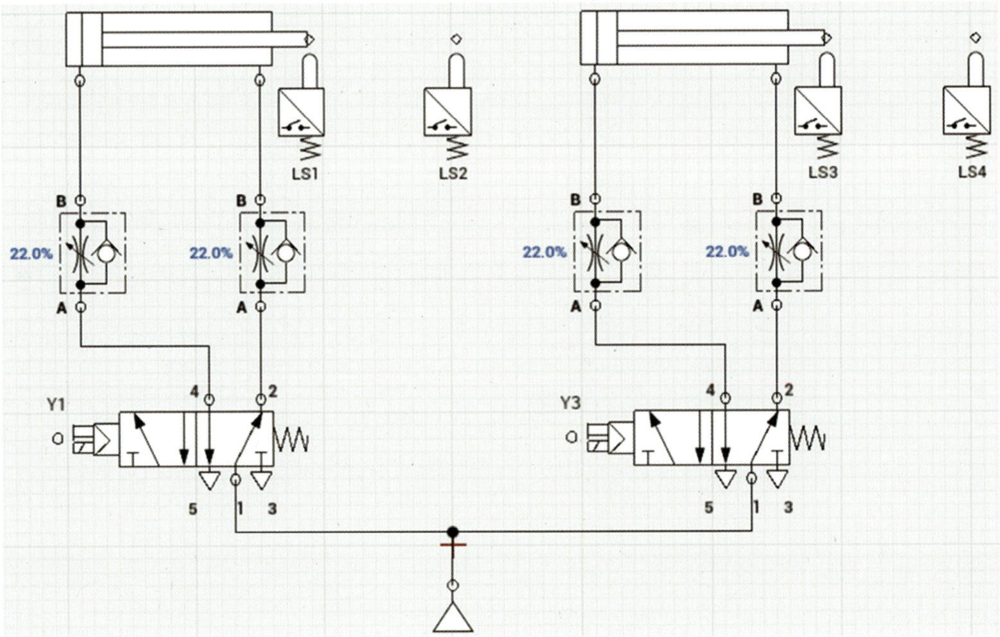

③ 전기 시퀀스 회로도

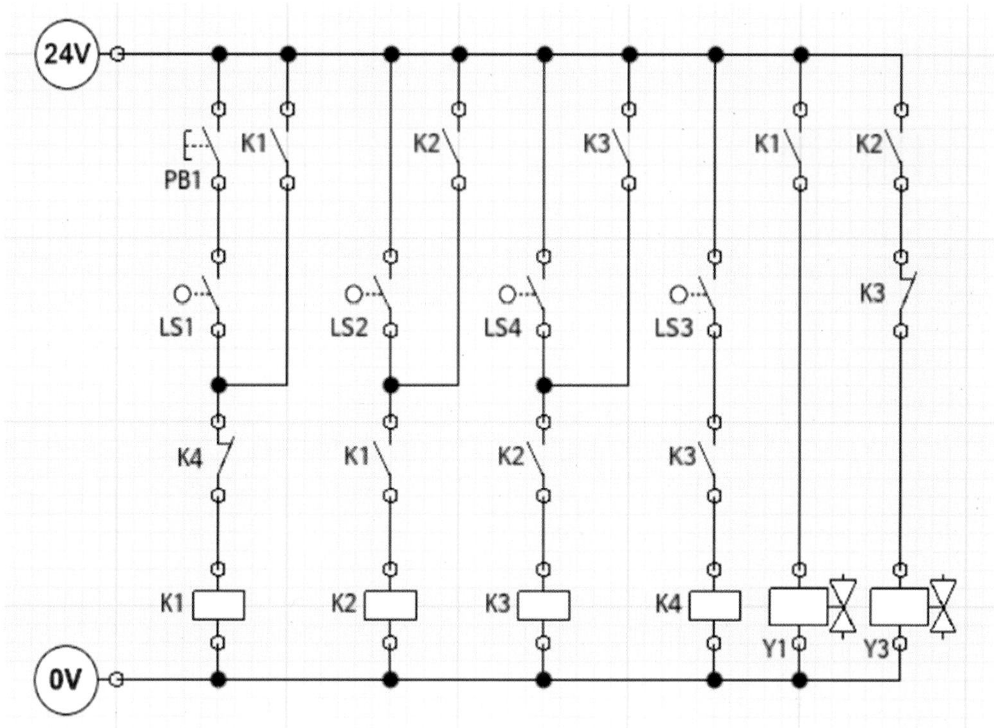
24V
0V
PB1
K1
K2
K3
K1
K2
LS1
LS2
LS4
LS3
K3
K4
K1
K2
K3
K1
K2
K3
K4
Y1
Y3

2) 공압 회로도 작성

① 공압 심볼 라이브러리에서 복동실린더 2개 생성 후, 적당한 위치에 배치

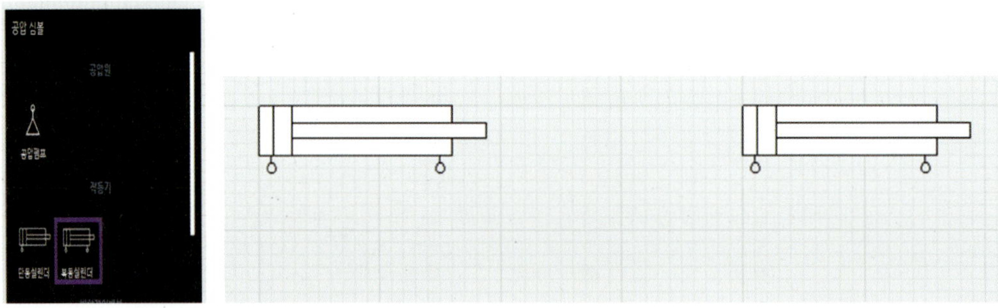

② 실린더 리밋 스위치 위치 설정 활성화 후, 리밋 스위치 배치

(ㄱ) 생성된 복동실린더를 더블 클릭하여 실린더 리밋 스위치 설정창 활성화

(ㄴ) 2개 자동 배치 버튼 누른 후, 리밋 스위치 이름 회로도에 맞게 변경

(ㄷ) 적용 버튼 누른 후, 확인 버튼을 눌러 생성 완료

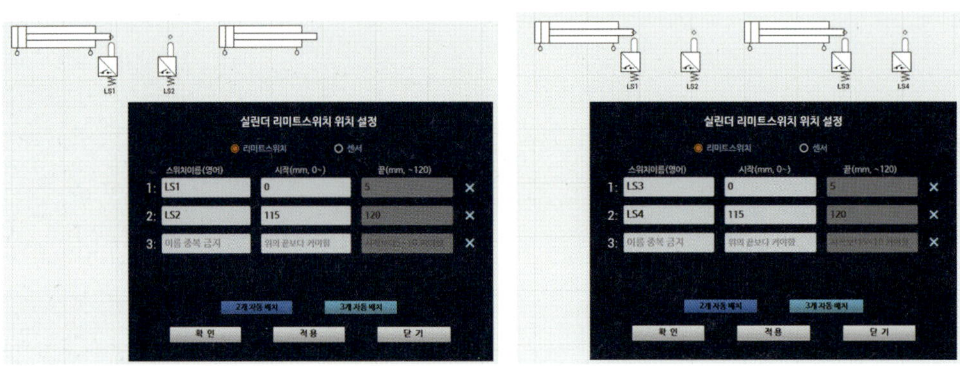

- 좌측 A 실린더 LS1, LS2
- 우측 B 실린더 LS3, LS4

③ 필요한 공압 심볼 선택하여 배치

(ㄱ) 공압 심볼 – 방향제어 밸브 – 5/2 WAY 편솔레노이드 밸브

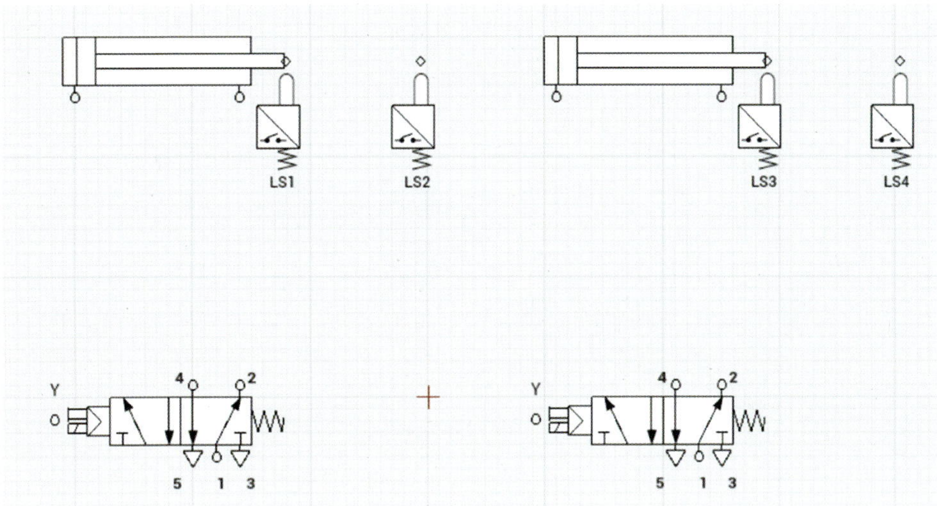

(ㄴ) 공압 심볼 – 유량젱 밸브 – 일방향 유량 제어 밸브

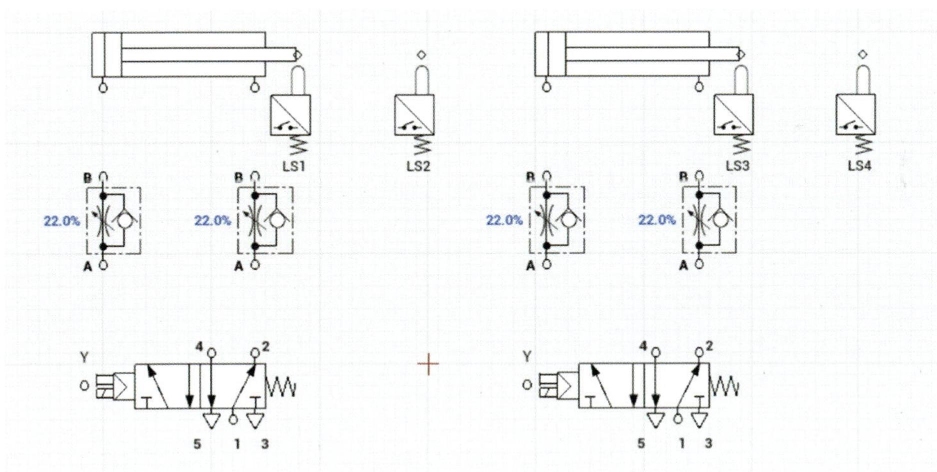

(ㄷ) 공압 심볼 – 공압원 – 공압 펌프 1개

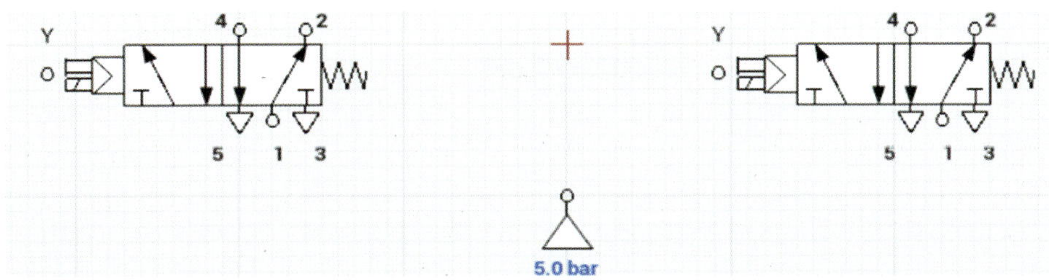

④ 공압 배관

시작 지점 클릭 후, 끝 지점 클릭하여 공압 배관 작업 진행

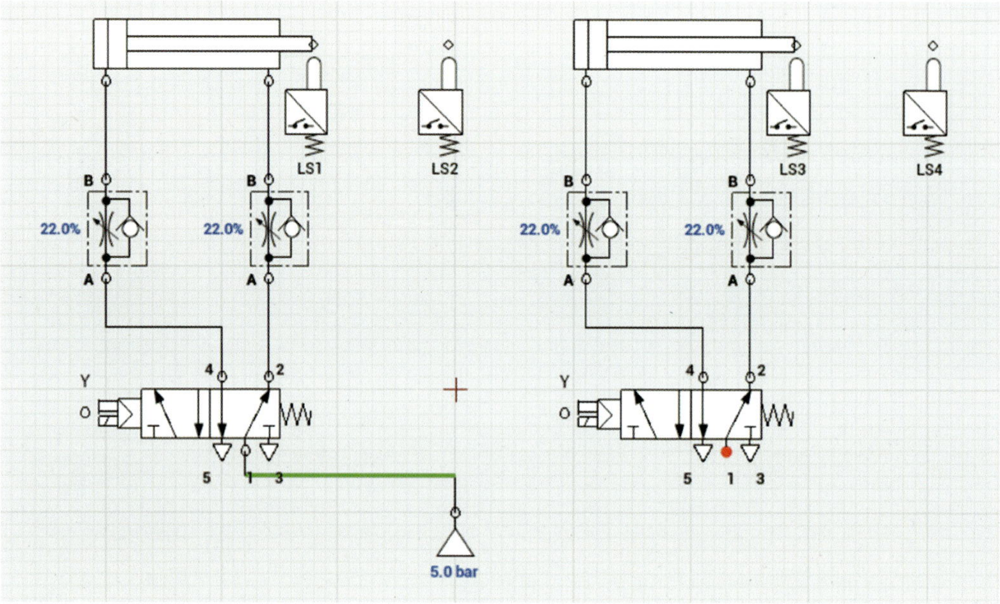

*공압 펌프 연결 시, 분기점 생성하는 것에 유의할 것

⑤ 편솔레노이드 이름 설정

(ㄱ) A 실린더와 연결된 밸브의 솔레노이드 Y1

(ㄴ) B 실린더와 연결된 밸브의 솔레노이드 Y3

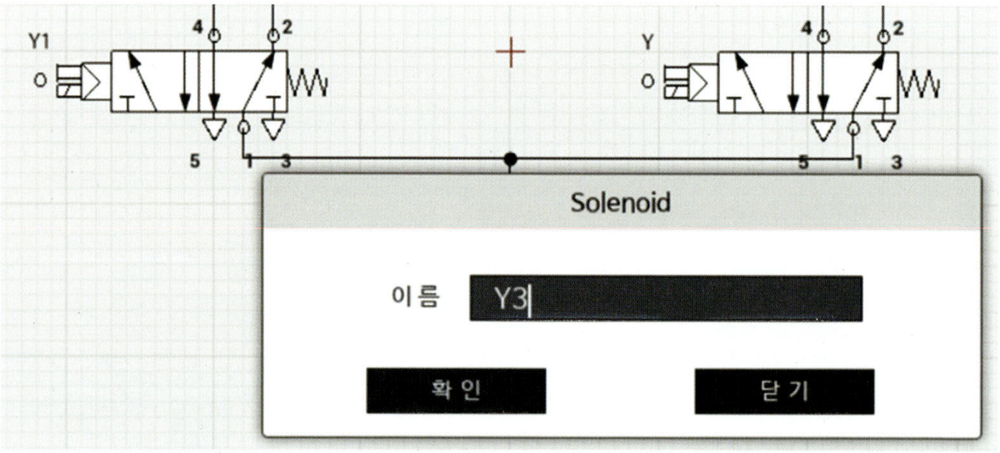

3) 전기 시퀀스 회로도 작도

① 전기 심볼 라이브러리에서 회로 구성에 필요한 심볼 배치

(ㄱ) 전기 심볼 – 파워서플라이 – [+24V]
(ㄴ) 전기 심볼 – 파워서플라이 – [-0V]
(ㄷ) 전기 심볼 – 스위치들 – [버튼 NO 접점]
(ㄹ) 전기 심볼 – 스위치들 – [리밋 NO 접점]
(ㅁ) 전기 심볼 – 스위치들 – [릴레이 NO 접점]
(ㅂ) 전기 심볼 – 스위치들 – [릴레이 NC 접점]
(ㅅ) 전기 심볼 – 릴레이 – [릴레이]
(ㅇ) 저기 심볼 – 릴레이 – [솔레노이드]

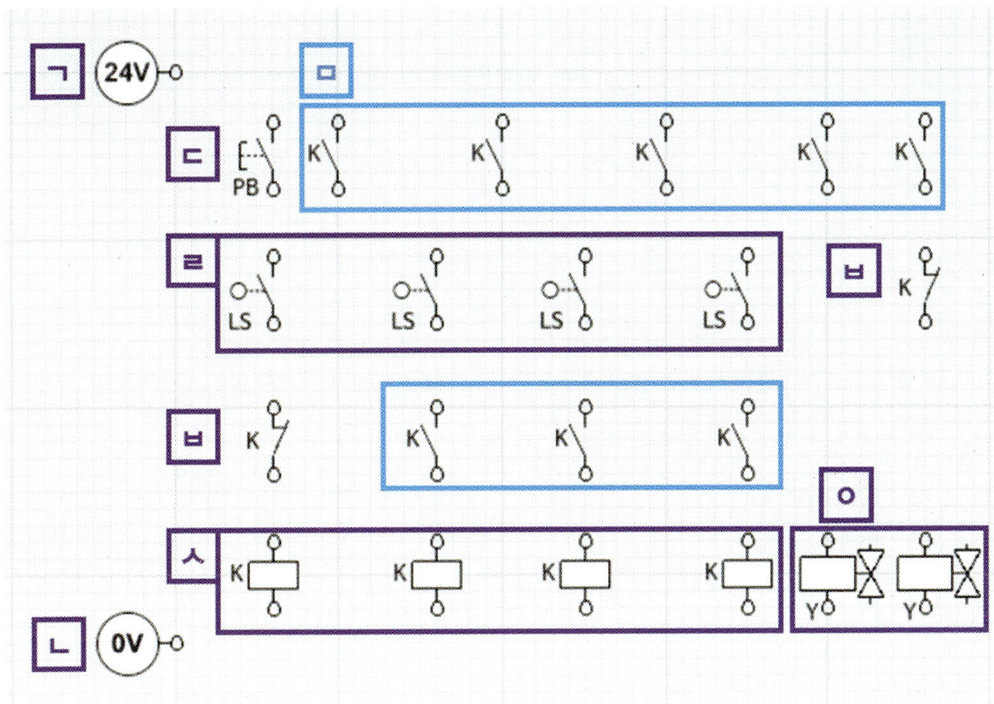

② 전기 배선 진행

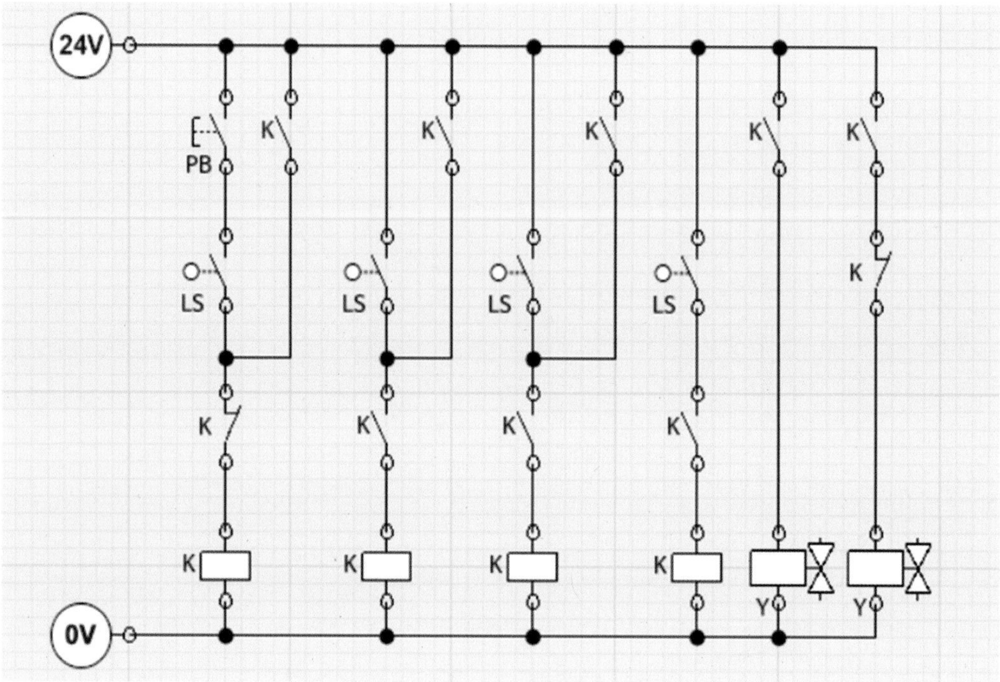

③ 각 심볼을 더블 클릭하여 이름 부여

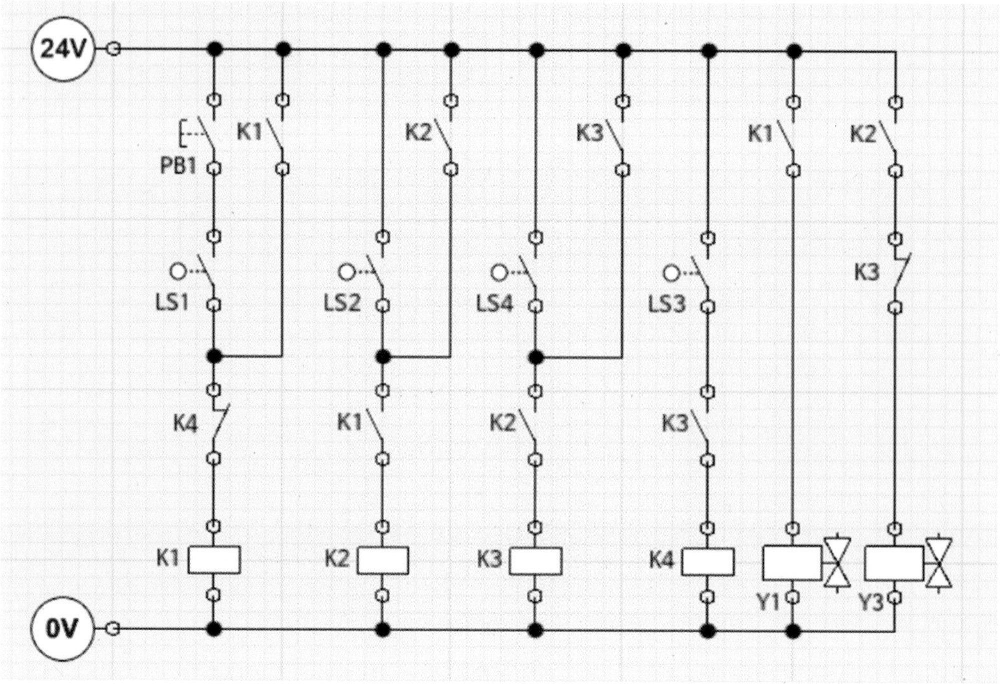

4) 시뮬레이션

① 회로 작도 완료 후, 리로드 버튼 누른 후 시뮬레이션 실행 버튼 클릭

② 시뮬레이션 실행 후, 전기 시퀀스 회로도 PB1 심볼을 클릭하여 회로 동작

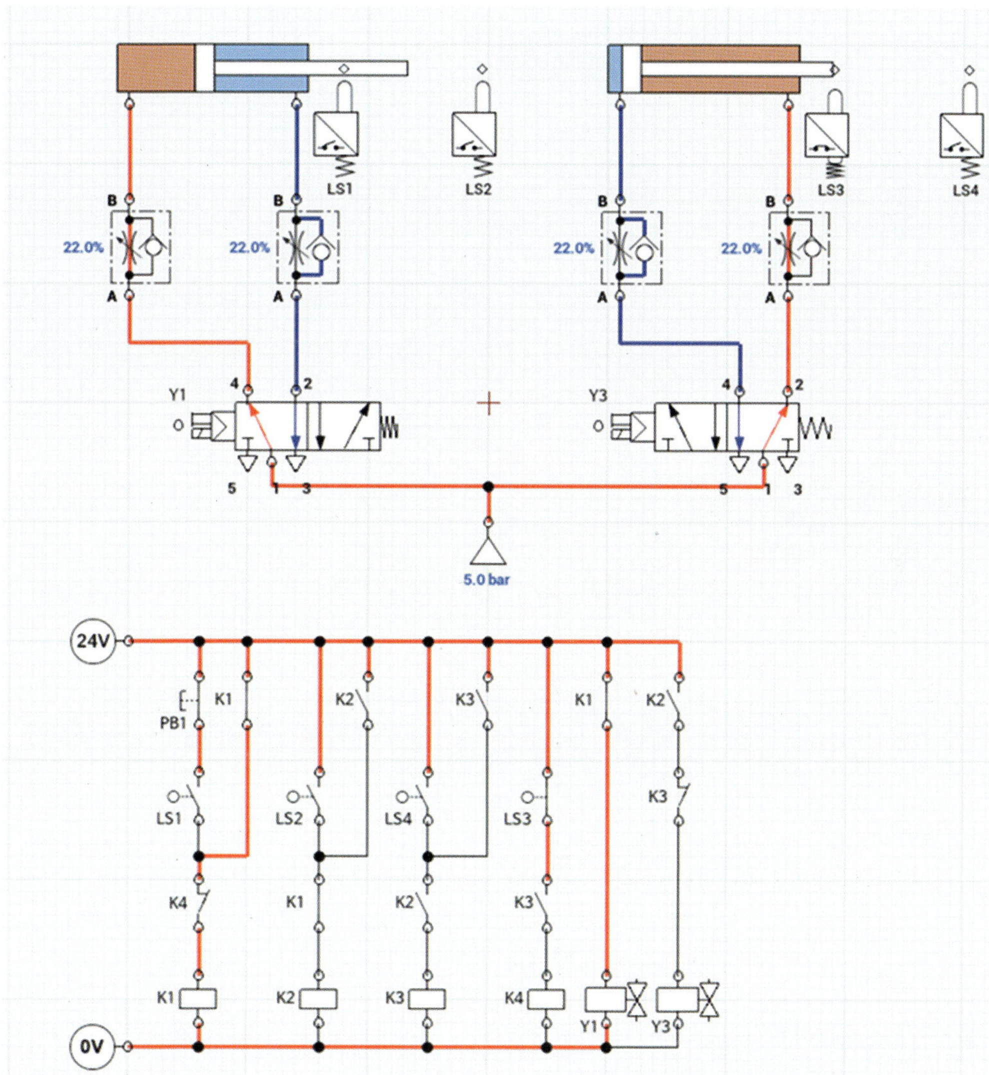

B 전기 유압 회로 작도 예제 - 복동실린더 & 유압 모터 연동 회로

1) 예제 회로도

① 변위단계선도

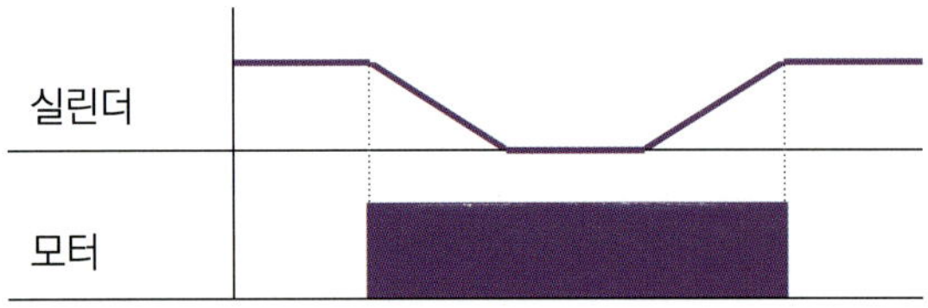

② 유압 회로도 예시

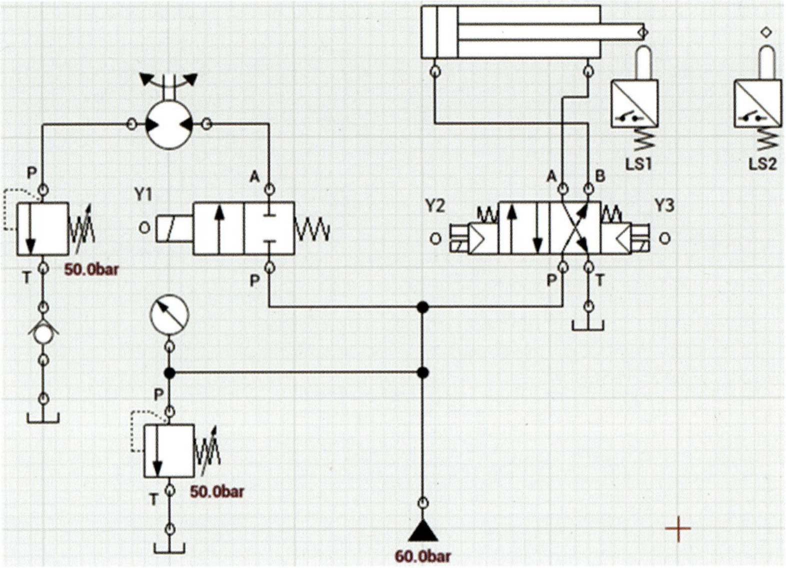

③ 전기 시퀀스 회로도 예시

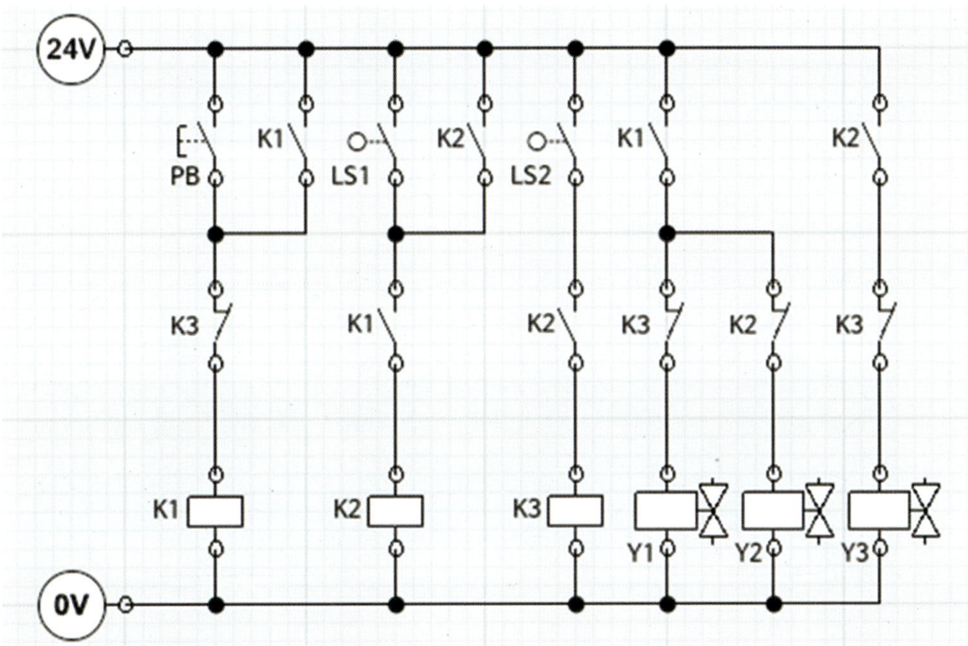

2) 유압 회로도 작성

① 유압 심볼 라이브러리에서 복동실린더 1개와 유압 모터 생성 후, 적당한 위치에 배치

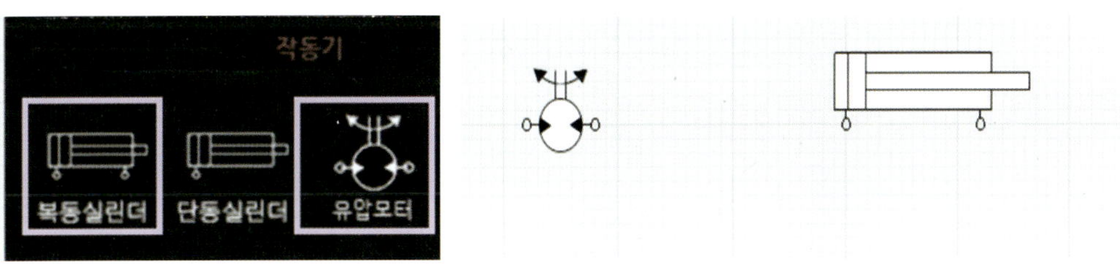

② 실린더 리밋 스위치 위치 설정 활성화 후, 리밋 스위치 배치

(ㄱ) 생성된 복동실린더를 더블 클릭하여 실린더 리밋 스위치 설정창 활성화
(ㄴ) 2개 자동 배치 버튼 누른 후, 리밋 스위치 이름 회로도에 맞게 변경
(ㄷ) 적용 버튼 누른 후, 확인 버튼을 눌러 생성 완료

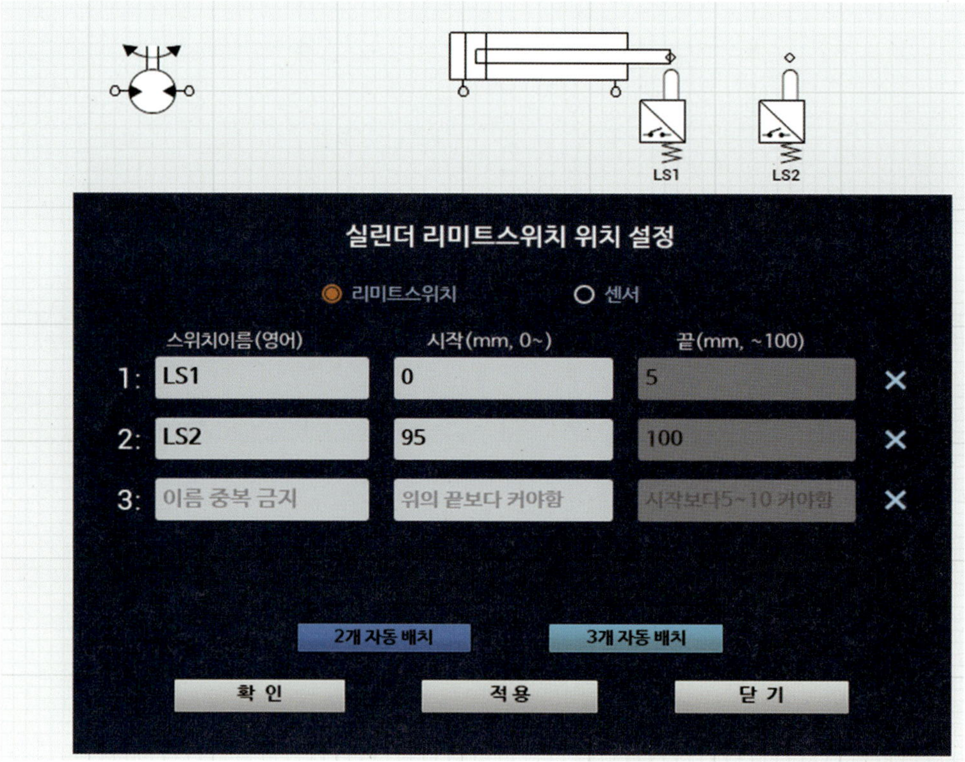

③ 필요한 유압 심볼 선택하여 배치

(ㄱ) 유압 심볼 – 방향 제어 밸브 – [2/2 WAY 편솔레노이드 밸브(NC형)]

(ㄴ) 유압 심볼 – 방향 제어 밸브 – [4/2 WAY 양솔레노이드 밸브]

(ㄷ) 유압 심볼 – 방향 제어 밸브 – [체크 밸브]

(ㄹ) 유압 심볼 – 압력 제어 밸브 – [릴리프 밸브]

(ㅁ) 유압 심볼 – 유압원 – [펌프]

(ㅂ) 유압 심볼 – 유압원 – [탱크]

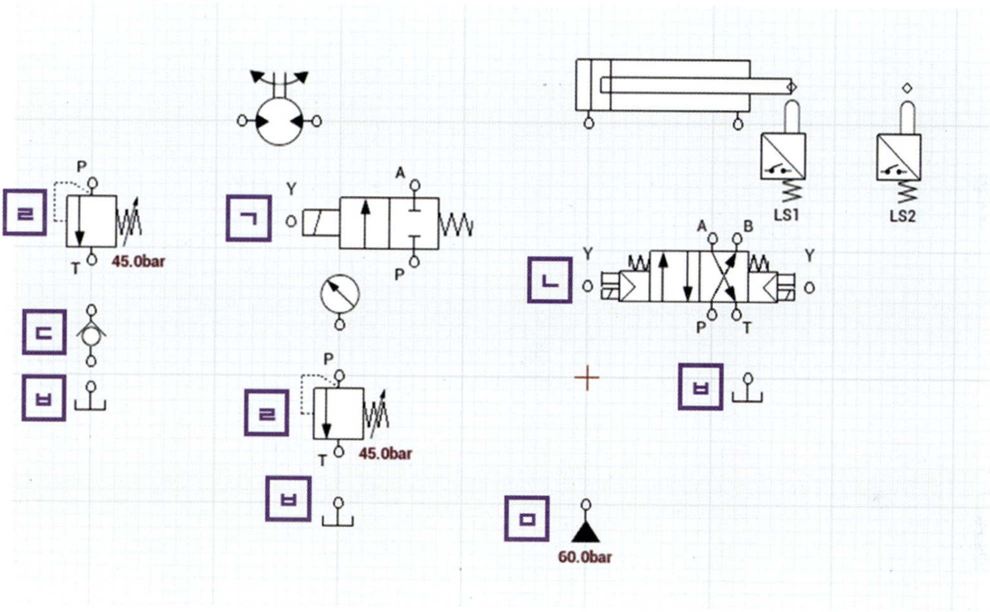

④ 유압 배관 작업 및 솔레노이드 이름 선언

(ㄱ) 2/2 WAY 밸브에 부착된 솔레노이드 Y1

(ㄴ) 4/2 WAY 양솔레노이드 밸브에 부착된 솔레노이드는 각각 Y2, Y3

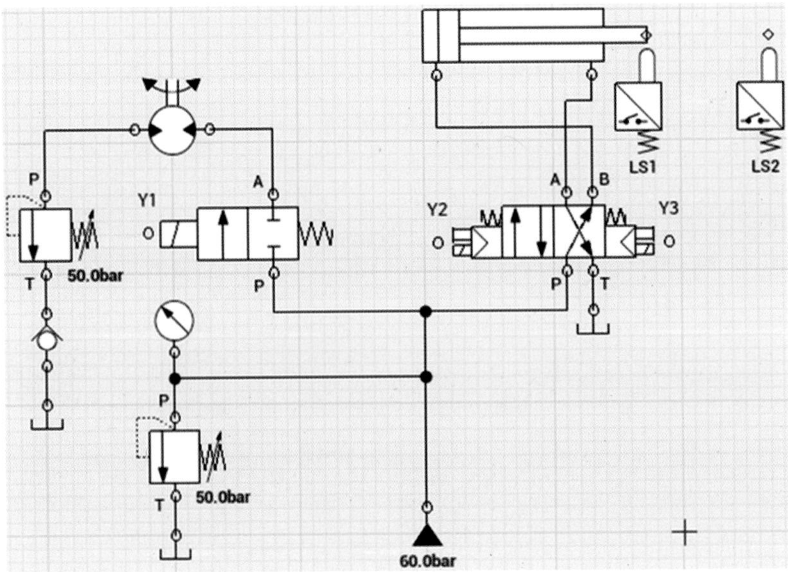

3) 전기 시퀀스 회로도 작성

① 전기 심볼 라이브러리에서 회로 구성에 필요한 심볼 배치

(ㄱ) 전기 심볼 – 파워서플라이 – [+24V]
(ㄴ) 전기 심볼 – 파워서플라이 – [-0V]
(ㄷ) 전기 심볼 – 스위치들 – [버튼 NO 접점]
(ㄹ) 전기 심볼 – 스위치들 – [리밋 NO 접점]
(ㅁ) 진기 심볼 – 스위치들 – [릴레이 NO 집점]
(ㅂ) 전기 심볼 – 스위치들 – [릴레이 NC 접점]
(ㅅ) 전기 심볼 – 릴레이 – [릴레이]
(ㅇ) 전기 심볼 – 릴레이 – [솔레노이드]

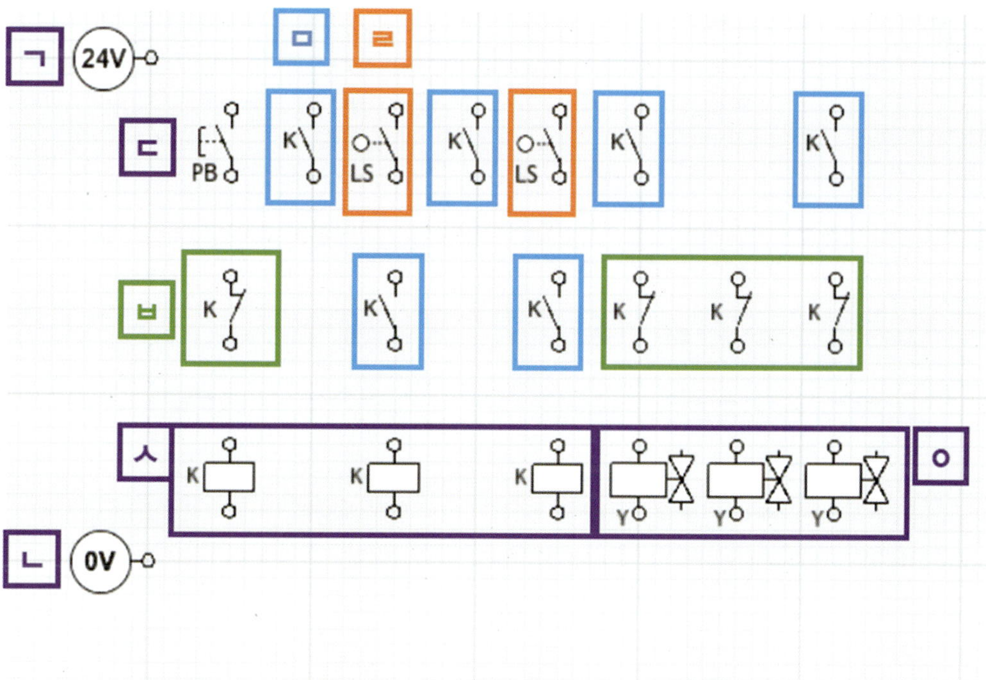

② 전기 배선 진행

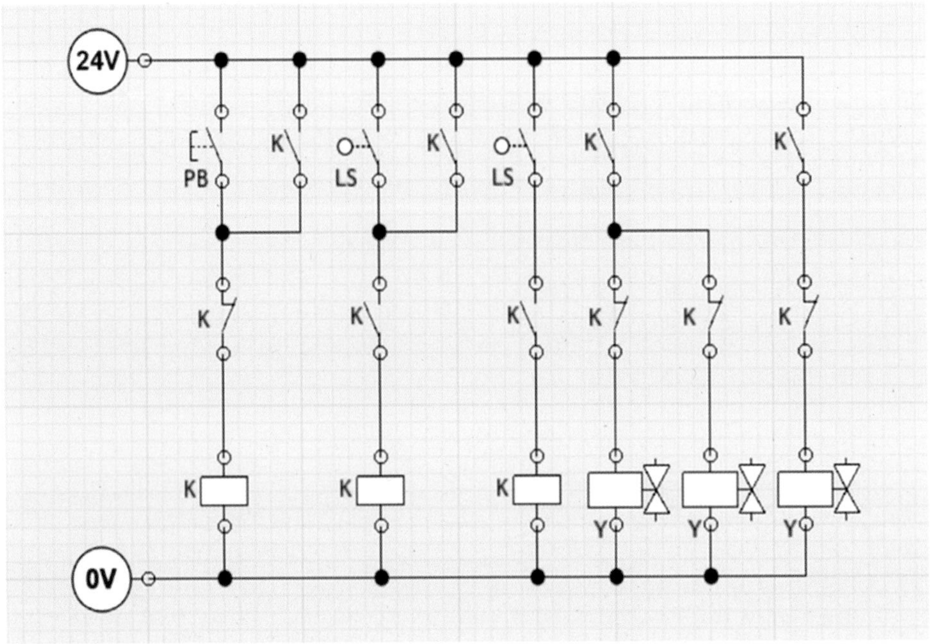

③ 각 심볼을 더블 클릭하여 이름 부여

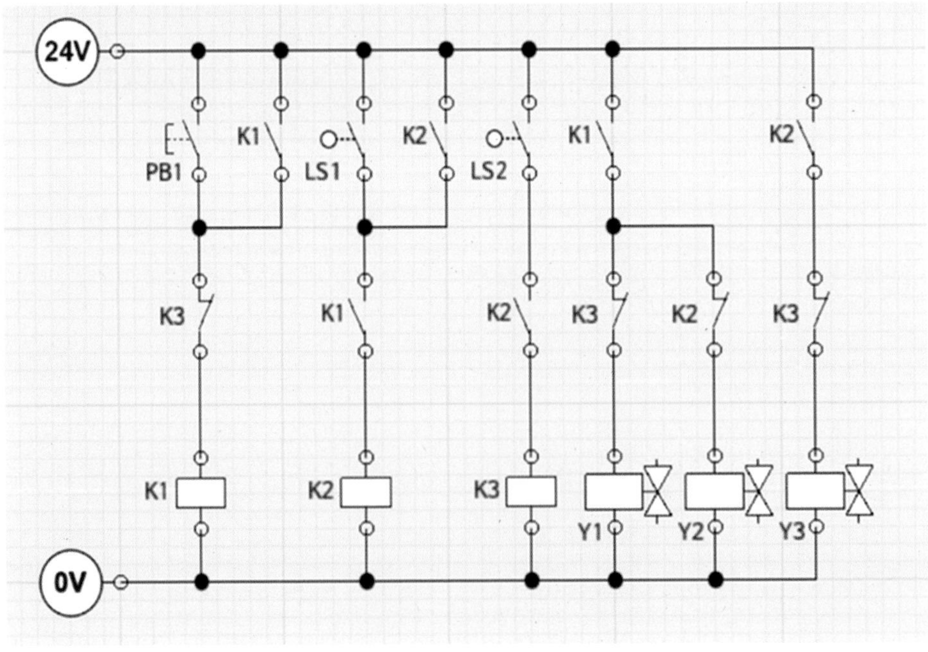

4) 시뮬레이션

① 회로 작도 완료 후, 리로드 버튼 누른 후 시뮬레이션 실행 버튼 클릭

② 시뮬레이션 실행 후, 전기 시퀀스 회로도 PB1 심볼을 클릭하여 회로 동작

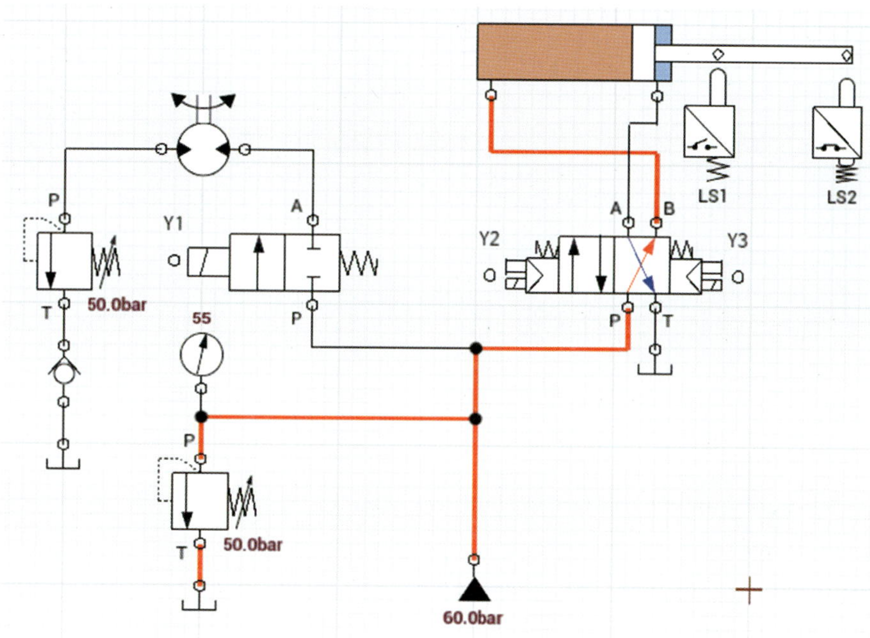

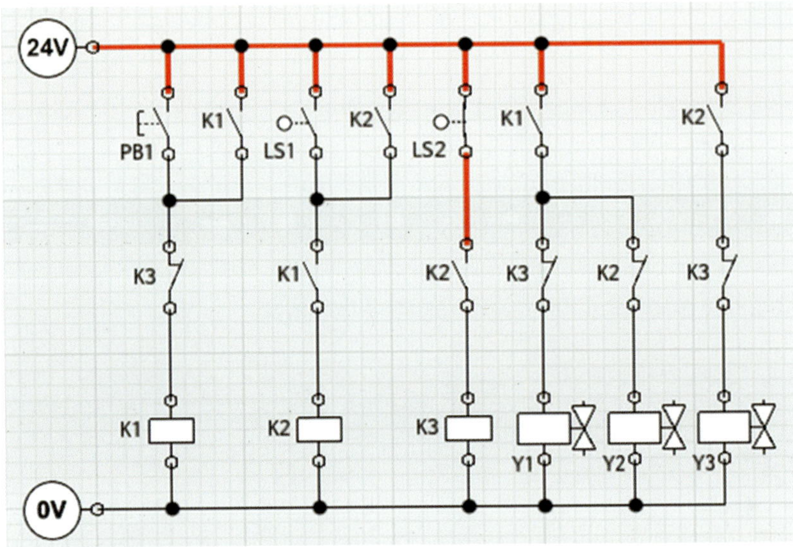

구현된 기능들의 소개와 사용 예제들을 기술한다.

Memo

CHAPTER

04

공·유압 공개문제

1 공압 공개문제풀이

2 유압 공개문제풀이

공압 공개문제풀이

자격종목	설비보전기사	과제명	전기공기압회로설계 및 구성작업

※ 문제지는 시험 종료 후 본인이 가져갈 수 있습니다.

비번호		시험일시		시험장명	

※ 시험시간 : [제1과제] 1시간

1. 요구사항

※ 지급된 재료 및 시설을 사용하여 아래 작업을 완성하시오.

※ 작품을 제출한 후에는 재작업을 할 수 없음을 유의하여 작업하시오.

가. 공기압기기 배치

1) 공기압 회로도와 같이 공기압기기를 선정하여 고정판에 배치하시오.(단, 공기압기기는 수평 또는 수직방향으로 수험자가 임의로 배치하고, 리밋 스위치는 방향성을 고려하여 설치하시오.)
2) 공기압호스를 적절한 길이로 절단 및 사용하여 기기를 연결하시오.(단, 공기압호스가 시스템 동작에 영향을 주지 않도록 정리하시오.)
3) 작업압력(서비스 유닛)을 0.5±0.05 MPa로 설정하시오.
4) 실린더A 동작은 유도형 센서나 용량형 센서를 사용하고, 실린더B 동작은 전기 리밋 스위치를 사용하여 구성하시오.
5) 작업이 완료된 상태에서 압축공기를 공급했을 때 공기 누설이 발생하지 않도록 하시오.

나. 공기압회로 설계 및 구성

1) 전기 회로도 중 오류 부분은 수험자가 정정하여 기본제어동작을 만족하도록 시스템을 구성하시오.(단, 릴레이의 개수가 증가되거나 감소되지 않도록 작업하시오.)
2) 응용제어동작을 만족하도록 시스템을 변경하시오.
3) 전기 배선은 전원의 극성에 따라 +24 V는 적색, -0 V는 청색(또는 흑색)의 리드선을 구별하여 사용하시오.
4) 작업이 완료된 상태에서 전원을 투입했을 때 쇼트가 발생하지 않도록 하시오.
5) 지정되지 않은 누름버튼 스위치는 자동복귀형 스위치를 사용하시오.(단, 비상정지 스위치 등 해제 동작이 필요한 스위치는 유지형 스위치를 사용할 수 있습니다.)
6) 모든 동작은 전원을 유지한 상태에서 재동작이 가능하도록 회로를 구성하시오.

2. 수험자 유의사항

※ 다음의 유의사항을 고려하여 요구사항을 완성하시오.

1) 시험 시작 전 장비 이상유무를 확인합니다.
2) 시험 중 반드시 시험감독위원의 지시에 따라야 하며, 시험시간 동안 시험감독위원의 지시가 없는 한 시험장을 임의로 이탈할 수 없습니다.
3) 시험에 필요한 기기 이외의 부품이나 장비에 임의로 접촉하지 않도록 주의하시기 바랍니다.
4) 공기압 호스의 제거는 공급 압력을 차단한 후 실시하시기 바랍니다.
5) 전기 연결의 합선 시 즉시 전원공급 장치의 전원을 차단하시기 바랍니다.
6) 액추에이터의 작동부분에는 전선 및 호스가 접촉되지 않도록 주의하여야 합니다.
7) 수험자는 작업이 완료되면 시험감독위원의 확인을 받아야 하고, 시험감독위원의 지시에 따라 동작시킬 수 있어야 합니다.(단, 평가 시 전원이 유지된 상태에서 2회 동작 시도하여 동일하게 정상 동작이 되어야 하며, 1회만 동작하고 2회째 시도 시 정상적으로 동작하지 않으면 인정하지 않습니다.)
8) 기본제어동작을 완성하고 반드시 시험감독위원의 평가를 받은 후 응용제어동작을 수행하여야 합니다.
9) 평가 종료 후 작업한 자리의 부품을 정리하여 모든 상태를 초기 상태로 정리하시기 바랍니다.
10) 다음 사항은 실격에 해당하여 채점 대상에서 제외됩니다.
    (가) 수험자 본인이 수험 도중 시험에 대한 기권의사를 표현하는 경우
    (나) 실기시험 과정 중 1개 과정이라도 불참한 경우
    (다) 시설·장비의 조작 또는 재료의 취급이 미숙하여 위해를 일으킬 것으로 시험감독위원 전원이 합의하여 판단한 경우
    (라) 시험감독위원의 지시에 불응한 경우
    (마) 기본제어동작을 시험감독위원에게 확인받지 않고 다음 작업을 진행한 경우
    (바) 설비보전기사 실기과제 중 한 과제라도 응시하지 않은 경우
    (사) 설비보전기사 실기과제 "전기공기압회로 설계 및 구성작업, 전기유압회로 설계 및 구성작업" 중 하나라도 0점인 과제가 있는 경우
    (아) 작업을 수험자가 직접 하지 않고 다른 사람으로부터 도움을 받아 작업을 할 경우
    (자) 시험 중 타인과 대화를 하거나 다른 수험자의 작품을 고의적으로 모방하는 경우
    (차) 시험 중 휴대폰을 사용하거나 인터넷 및 네트워크 환경을 이용할 경우
    (카) 시험 중 시험감독위원의 지시 없이 시험장을 이탈한 경우
    (타) 시험장 물품을 시험감독위원의 허락 없이 반출한 경우
    (파) 본인의 지참공구 외에 타인의 공구를 빌려서 사용한 경우
    (하) 지급된 재료 이외의 재료를 사용한 경우

(거) 시험시간 내에 작품을 제출하지 못한 경우

(너) 기본제어동작을 공기압 회로도와 기능이 상이한 기기로 구성하거나 기기를 누락하여 구성한 경우

(더) 기본제어동작이 문제와 일치하지 않는 작품

자격종목	설비보전기사	과제명	전기공기압회로설계 및 구성작업

전기공압문제 ①

가. 공기압 회로도

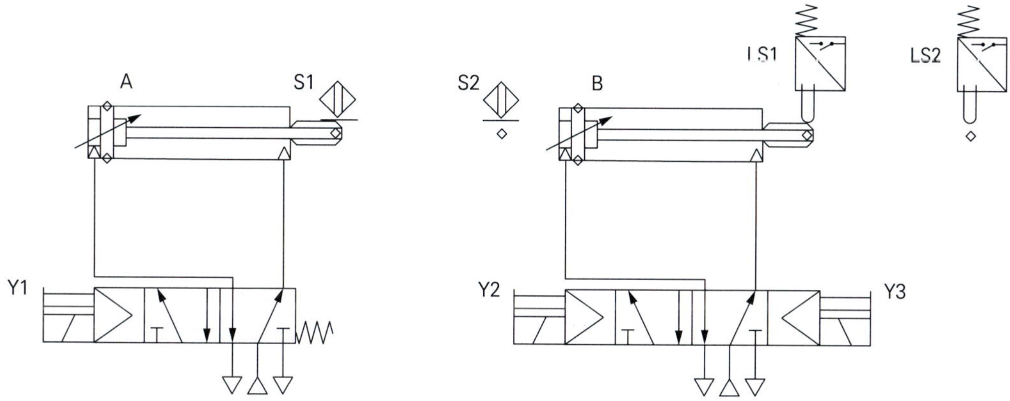

나. 전기 회로도

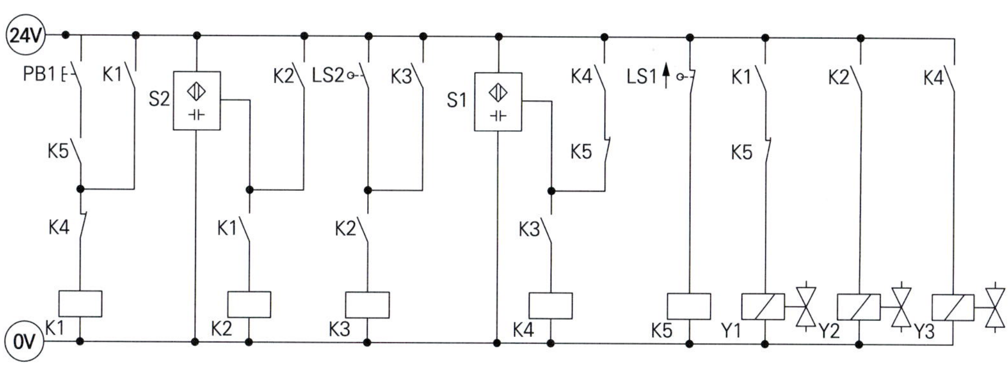

다. 기본제어동작

① 초기상태에서 PB1 스위치를 ON-OFF하면 다음 변위 단계선도와 같이 동작합니다.

② 변위단계선도

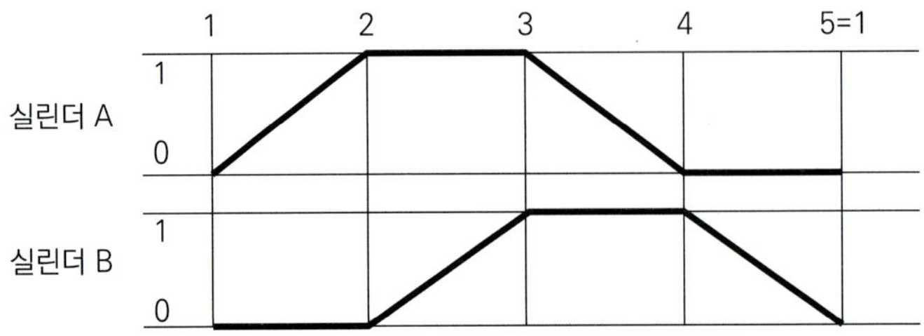

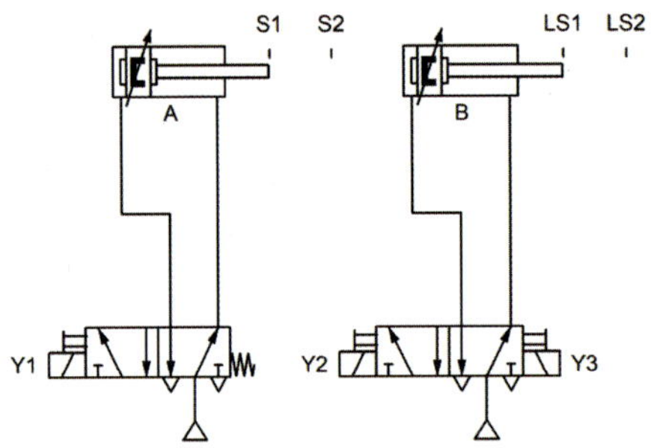

a : K5 B접점 → K3 B접점

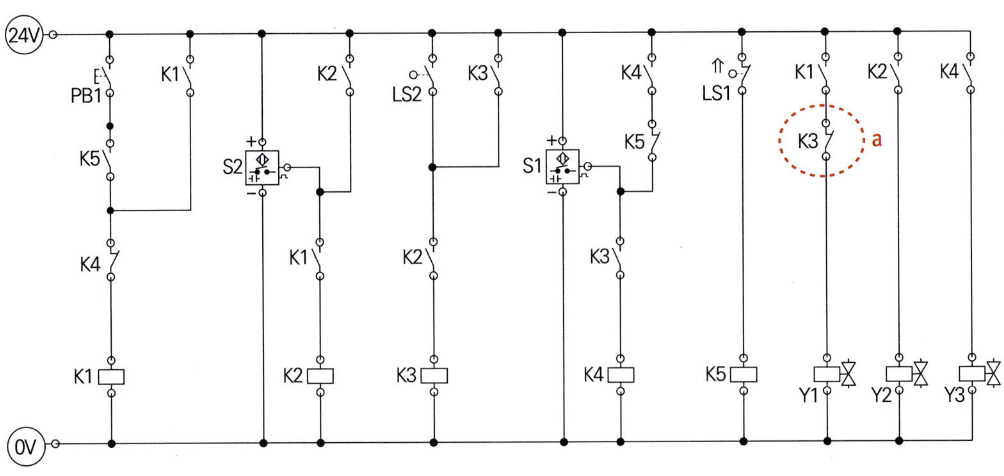

라. 응용제어동작

※ 기본제어동작을 다음 조건과 같이 변경하시오.

① 기존 회로에 타이머를 사용하여 다음 변위단계선도와 같이 동작되도록 합니다.

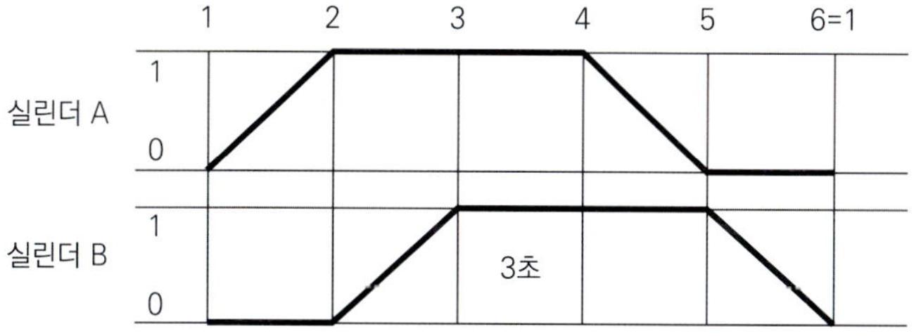

② 현재의 PB1 스위치 외에 연속시작 스위치와 정지 스위치 그리고 기타 부품을 사용하여 연속 사이클(반복 자동행정) 회로를 구성하여 다음과 같이 동작되도록 합니다.

가) 연속시작 스위치를 누르면 연속 사이클(반복 자동행정)로 계속 동작합니다.

나) 정지 스위치를 누르면 연속 사이클(반복 자동행정)의 어떤 위치에서도 그 사이클이 완료된 후 정지하여야 합니다. (단, 연속, 정지 스위치는 주어진 어떤 형식의 스위치를 사용하여도 가능합니다.)

③ 실린더 A의 전진 속도는 5초가 되도록 배기 교축(meter-out)회로를 구성하여 조정하고 실린더 B의 전진속도를 가능한 빠르게 하기 위하여 급속배기밸브를 사용합니다.

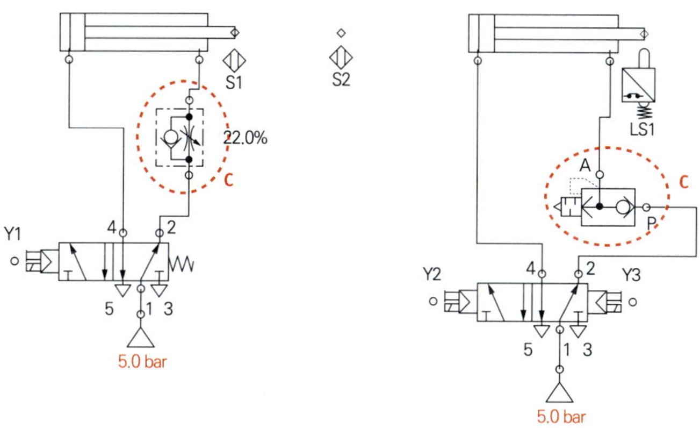

a : [응용동작1] 타이머 회로

b : [응용동작2] 연속동작 회로

c : [응용동작3] 실린더A 전진속도제어(5초) 및 실린더B 전진속도 증가

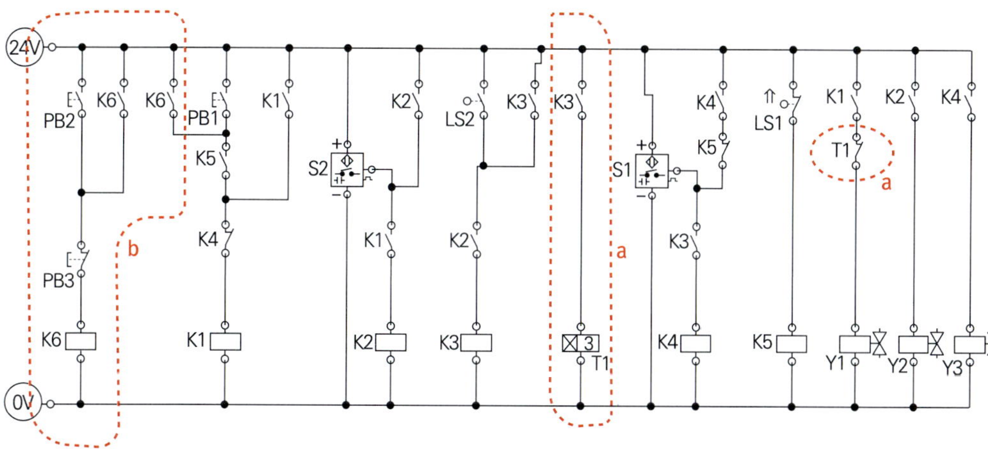

자격종목	설비보전기사	과제명	전기공기압회로설계 및 구성작업

전기공압문제 ②

가. 공기압 회로도

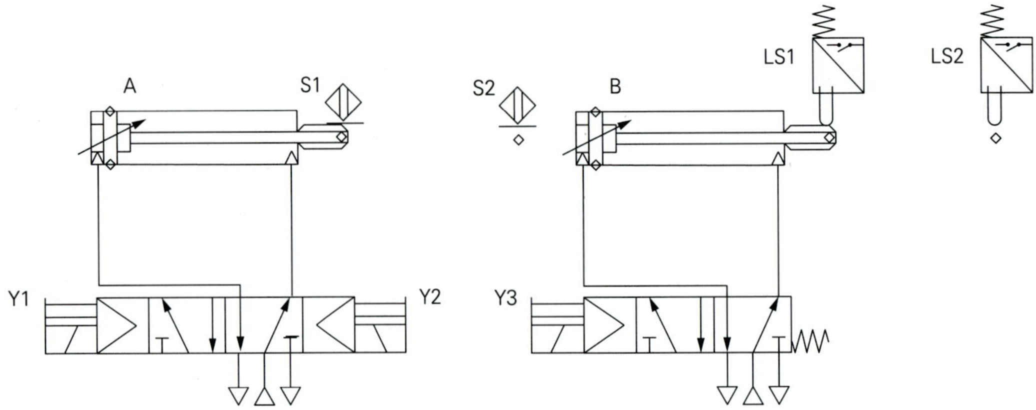

나. 전기 회로도

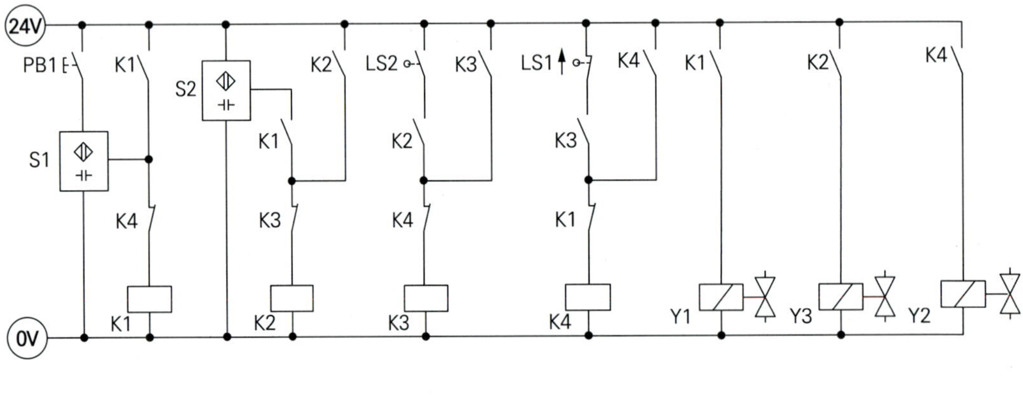

다. 기본제어동작

① 초기상태에서 PB1 스위치를 ON-OFF하면 다음 변위단계선도와 같이 동작합니다.

② 변위단계선도

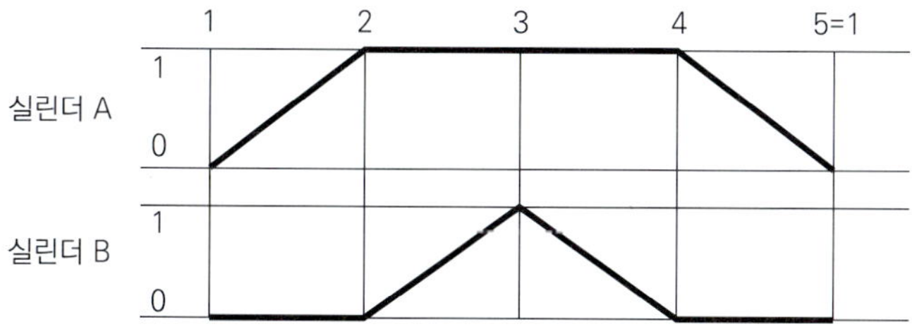

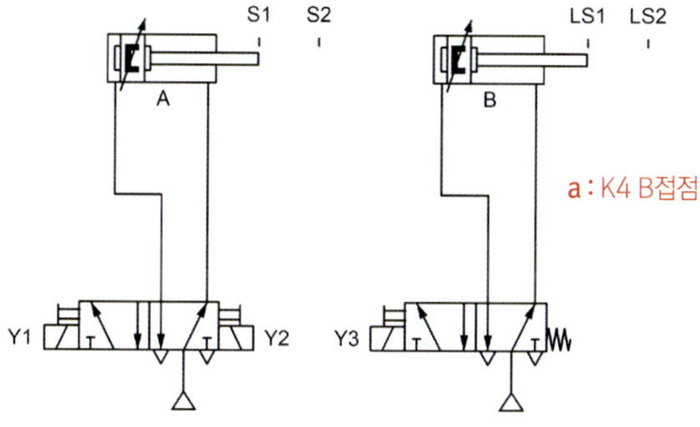

a : K4 B접점 → K2 B접점으로 수정

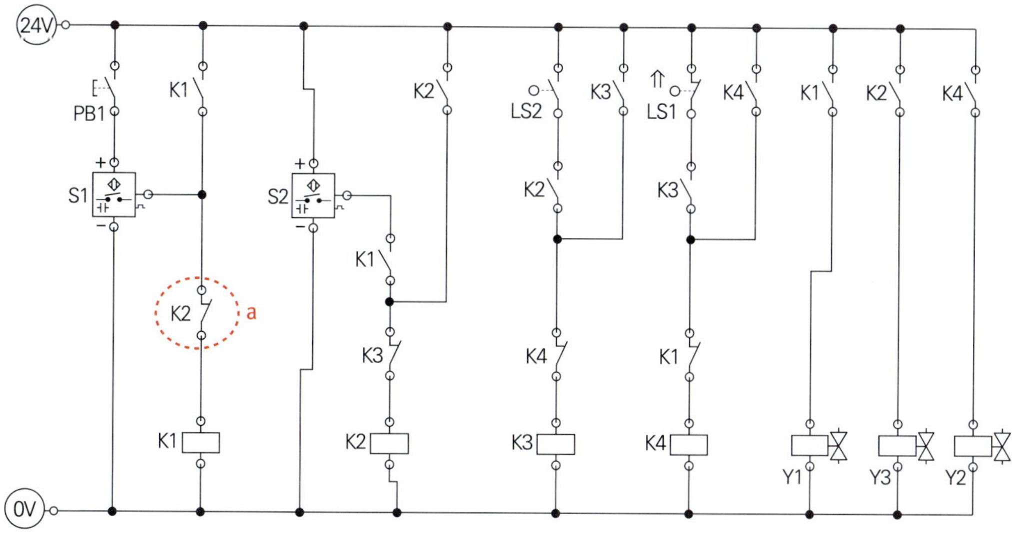

라. 응용제어동작

※ 기본제어동작을 다음 조건과 같이 변경하시오.

① 기존 회로에 타이머를 사용하여 다음 변위단계선도와 같이 동작되도록 합니다.

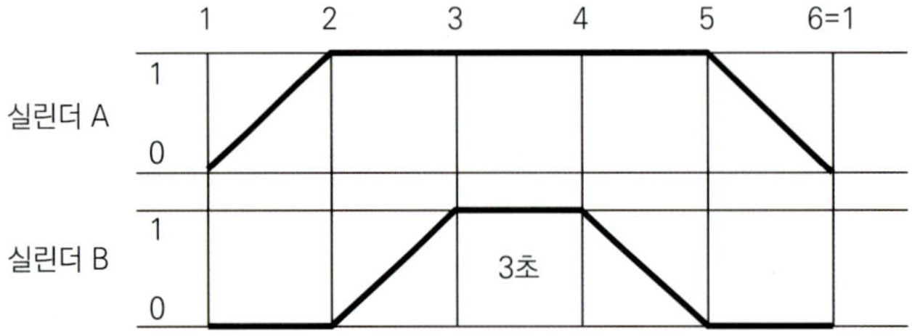

② 실린더 A의 전진운동 속도와 실린더 B의 전진운동 속도를 모두 배기교축(meter-out)방법으로 조절할 수 있어야 합니다. 이때 실린더 A의 후진운동속도는 급속배기밸브를 설치하여 가능한 빠른 속도로 작동하여야 합니다.

③ 초기상태에서 PB1 스위치를 ON-OFF하면 기본제어동작의 사이클을 연속으로 반복하여 작업할 수 있어야 하며, 사이클의 정지는 사이클을 3회 반복한 후 정지하여야 합니다. 시작스위치(PB1)를 다시 ON-OFF하면 스위치를 누르는 것만으로 같은 작업이 반복되어야 합니다.(단, 작업 중에는 이를 표시하는 램프가 점등될 수 있어야 합니다.)

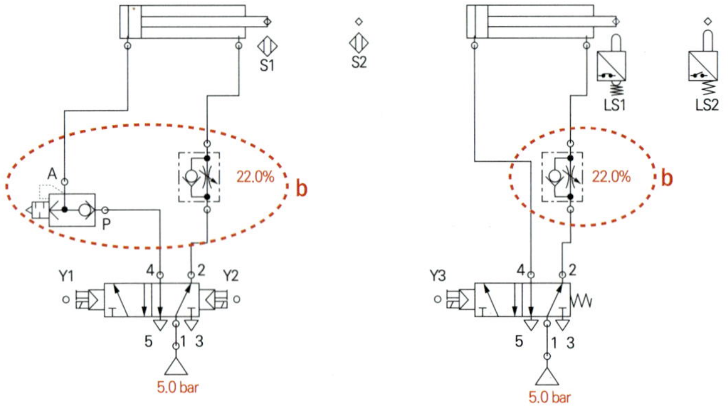

a : [응용동작1] 타이머 동작회로 추가

b : [응용동작2] 실린더A/B 전진 미터아웃 제어 및 실린더 후진 측 급속배기 밸브

c : [응용동작3] 카운터 동작회로 추가

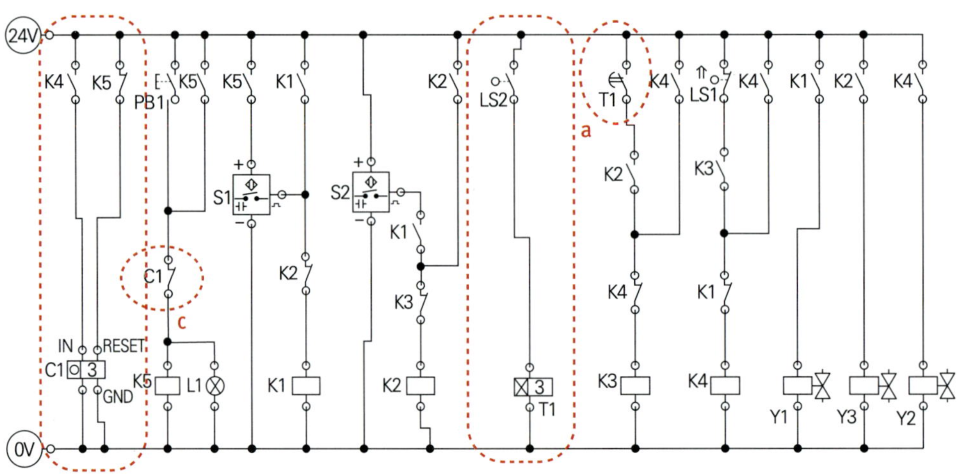

자격종목	설비보전기사	과제명	전기공기압회로설계 및 구성작업

전기공압문제 ③

가. 공기압 회로도

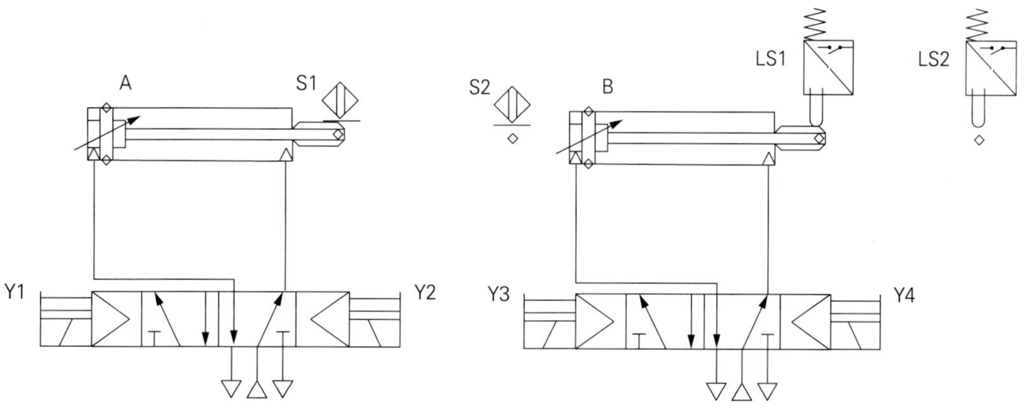

나. 전기 회로도

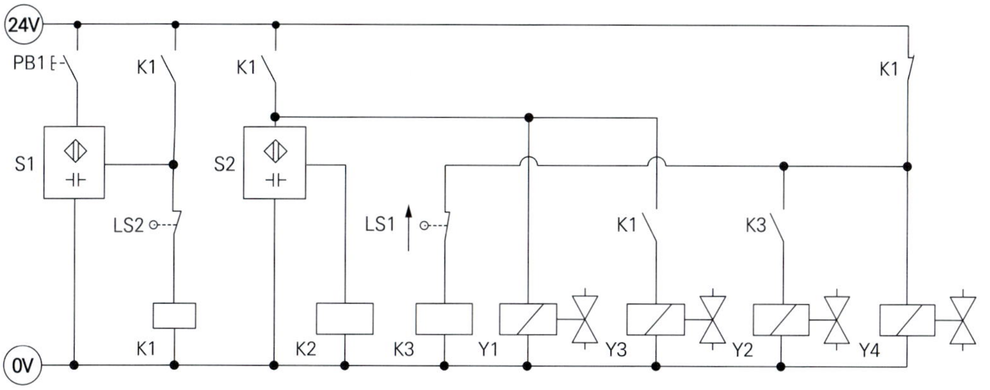

다. 기본제어동작

① 초기상태에서 PB1 스위치를 ON-OFF하면 다음 변위단계선도와 같이 동작합니다.

② 변위단계선도

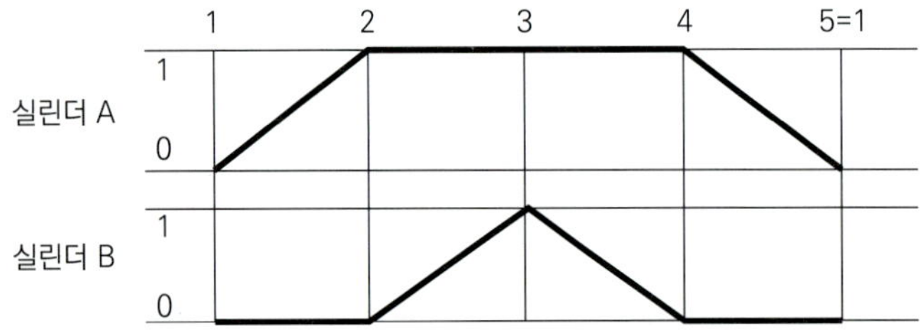

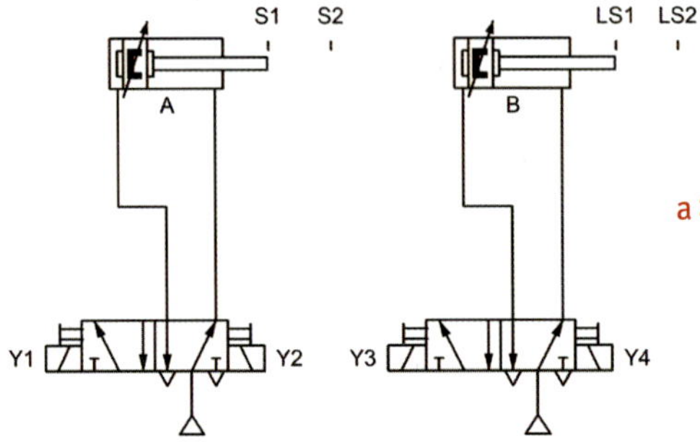

a : K1 A접점 → K2 A접점으로 수정

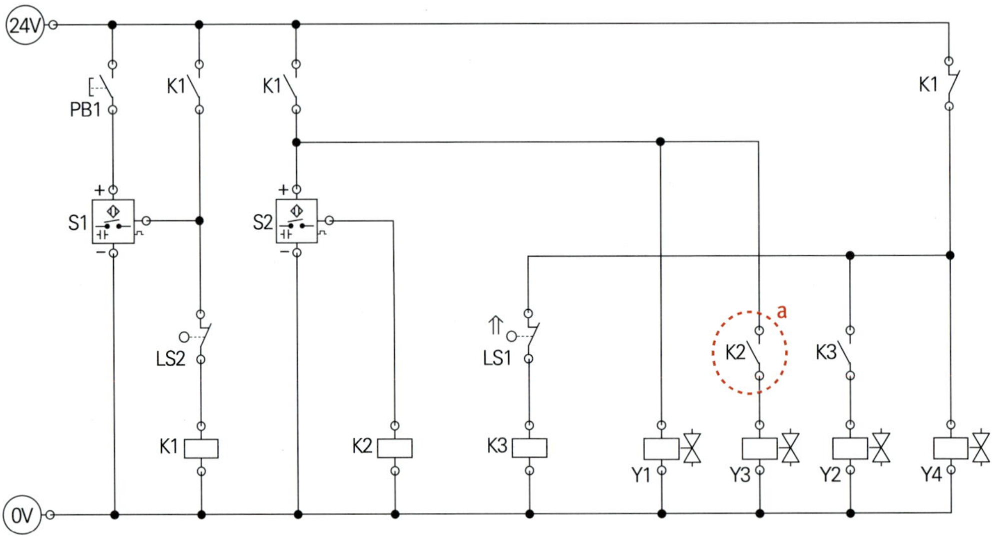

라. 응용제어동작

※ 기본제어동작을 다음 조건과 같이 변경하시오.

① 기존 회로에 타이머를 사용하여 다음과 같이 동작되도록 합니다.

가) 실린더 B가 전진 완료 후 3초 후에 후진하고 실린더 B가 후진 완료 후 실린더 A가 후진 완료하고 정지합니다.

② 기존의 시작스위치(PB1) 외에 연속시작 스위치(PB2)와 카운터를 사용하여 연속 사이클 회로(반드시 회로를 구성하고 잠금장치 스위치는 사용불가)를 구성하여 다음과 같이 동작되도록 합니다.

가) 연속시작 스위치를 누르면 연속 사이클로 계속 동작합니다.

나) 연속 사이클 횟수를 5회로 설정하고 그 사이클이 완료된 후 정지하여야 합니다.

③ 실린더 A, B의 전진 속도는 5초가 되도록 배기교축(meter-out)회로를 구성하고, 실린더 A의 후진속도를 조절하기 위한 meter-out회로를 구성하여 조정합니다.

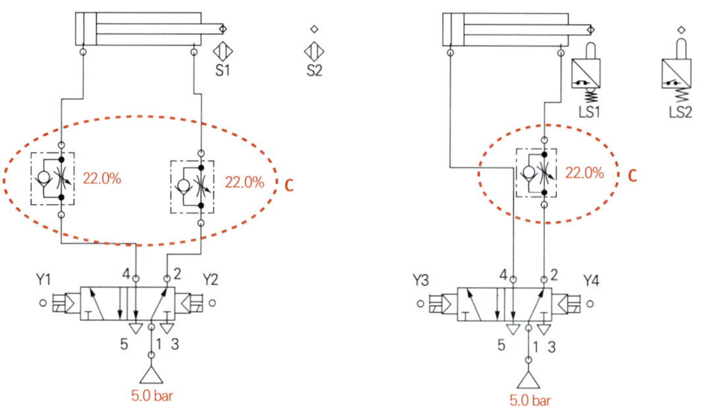

a : [응용동작1] 타이머 동작회로 추가

b : [응용동작2] 연속동작 및 카운터 회로 추가

c : [응용동작3] 실린더A/B 전진 미터 아웃 및 실린더A 후진 미터 아웃회로 추가

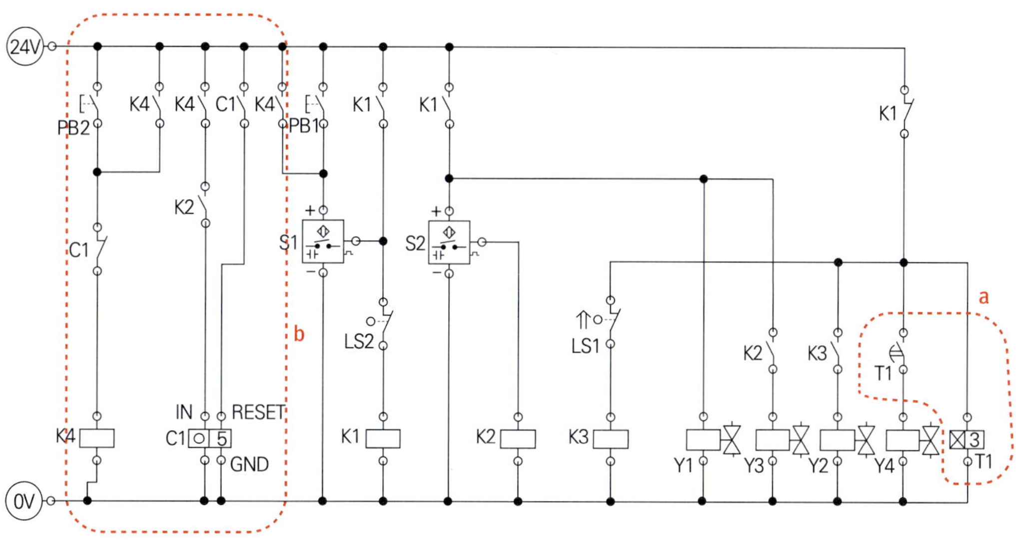

자격종목	설비보전기사	과제명	전기공기압회로설계 및 구성작업

전기공압문제 ④

가. 공기압 회로도

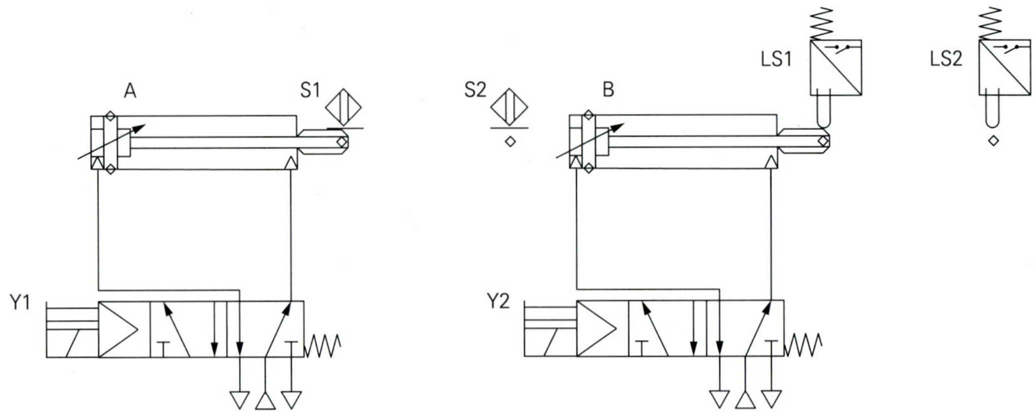

나. 전기 회로도

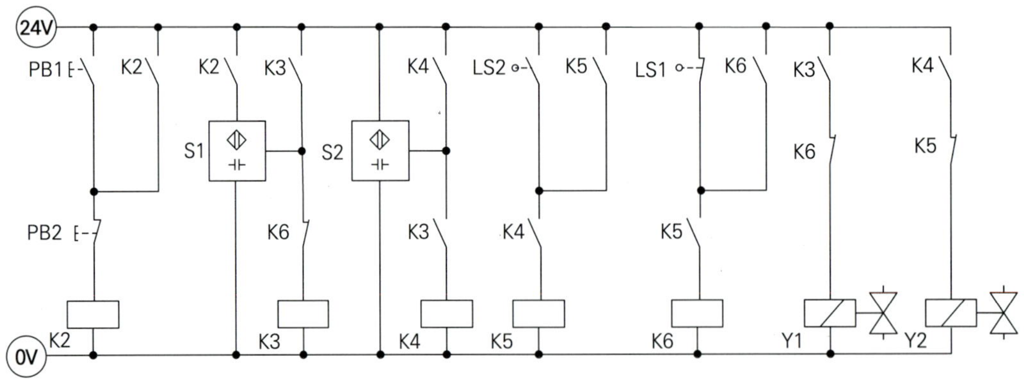

다. 기본제어동작

① 초기상태에서 시작 스위치(PB1)를 ON-OFF하면 다음 변위단계선도와 같이 동작을 연속적으로 반복합니다.

② 정지스위치(PB2)를 ON-OFF 하면 진행 중인 사이클을 종료한 후 정지합니다.

③ 변위단계선도

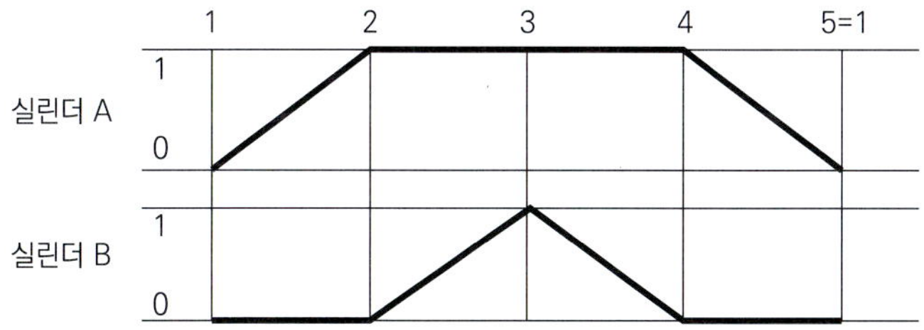

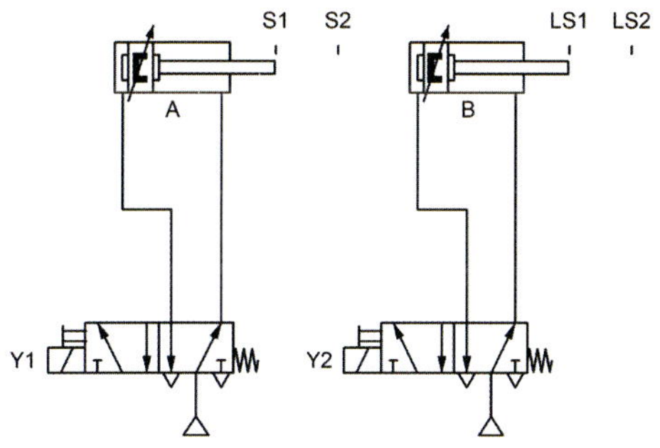

a : LS1 B접점 → LS1 A접점으로 수정

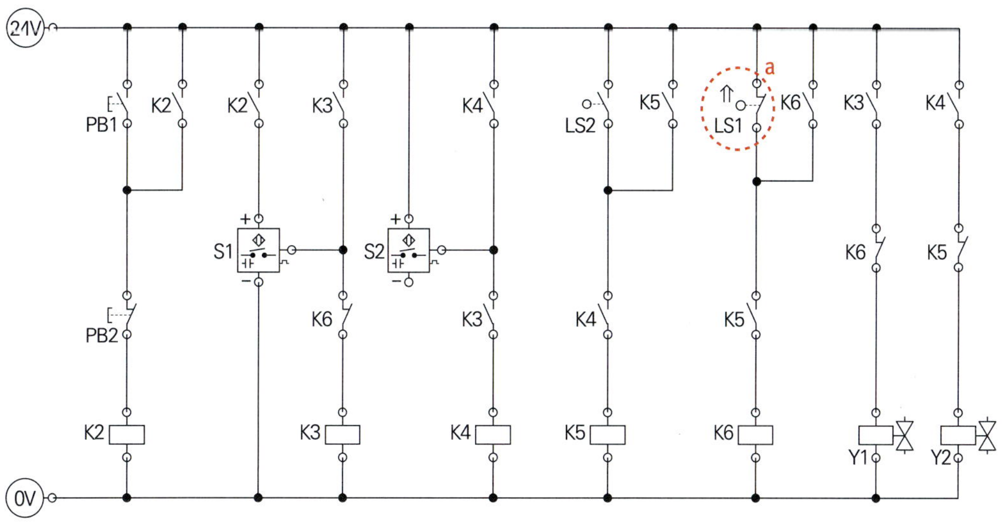

라. 응용제어동작

※ 기본제어동작을 다음 조건과 같이 변경하시오.

① 비상 스위치를 누르면 다음과 같이 동작합니다.

가) 실린더 A가 전진동작 완료 후 실린더 B가 후진합니다.(단, 실린더 A가 후진완료 상태이거나 후진 중이면, 실린더A가 전진 완료 후 실린더 B가 후진하여야 하며, 실린더 A가 전진상태이면, B실린더는 후진합니다.)

나) 램프가 점등되어야 합니다.

② 비상스위치를 해제하면 다음과 같이 동작합니다.

가) 실린더 A가 후진합니다.

나) 램프가 소등되어야 합니다.

③ 실린더 A의 전진속도는 2초, 실린더 B의 후진속도는 3초가 되도록 배기교축(meter-out)방법에 의해 조정합니다.

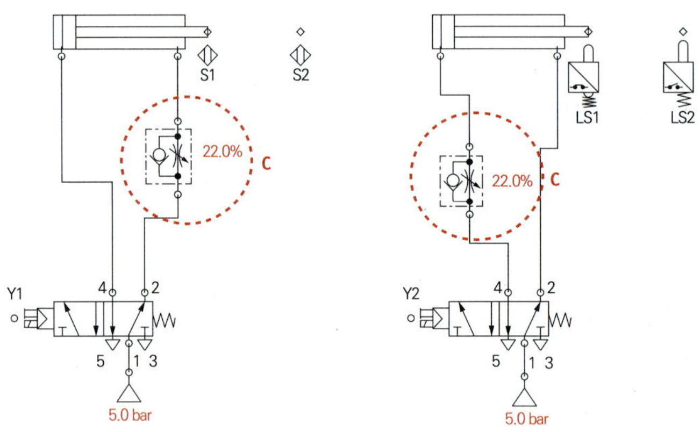

a : [응용동작1] 비상스위치 동작회로 추가

b : [응용동작2] 비상스위치 해제 시 동작회로 추가

c : [응용동작3] 실린더A 전진, 실린더B 후진 미터아웃회로 추가

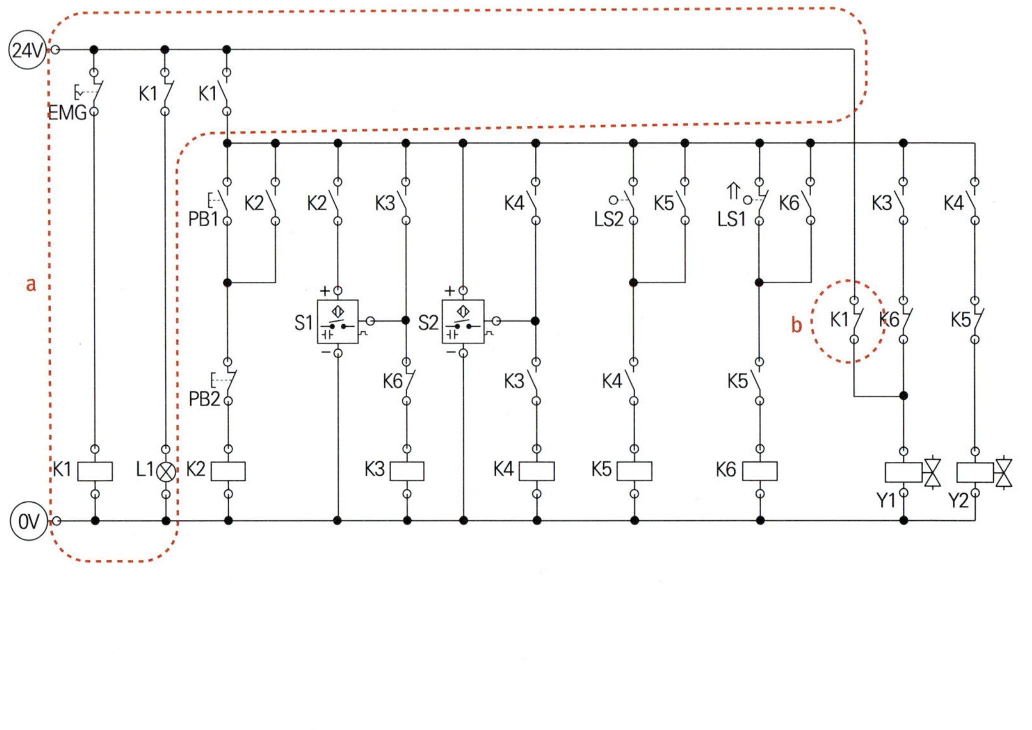

자격종목	설비보전기사	과제명	전기공기압회로설계 및 구성작업

전기공압문제⑤

가. 공기압 회로도

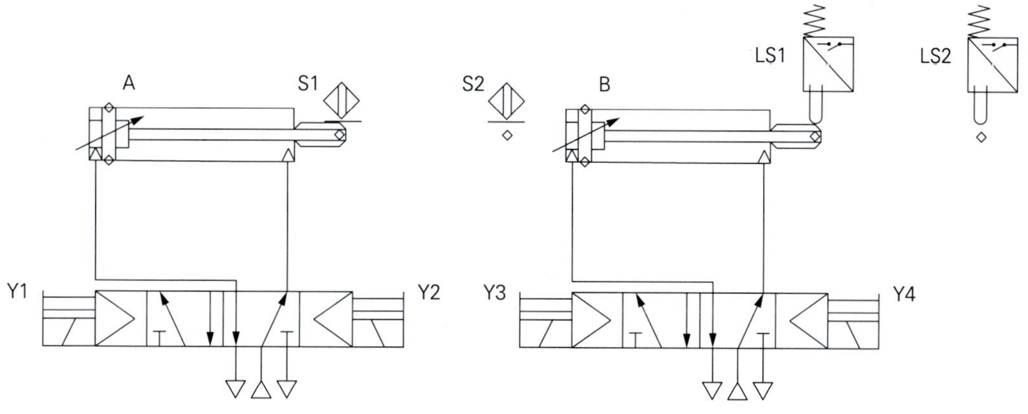

나. 전기 회로도

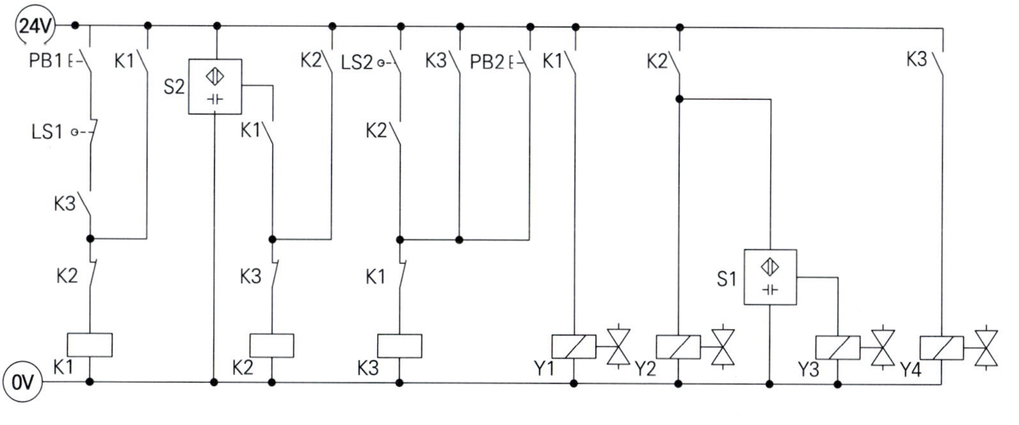

다. 기본제어동작

① 초기상태에서 PB2 스위치를 ON-OFF한 후 PB1 스위치를 ON-OFF 하면 다음 변위단계선도와 같이 동작합니다.(단, 재동작 시에는 PB1 스위치만 ON-OFF하여 동작이 가능하도록 하시오.)

② 변위단계선도

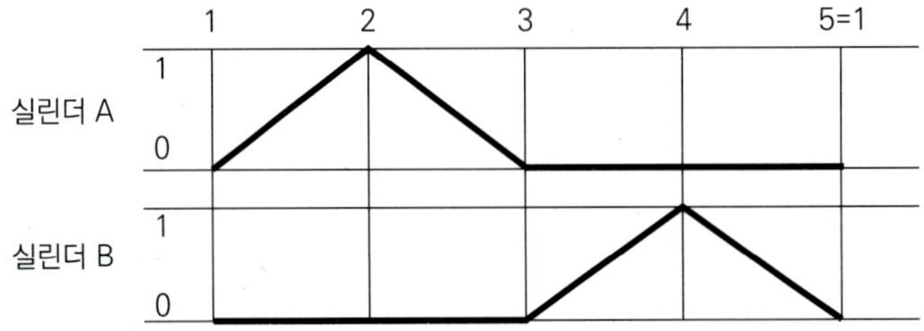

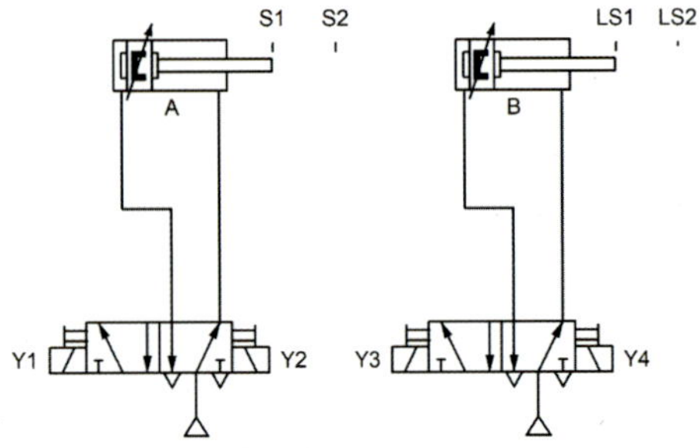

a : LS1 B접점 → LS1 A접점으로 수정

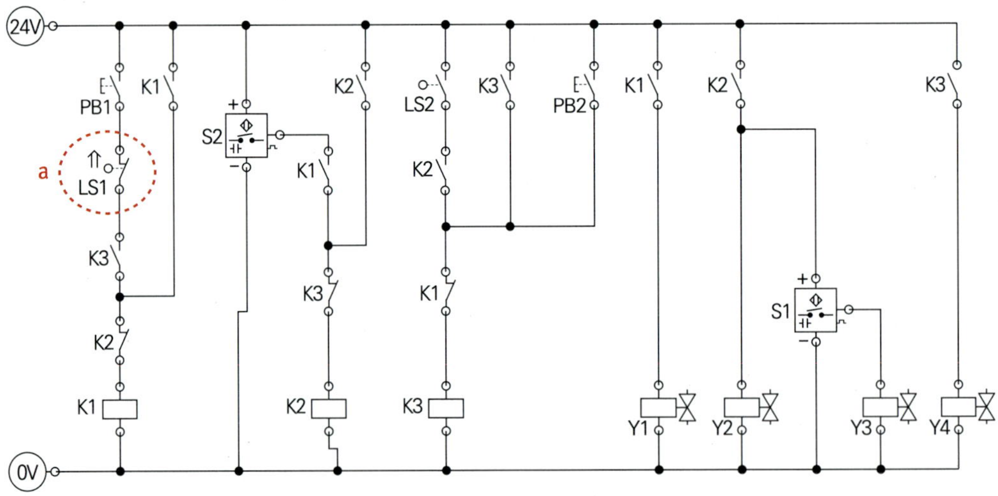

라. 응용제어동작

※ 기본제어동작을 다음 조건과 같이 변경하시오.

① 연속 스위치를 추가하여 다음과 같이 동작하도록 합니다.
  가) 연속 스위치를 선택하면 기본제어동작이 연속 행정으로 되어야 합니다.

② 비상 스위치와 램프를 추가하여 다음과 같이 동작하도록 합니다.
  가) 연속 작업에서 비상 스위치가 동작되면 모든 실린더는 후진하며 램프가 점등되어야 합니다.
  나) 비상 스위치를 해제하면 램프가 소등되고 시스템은 초기화되어야 합니다.

③ 실린더 A의 전·후진속도와 실린더 B의 전·후진속도가 같도록 배기교축(meter-out)방법에 의해 조정합니다.

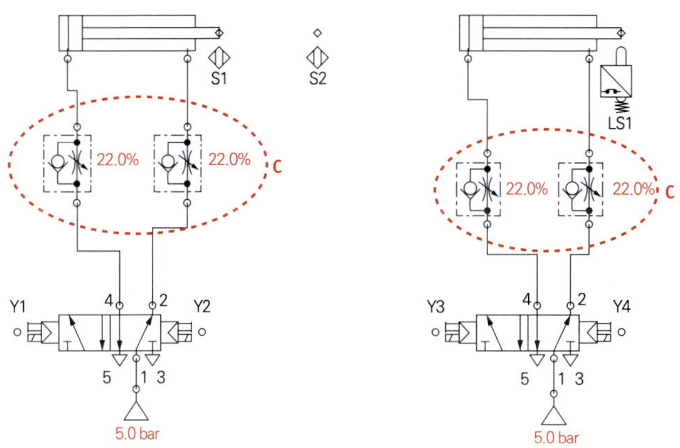

a : [응용동작1] 연속 스위치 동작회로 추가

b : [응용동작2] 비상 스위치 및 동작회로 추가

c : [응용동작3] 실린더A/B 전후진 미터아웃회로 추가

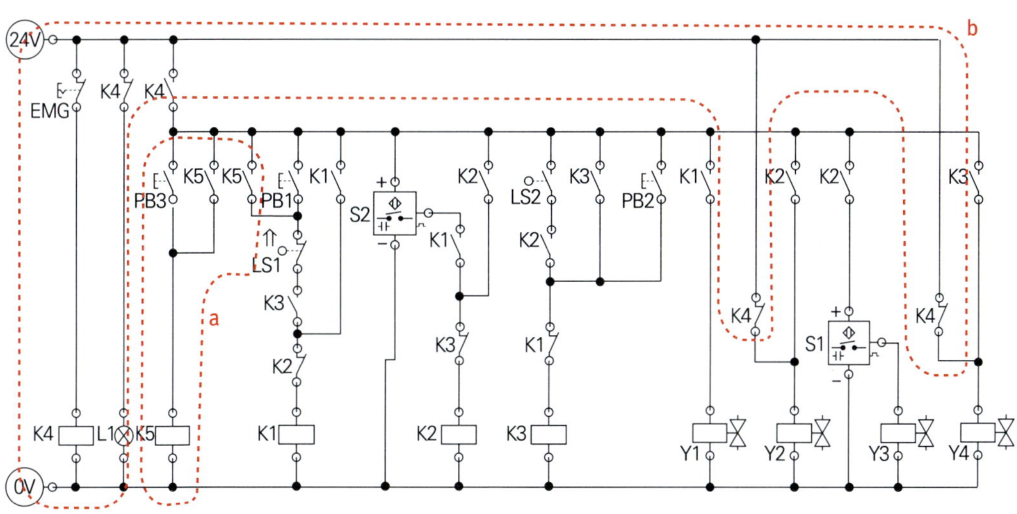

자격종목	설비보전기사	과제명	전기공기압회로설계 및 구성작업

전기공압문제 ⑥

가. 공기압 회로도

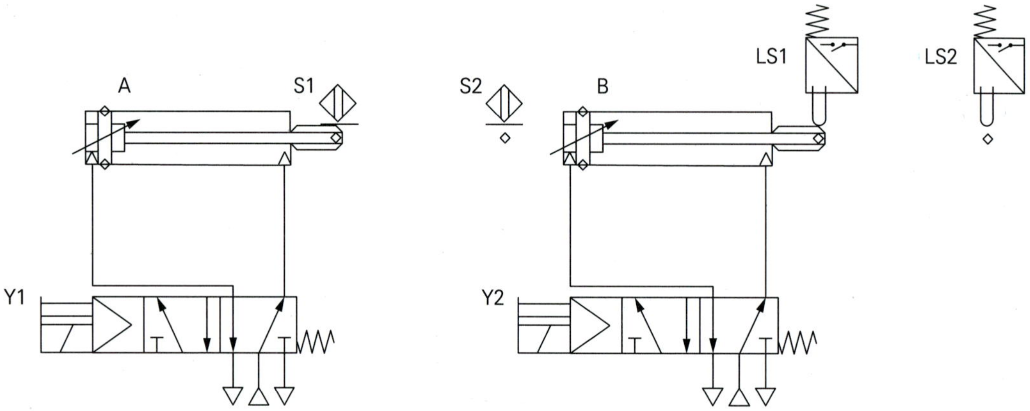

나. 전기 회로도

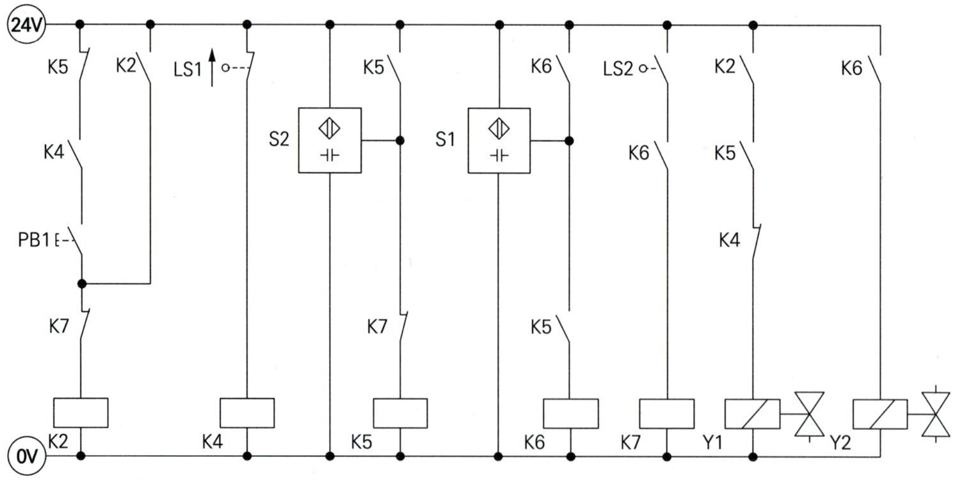

다. 기본제어동작

① 초기상태에서 PB1 스위치를 ON-OFF하면 다음 변위단계선도와 같이 동작합니다.

② 변위단계선도

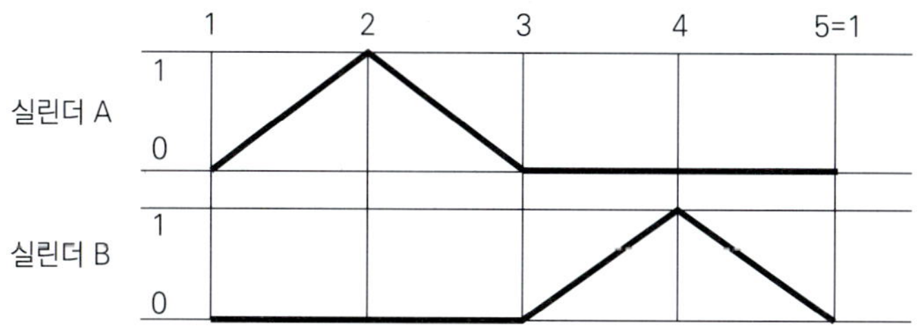

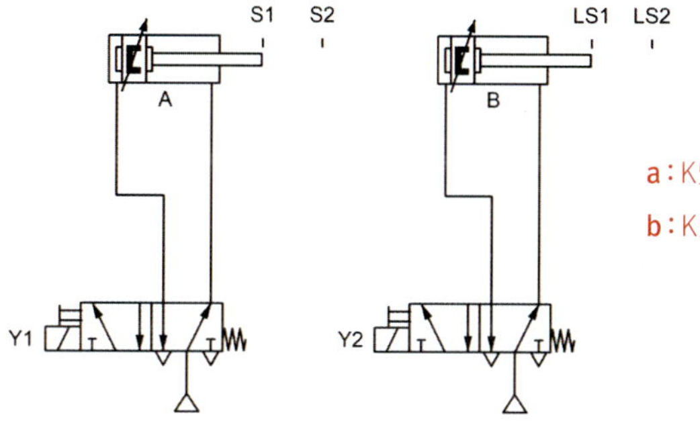

a : K5 B접점 삭제

b : K5 B접점 으로 수정

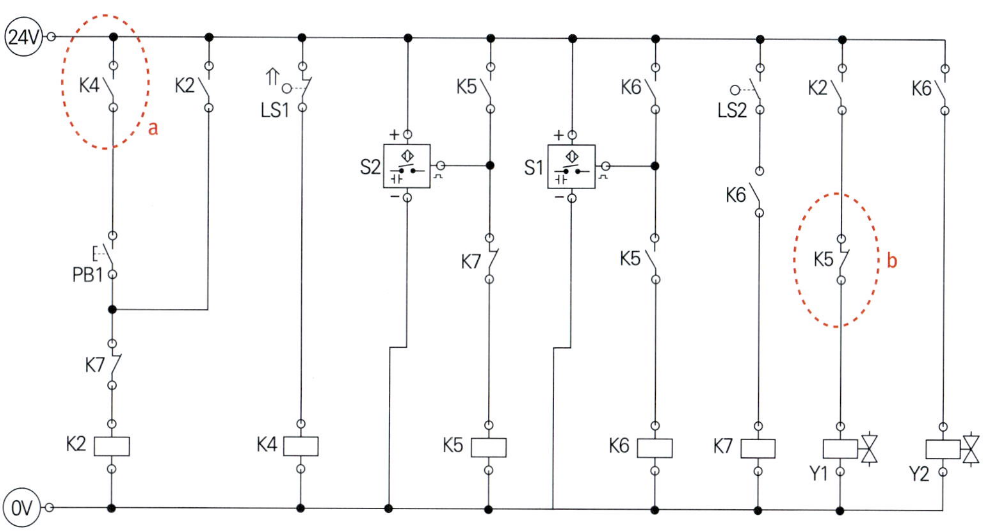

라. 응용제어동작

※ 기본제어동작을 다음 조건과 같이 변경하시오.

① 기본제어동작이 5회 연속으로 이루어진 후 정지하도록 카운터를 제어합니다.

가) 5회 연속 사이클 완료한 후 리셋 스위치(PB2)를 ON-OFF하여야 재작업이 이루어지도록 합니다.

② 비상 스위치(푸시버튼 잠금형)를 추가하여 다음과 같이 동작이 되도록 합니다.

가) 실린더 A, B가 전진 및 후진동작을 하더라도 비상 정지신호가 있을 때에는 모두 후진을 완료한 후 정지합니다.

나) 비상 스위치를 해제하면 시스템은 초기화되어야 합니다.

③ 실린더 A, B에 일방향 유량제어밸브를 미터아웃 속도제어로 추가 설치하여 실린더A의 전진속도는 2초, 실린더 B의 후진속도는 3초가 소요되도록 조정합니다.

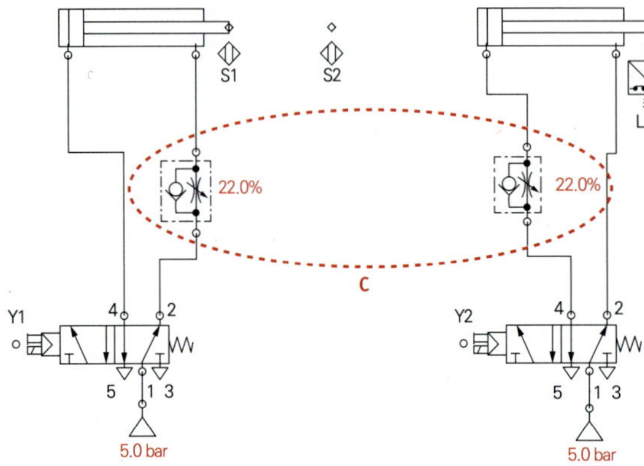

a : [응용동작1] 연속동작 및 카운터 회로 추가

b : [응용동작2] 비상정지 스위치 및 회로 추가

c : [응용동작3] 실린더A의 전진, 실린더B의 후진속도 미터아웃 회로 추가

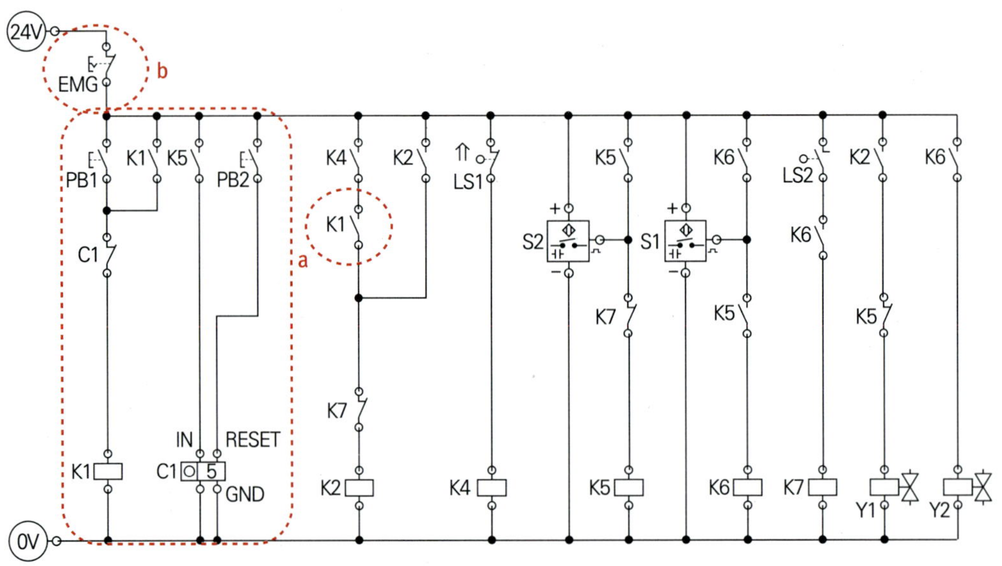

자격종목	설비보전기사	과제명	전기공기압회로설계 및 구성작업

전기공압문제 ⑦

가. 공기압 회로도

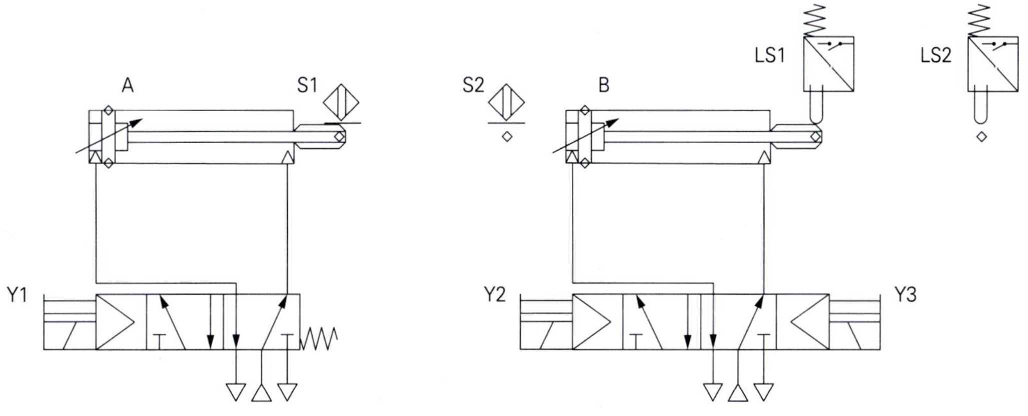

나. 전기 회로도

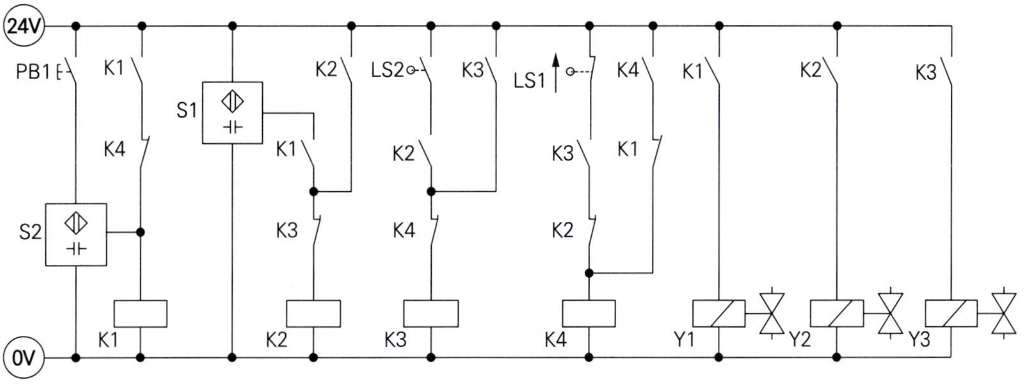

다. 기본제어동작

① 초기상태에서 PB1 스위치를 ON-OFF하면 다음 변위단계선도와 같이 동작합니다.

② 변위단계선도

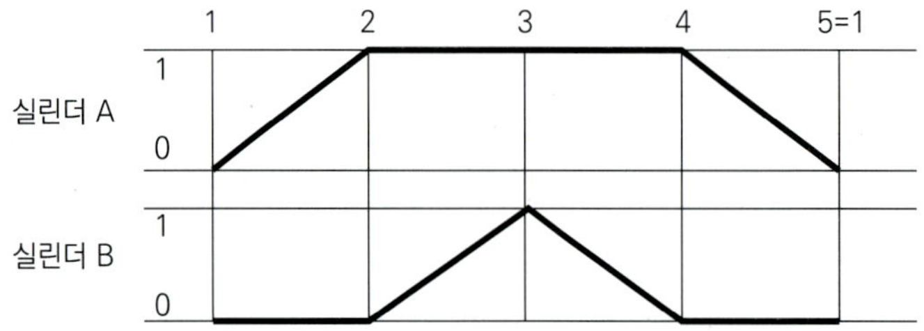

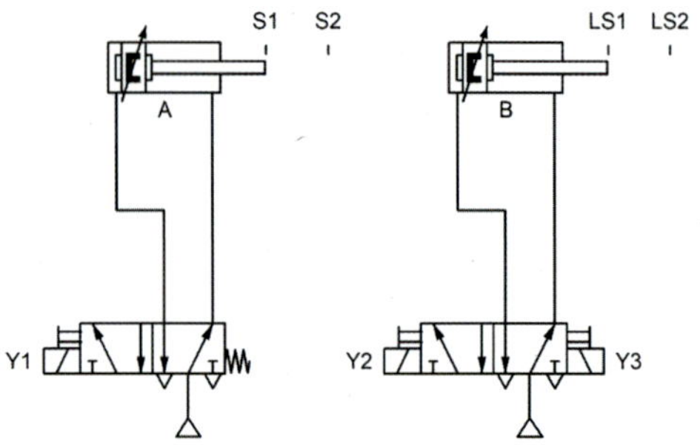

a : S2 → S1으로 수정

b : S1 → S2으로 수정

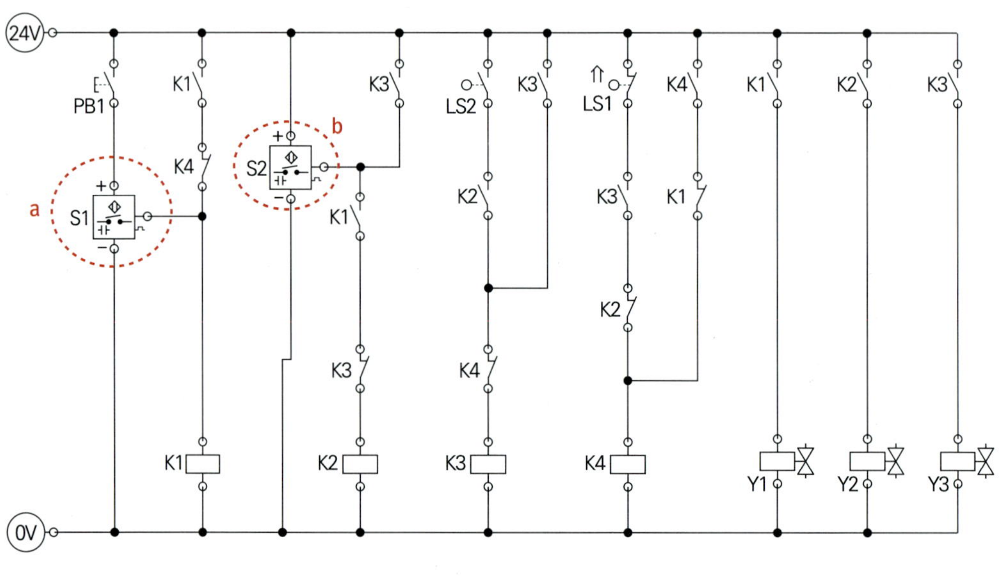

라. 응용제어동작

※ 기본제어동작을 다음 조건과 같이 변경하시오.

① 기존 회로에 타이머를 사용하여 다음 변위단계선도와 같이 동작되도록 합니다.

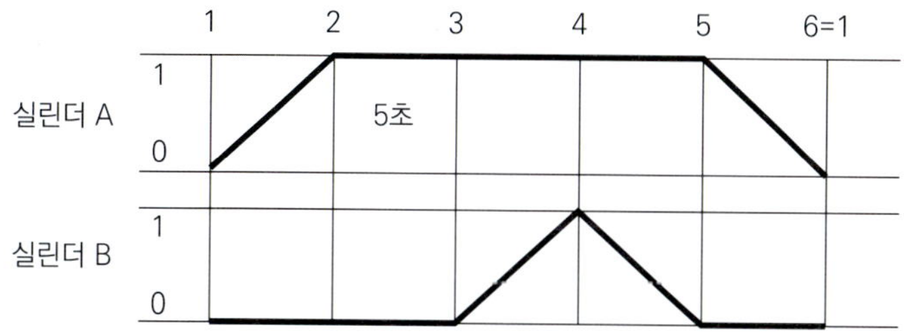

② 연속 스위치와 비상 스위치를 추가하여 다음과 같이 동작하도록 합니다.

가) 연속 스위치를 선택하면 기본제어동작이 연속 사이클로 동작되어야 합니다.

나) 연속 작업에서 비상 스위치가 동작되면 모든 실린더는 후진되어야 합니다.

다) 비상 스위치를 해제하면 시스템은 초기화되어야 합니다.

③ 실린더 A의 전·후진 속도와 실린더 B의 전·후진 속도를 조절할 수 있도록 배기공기교축(meter-out)회로를 추가합니다.

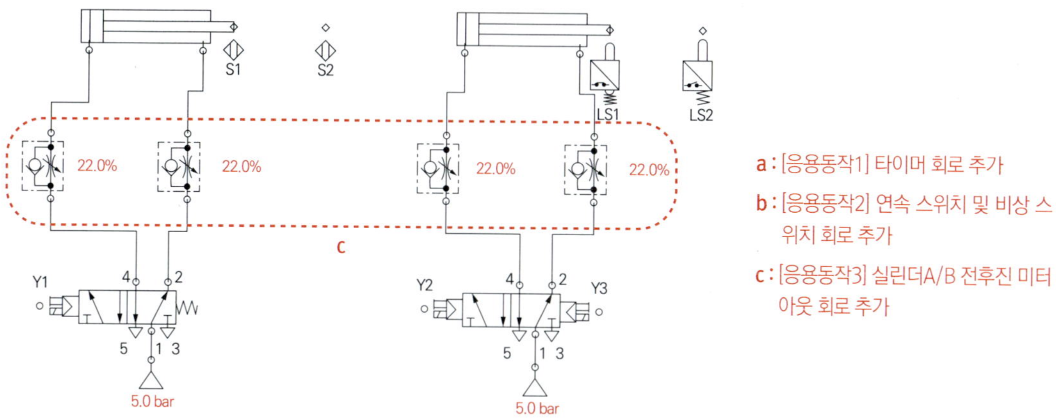

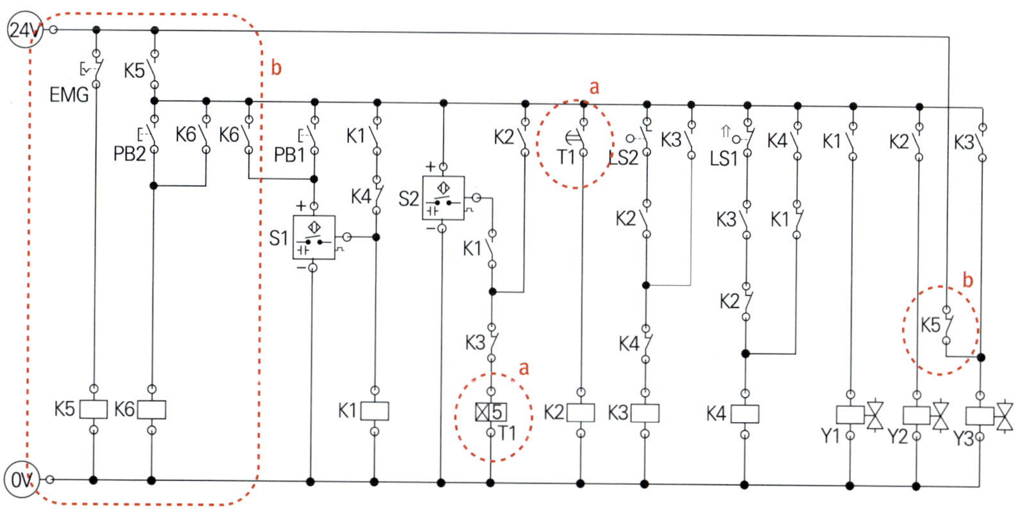

자격종목	설비보전기사	과제명	전기공기압회로설계 및 구성작업

전기공압문제 ⑧

가. 공기압 회로도

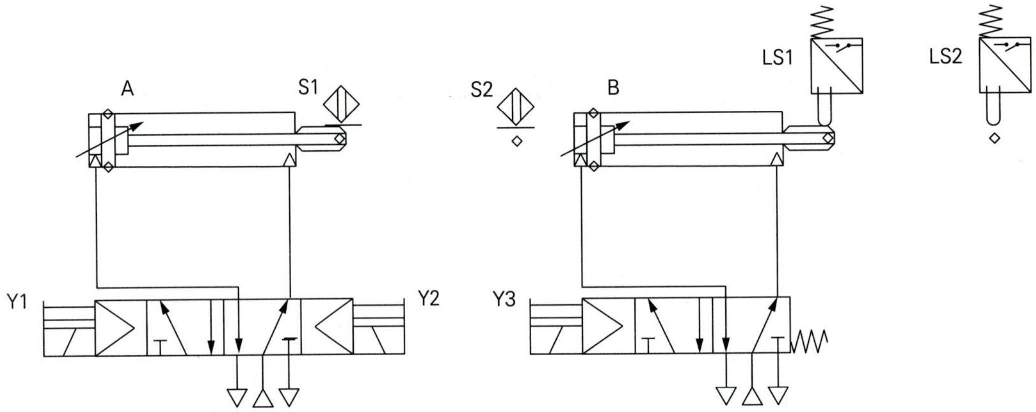

나. 전기 회로도

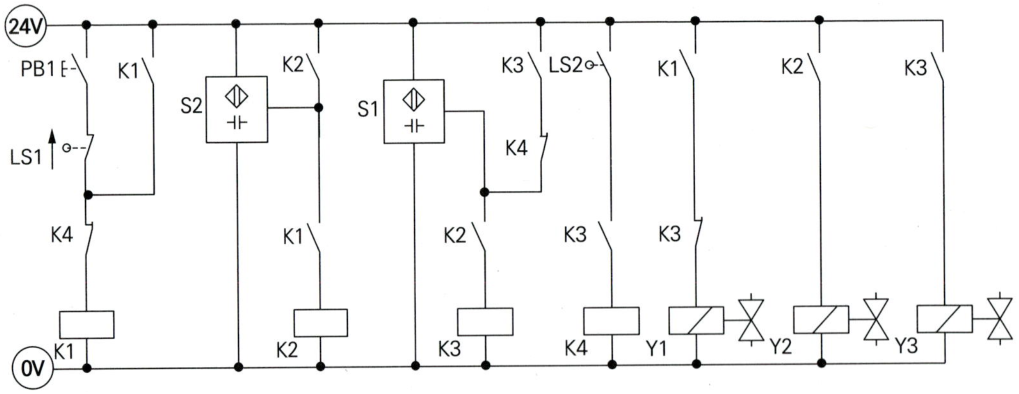

다. 기본제어동작

① 초기상태에서 PB1 스위치를 ON-OFF하면 다음 변위단계선도와 같이 동작합니다.

② 변위단계선도

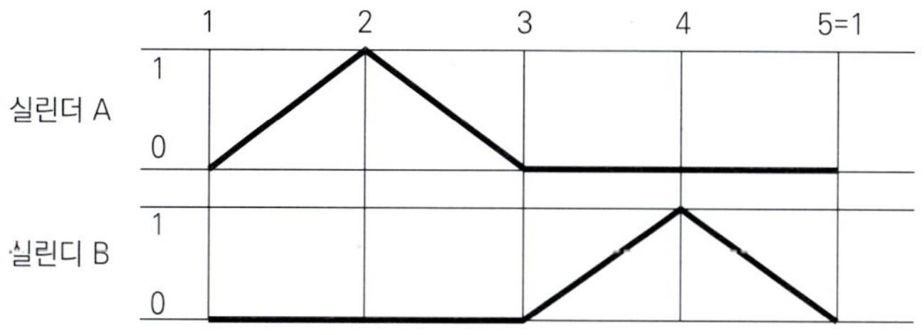

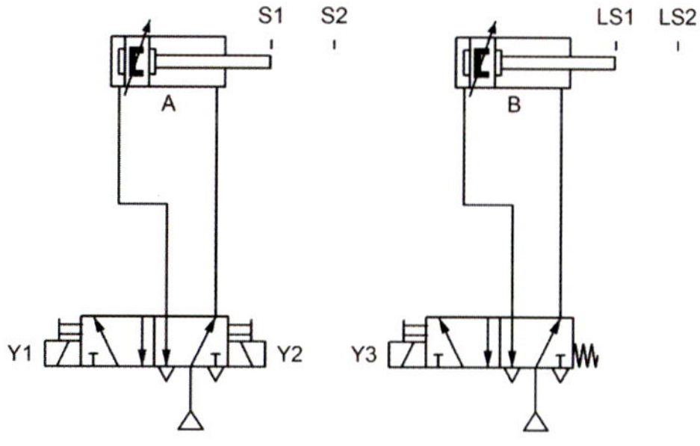

a : K3 B접점 → K2 B접점으로 수정

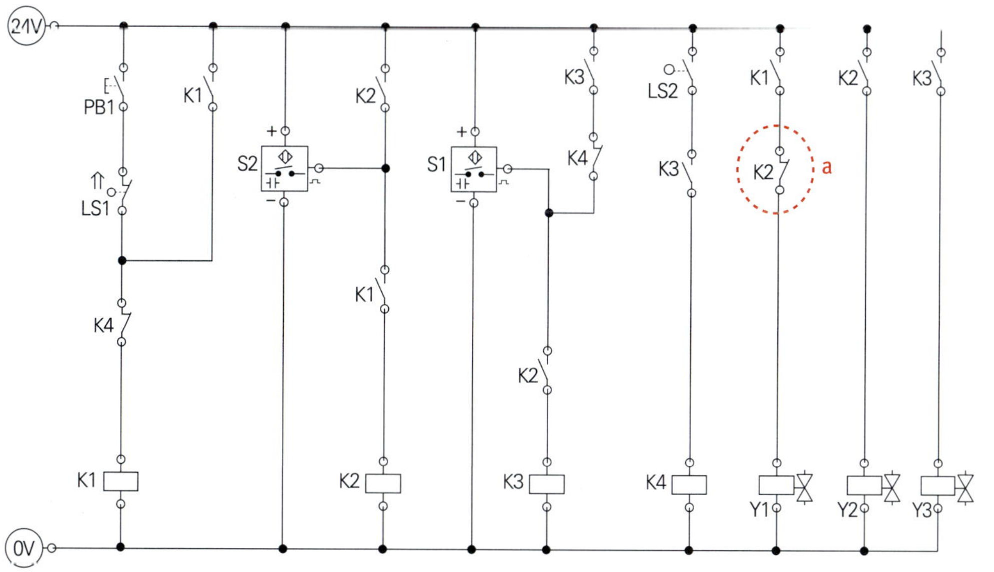

라. 응용제어동작

※ 기본제어동작을 다음 조건과 같이 변경하시오.

① 연속 스위치를 추가하여 다음과 같이 동작하도록 합니다.(단, 잠금장치 스위치는 사용이 불가합니다.)
  가) 연속 스위치를 선택하면 기본제어동작이 연속 사이클로 동작되어야 합니다.

② 전기 카운트와 램프를 추가하여 다음과 같이 동작하도록 합니다.
  가) 연속 작업이 시작되면 변위단계선도와 같은 사이클을 5회 반복한 후 정지하여야 합니다.
  나) 연속작업 완료와 동시에 램프가 점등되어야 합니다.

③ 실린더 A의 전·후진 속도와 실린더 B의 전·후진 속도를 조절할 수 있도록 배기교축(meter-out) 회로를 추가합니다.

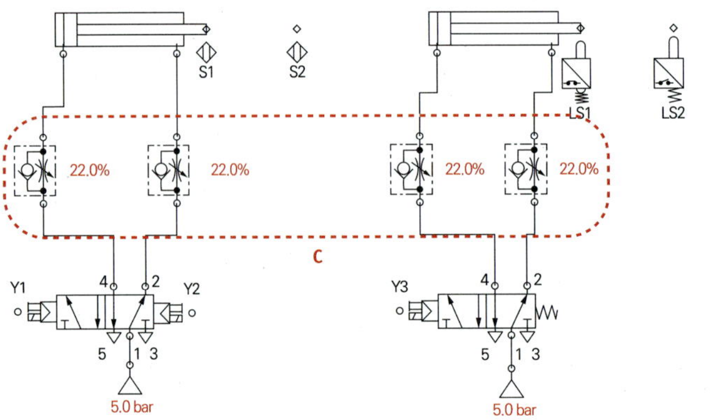

a : [응용동작1] 연속스위치 및 회로 추가

b : [응용동작2] 전기 카운터 및 램프 회로 추가

c : [응용동작3] 실린더A/B 전후진 미터아웃 회로 추가

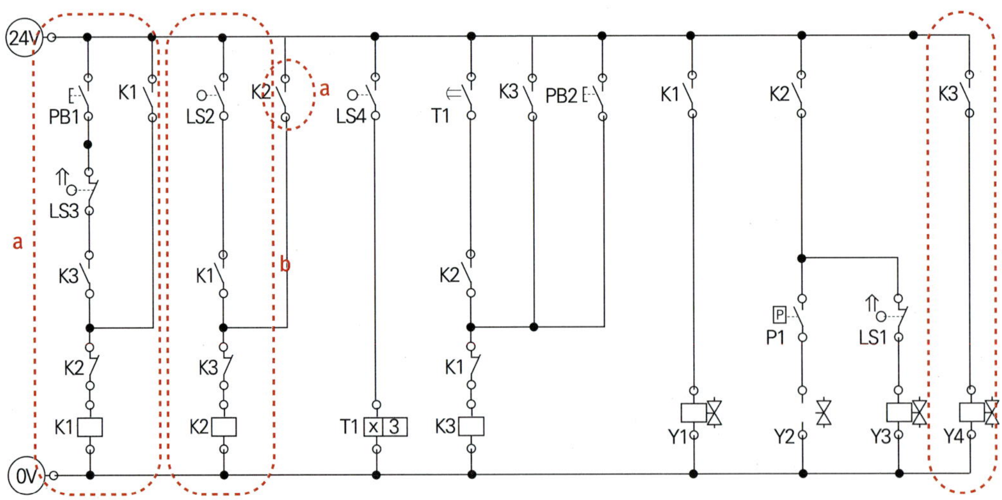

자격종목	설비보전기사	과제명	전기공기압회로설계 및 구성작업

전기공압문제 ⑨

가. 공기압 회로도

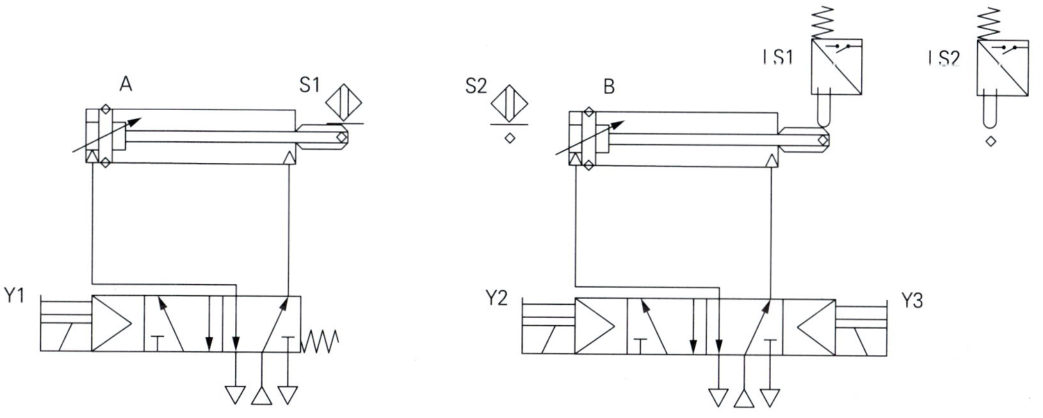

나. 전기 회로도

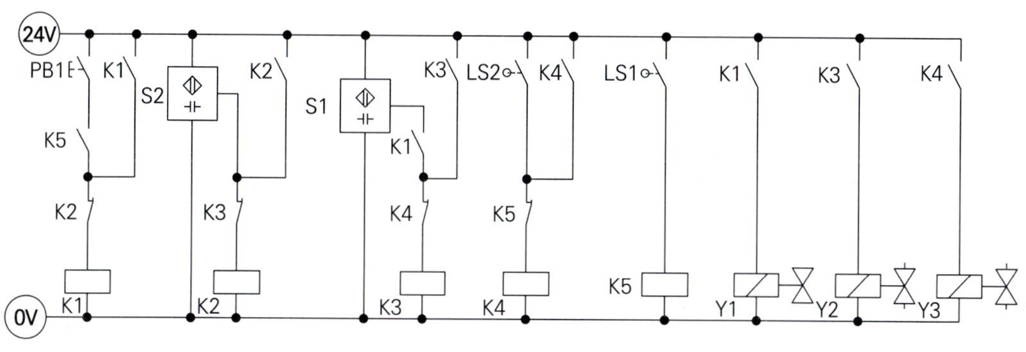

다. 기본제어동작

① 초기상태에서 PB1 스위치를 ON-OFF하면 다음 변위단계선도와 같이 동작합니다.

② 변위단계선도

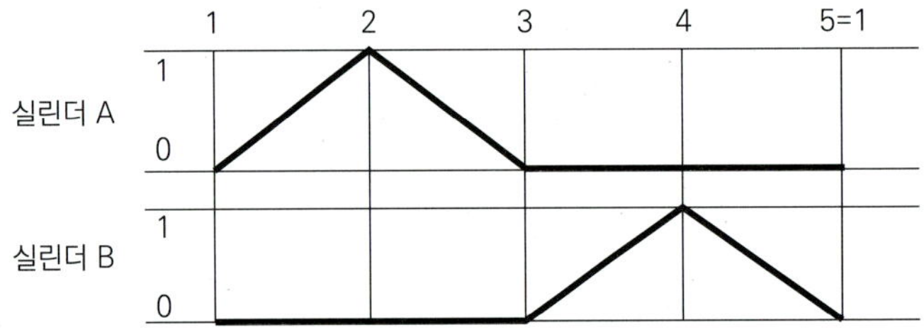

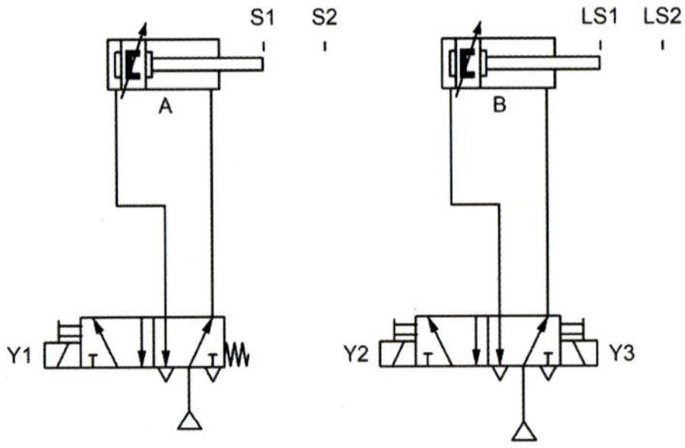

b : K1 A접점 → K2 A접점으로 수정

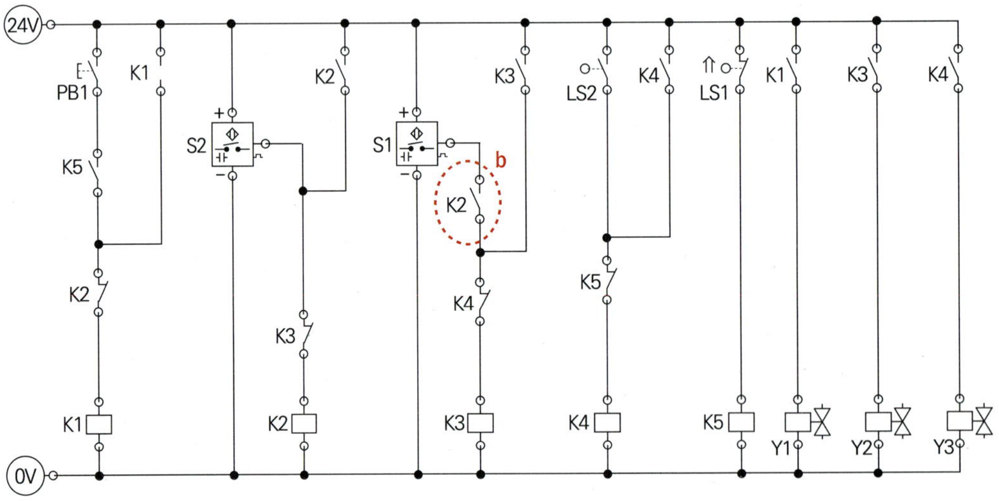

라. 응용제어동작

※ 기본제어동작을 다음 조건과 같이 변경하시오.

① 기존 회로에 타이머를 사용하여 다음 변위단계선도와 같이 동작되도록 합니다.

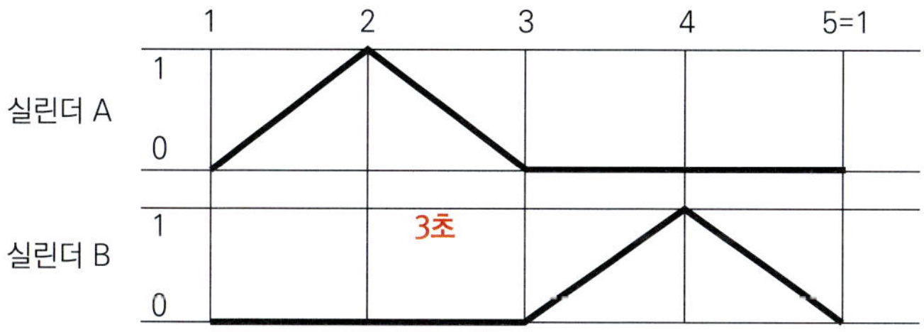

② 시작스위치(PB1) 외에 연속동작 스위치(PB2)와 카운터를 사용하여 연속 사이클 회로(반드시 회로를 구성하고 잠금장치 스위치는 사용불가)를 구성하여 다음과 같이 동작되도록 합니다.

가) 연속동작 스위치(PB2)를 누르면 연속 사이클로 계속 동작합니다.

나) 연속사이클 횟수를 3회로 설정하고 그 사이클이 완료된 후 정지하여야 합니다.

다) 연속동작 중에 비상정지 스위치를 누르면 A실린더는 전진하고 B실린더는 후진하여 정지합니다.

③ 실린더 A는 후진속도는 3초, B는 전진속도는 5초가 되도록 교축(meter-out)회로를 구성하여 조정합니다.

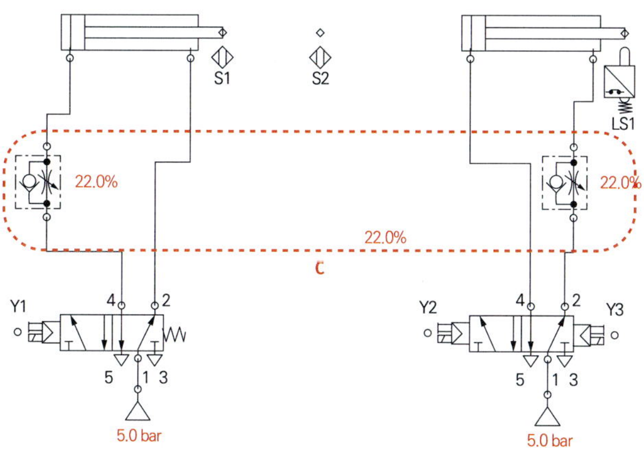

a : [응용동작1] 타이머 회로 추가

b : [응용동작2] 연속동작 스위치 및 카운터 회로 추가

c : [응용동작3] 실린더A의 후진, 실린더B의 전진 미터아웃 회로 추가

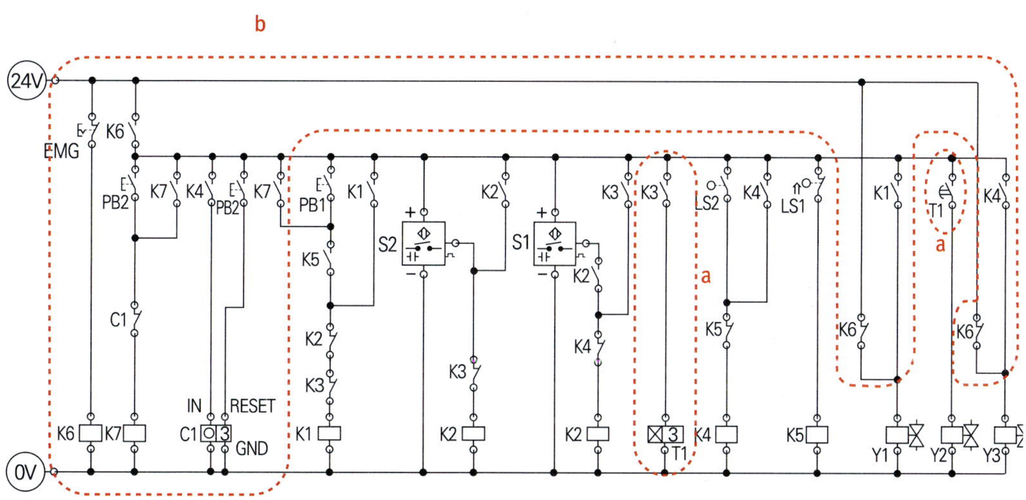

자격종목	설비보전기사	과제명	전기공기압회로설계 및 구성작업

전기공압문제 ⑩

가. 공기압 회로도

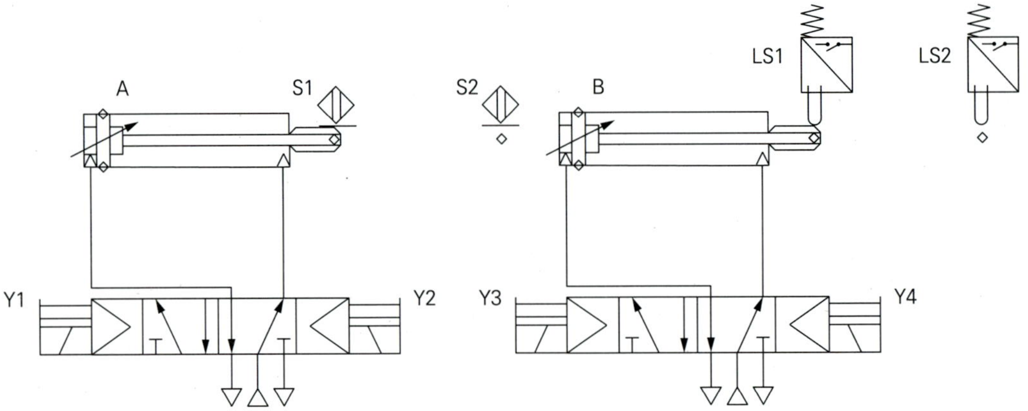

나. 전기 회로도

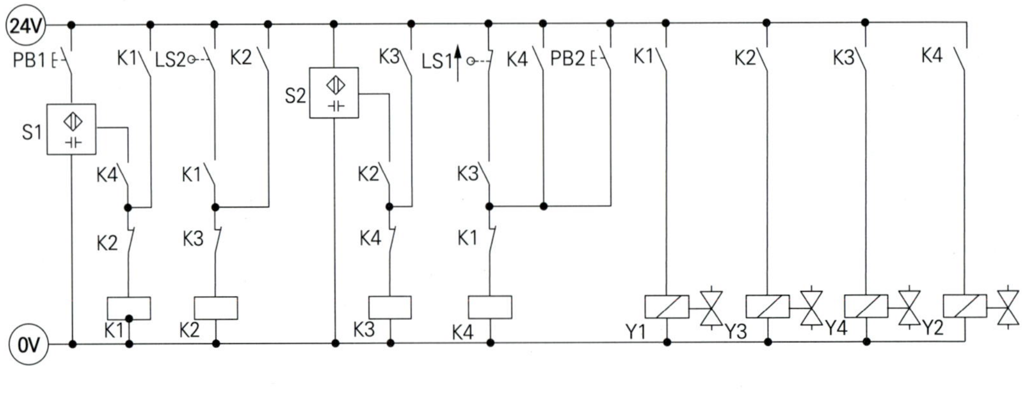

다. 기본제어동작

① 초기상태에서 시작 스위치(PB1)를 ON-OFF하면 다음 변위단계선도와 같이 동작합니다.

② 변위단계선도

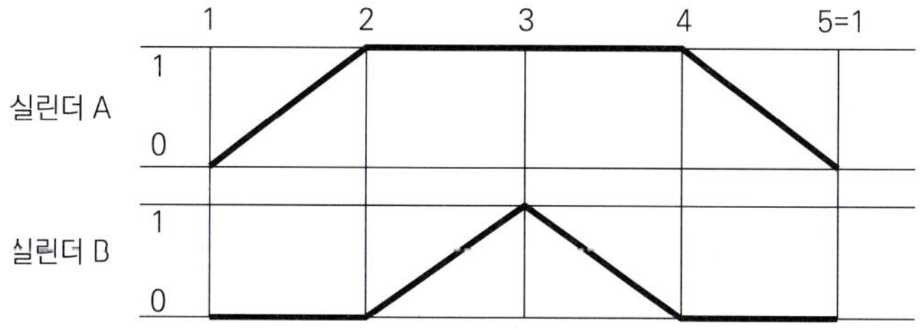

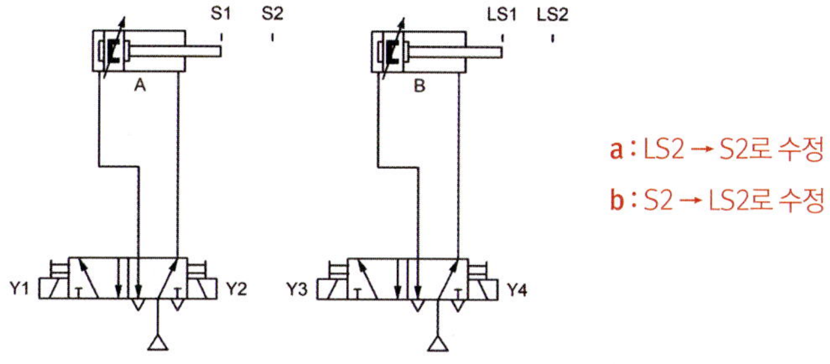

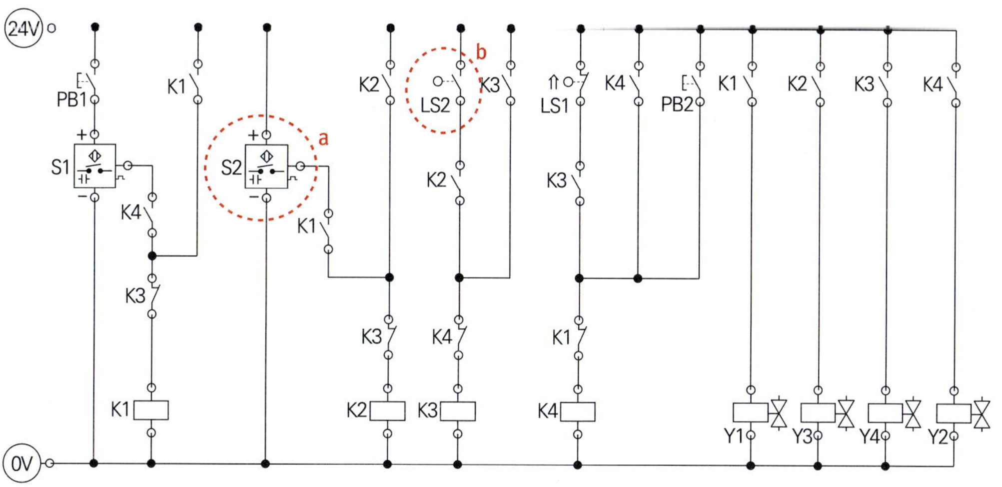

라. 응용제어동작

※ 기본제어동작을 다음 조건과 같이 변경하시오.

① 연속 스위치를 추가하여 다음과 같이 동작하도록 합니다.

가) 연속 스위치를 선택하면 기본제어동작이 연속 행정으로 되어야 합니다.

② 카운터와 램프를 추가하여 다음과 같이 동작하도록 합니다.

가) 연속 사이클 횟수를 5회로 설정하고 그 사이클이 완료된 후 정지하여야 합니다.

나) 연속사이클이 완료되면 램프가 점등되도록 회로를 구성합니다.

③ 실린더 A의 전·후진속도와 실린더 B의 전·후진속도가 같도록 배기교축(meter-out)방법에 의해 조정합니다.

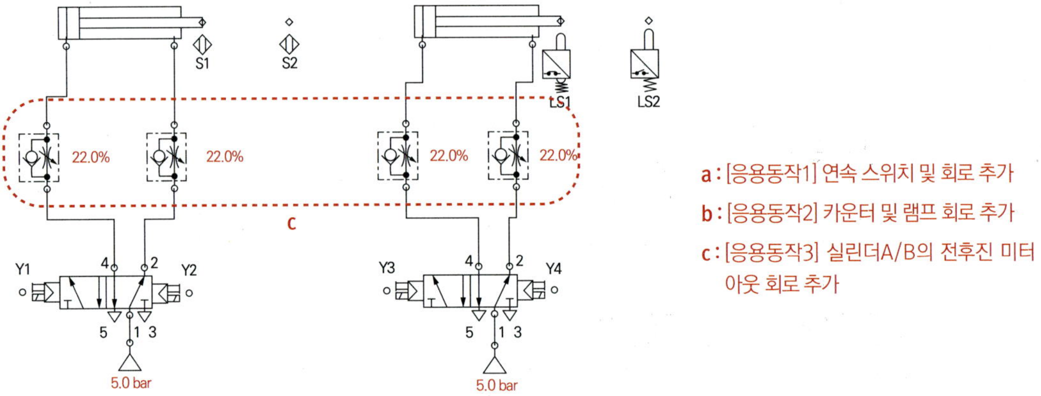

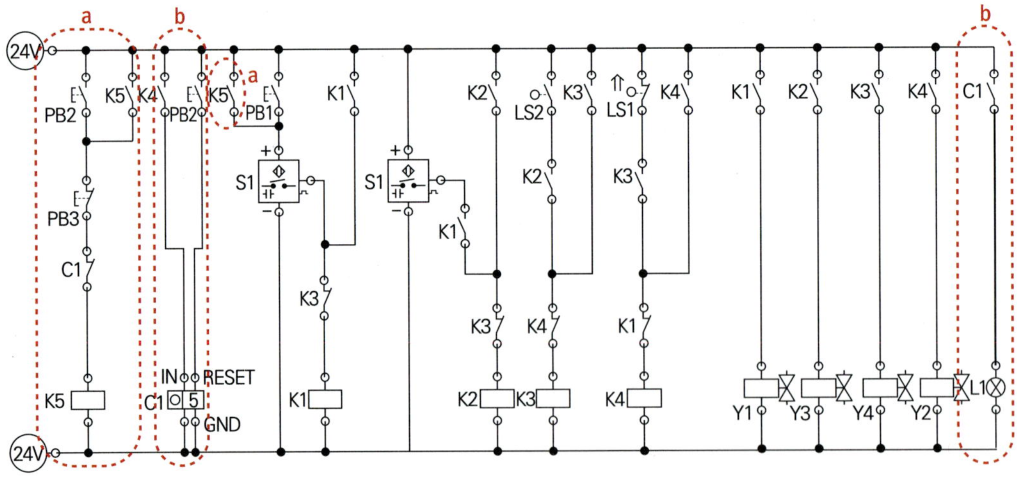

자격종목	설비보전기사	과제명	전기공기압회로설계 및 구성작업

전기공압문제 ⑪

가. 공기압 회로도

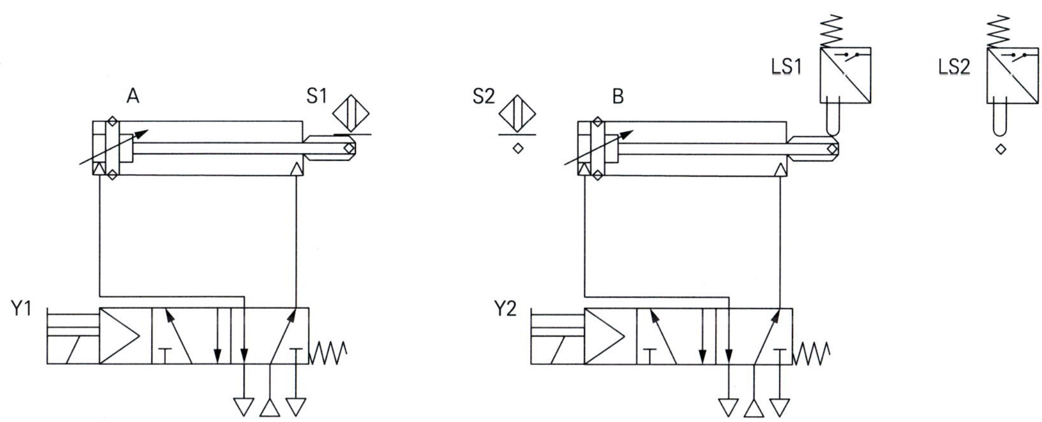

나. 전기 회로도

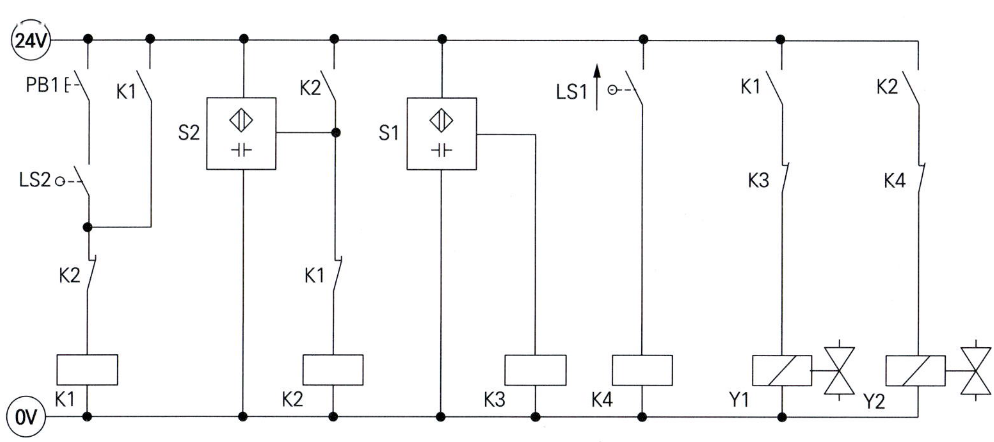

다. 기본제어동작

① 초기상태에서 시작 스위치(PB1)를 ON-OFF하면 다음 변위단계선도와 같이 동작합니다.

② 변위단계선도

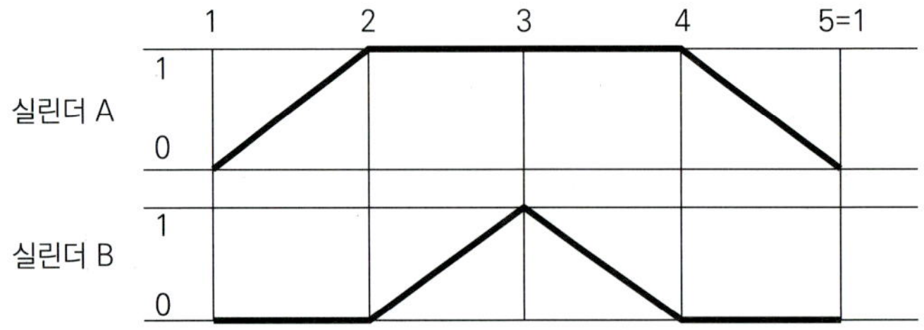

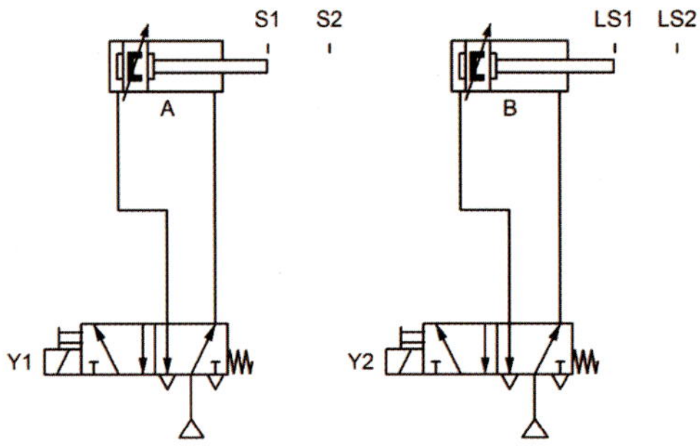

회로 동작조건 수정에 따라 각 센서의 위치가 바뀌며 회로 전체에 대한 수정이 필요합니다.

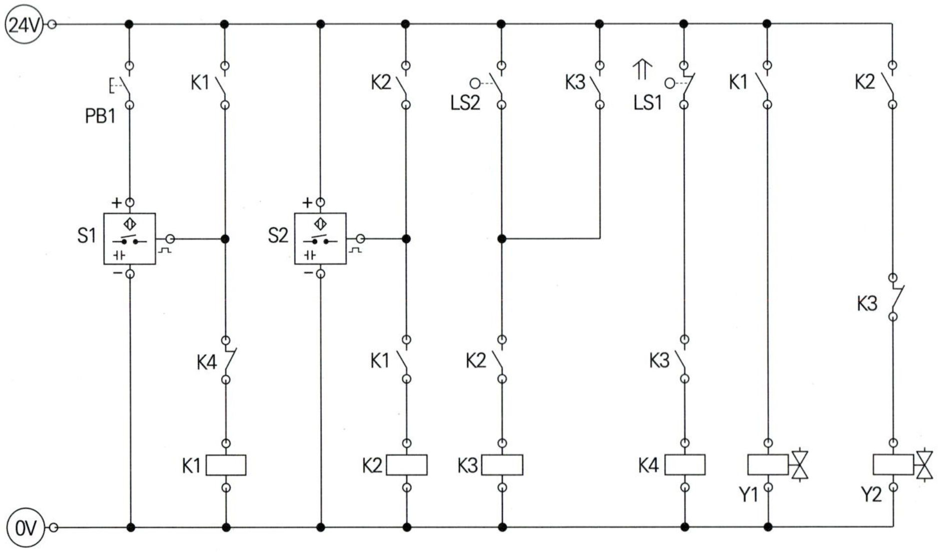

라. 응용제어동작

※ 기본제어동작을 다음 조건과 같이 변경하시오.

① 연속동작 스위치(PB2) 및 연속정지 스위치(PB3)를 추가하여 다음과 같이 동작하도록 합니다.

가) 연속동작 스위치를 ON-OFF하면 기본제어동작이 연속 사이클로 동작되어야 하고 연속정지 스위치를 ON-OFF하면 실린더는 전부 후진한 후 정지합니다.

② 비상 스위치(PB4)를 추가하여 다음과 같이 동작하도록 합니다.

가) 비상 스위치를 누르면 실린더 A는 전진하고 실린더 B는 후진되어야 합니다.

③ 실린더 A의 전후진속도와 실린더 B의 전후진속도가 같도록 배기공기교축(meter-out)방법에 의해 조정합니다.

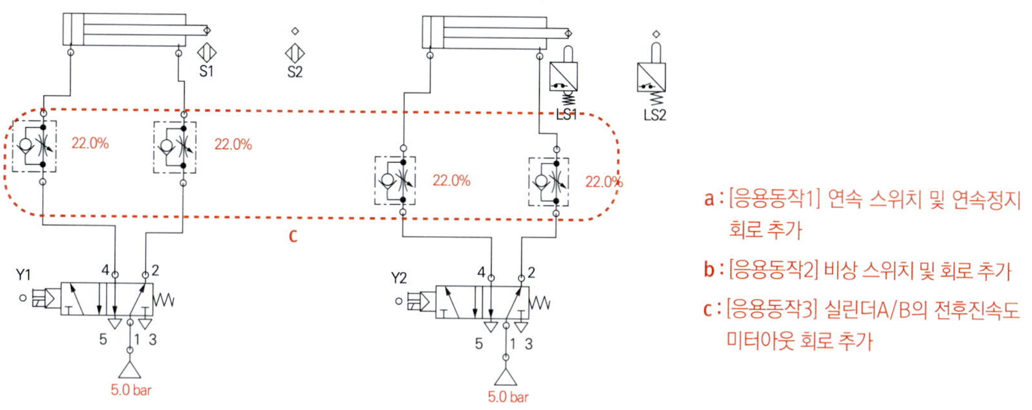

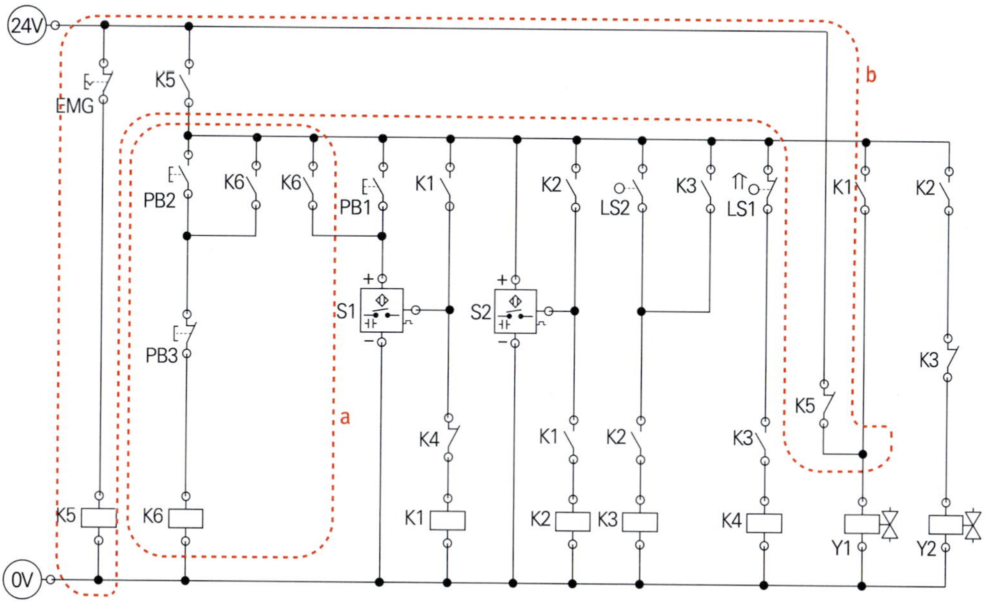

자격종목	설비보전기사	과제명	전기공기압회로설계 및 구성작업

전기공압문제 ⑫

가. 공기압 회로도

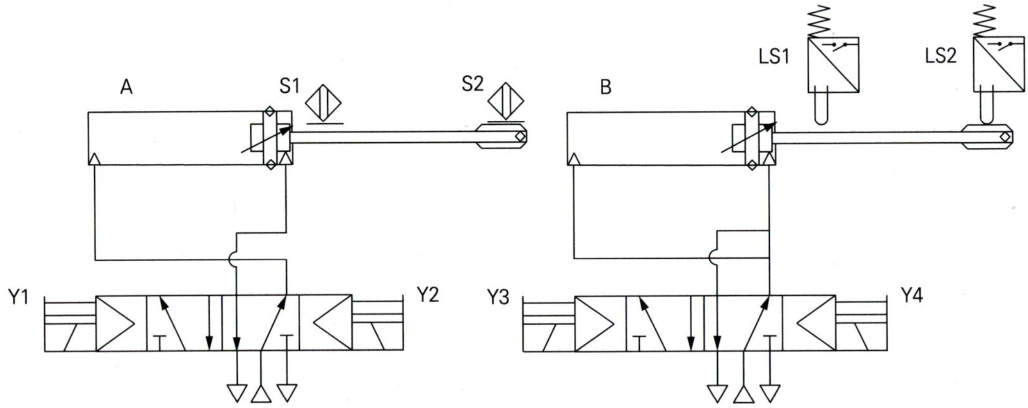

나. 전기 회로도

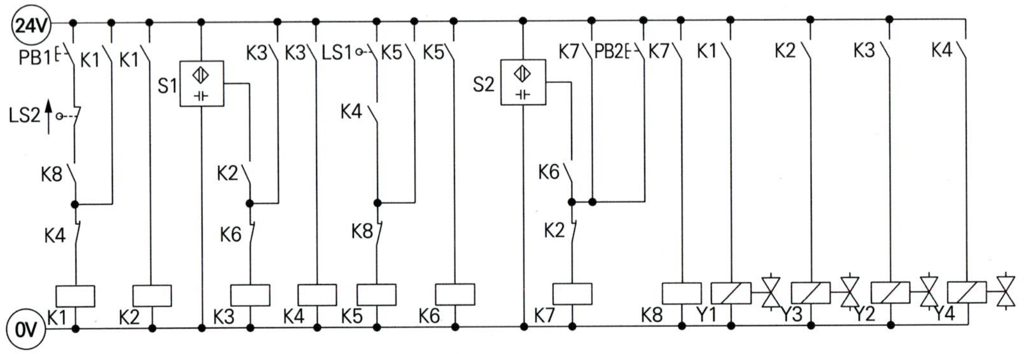

다. 기본제어동작

① 초기상태에서 리셋 스위치(PB2)를 ON-OFF한 후 시작 스위치(PB1)를 ON-OFF하면 다음 변위단계선도와 같이 동작합니다.

② 변위단계선도

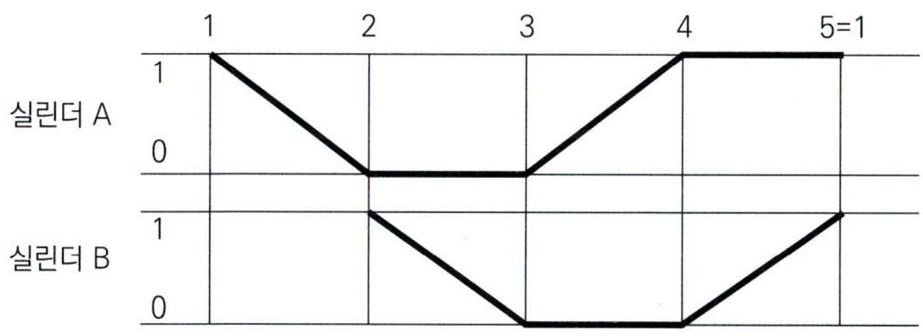

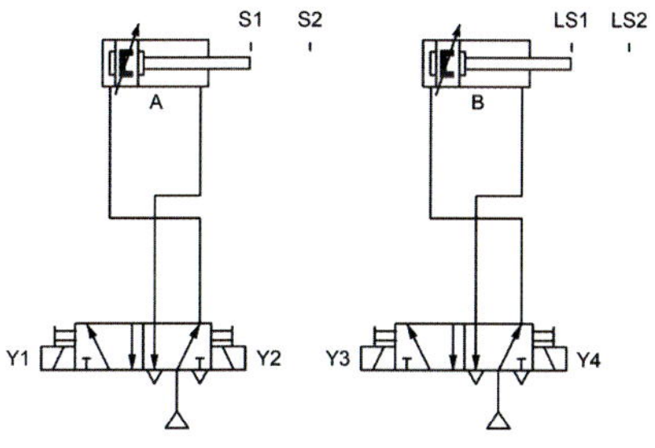

a : K2 A접점 → K3 A접점

b : K3 A접점 → K5 A접점

c : K4 A접점 → K7 A접점

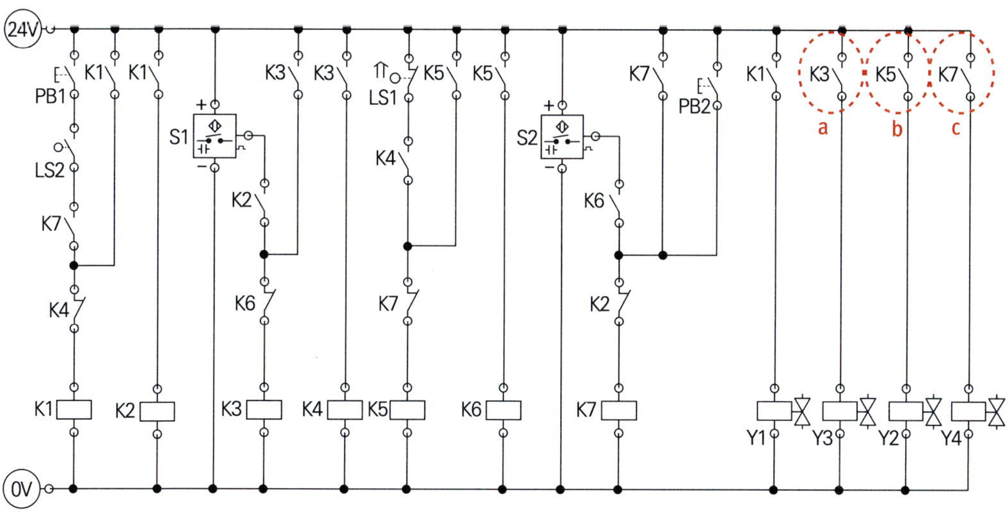

라. 응용제어동작

※ 기본제어동작을 다음 조건과 같이 변경하시오.

① 타이머를 사용하여 다음과 같이 동작되도록 해야 합니다.

가) 실린더 A가 후진 완료 후 실린더 B가 후진하고, 실린더 A가 전진 완료 후 3초 후에 실린더 B가 전진 완료하고 정지합니다.

② 기존의 시작 스위치, 리셋 스위치 외에 연속동작 스위치(반드시 회로를 구성하고 잠금장치 스위치는 사용불가)와 카운터를 사용하여 연속 사이클(반복 자동사이클) 회로를 구성하여 다음과 같이 동작되도록 합니다.

가) 연속동작 스위치를 누르면 연속 사이클(반복 자동사이클)로 계속 동작합니다.

나) 연속 사이클 횟수를 3회로 설정하고 그 사이클이 완료된 후 정지하여야 합니다.

다) 연속동작 중에 비상정지 스위치를 누르면 실린더 A와 실린더 B 모두 전진하여 정지합니다.

③ 실린더 A는 전진속도, B는 후진속도를 조절하기 위한 meter-out회로를 구성하고 조정합니다.

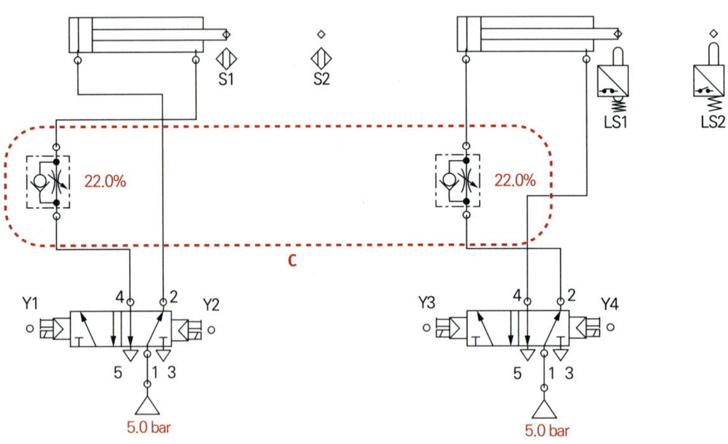

a : [응용동작1] 타이머 회로 추가

b : [응용동작2] 연속동작 스위치 및 비상정지 스위치 회로 추가

c : [응용동작3] 실린더A의 전진속도, 실린더B의 후진속도 미터아웃 회로 추가

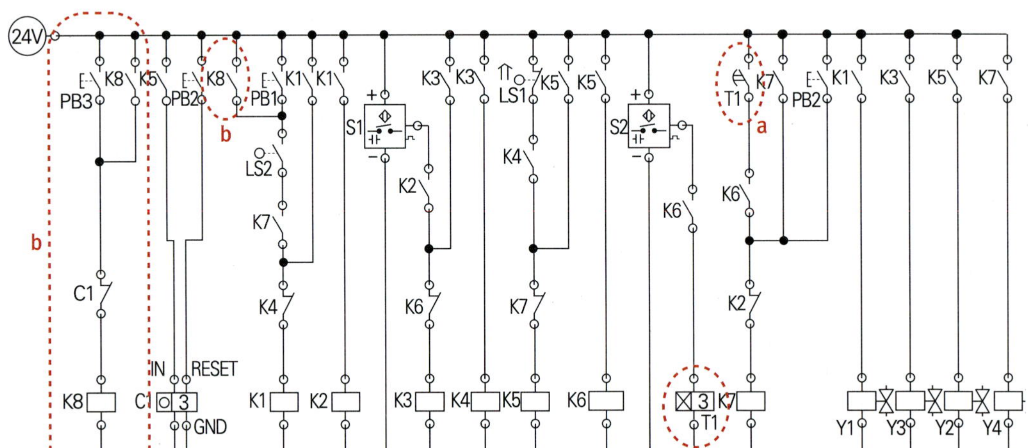

자격종목	설비보전기사	과제명	전기공기압회로설계 및 구성작업

전기공압문제 ⑬

가. 공기압 회로도

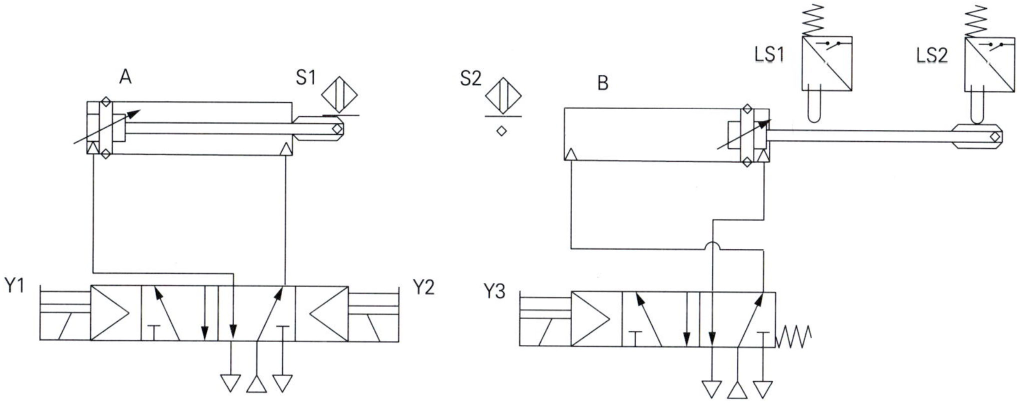

나. 전기 회로도

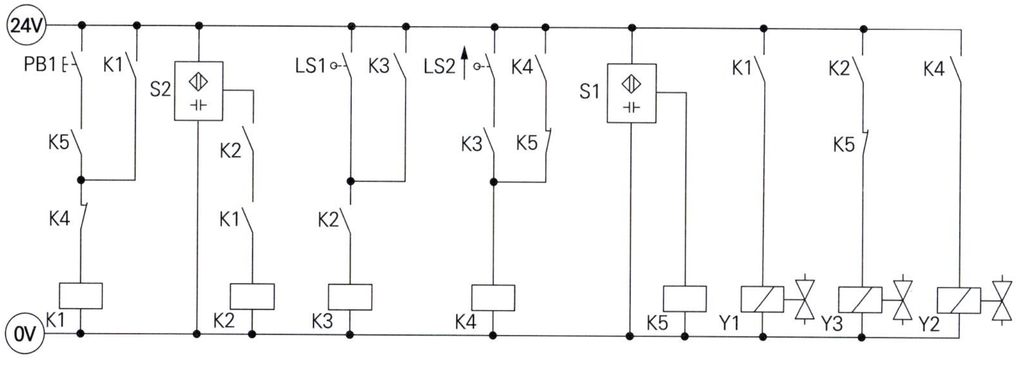

다. 기본제어동작

① 초기상태에서 시작 스위치(PB1)를 ON-OFF하면 다음 변위단계선도와 같이 동작합니다.

② 변위단계선도

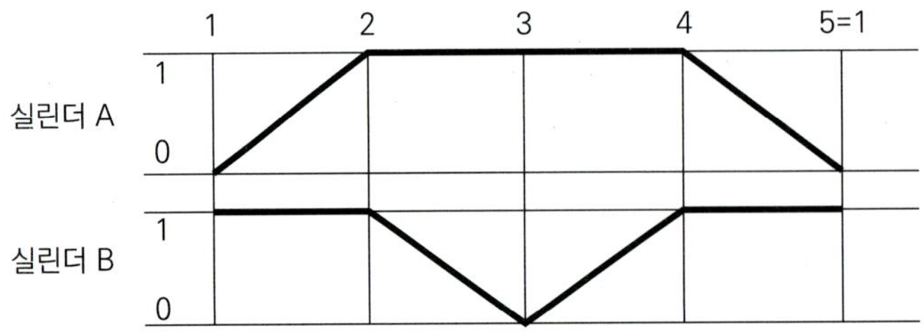

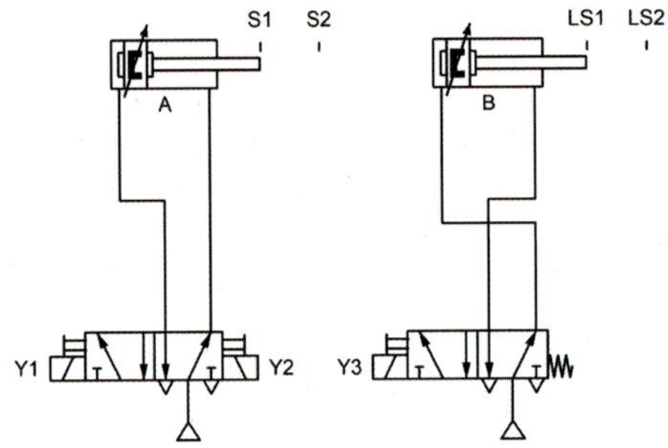

a : K2 A접점을 해당 위치로 수정하여 자기유지회로로 수정

b : K5 B접점 → K3 B접점으로 수정

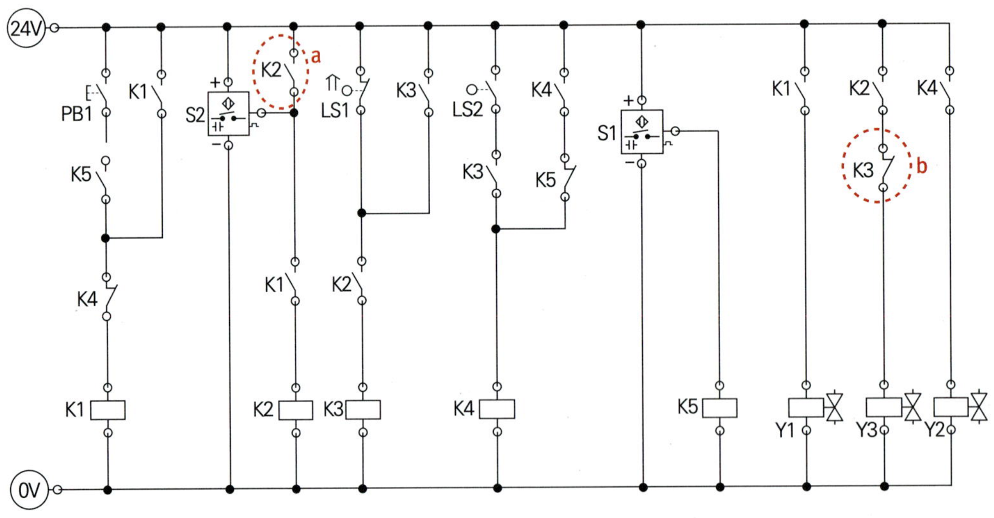

라. 응용제어동작

※ 기본제어동작을 다음 조건과 같이 변경하시오.

① 타이머를 사용하여 다음과 같이 동작되도록 해야 합니다.

가) 실린더 A가 후진 완료 후 실린더 B가 후진하고, 실린더 A가 전진 완료 후 3초 후에 실린더 B가 전진 완료하고 정지합니다.

② 기존의 시작 스위치, 리셋 스위치 외에 연속동작 스위치(반드시 회로를 구성하고 잠금장치 스위치는 사용불가)와 카운터를 사용하여 연속 사이클(반복 자동사이클) 회로를 구성하여 다음과 같이 동작되도록 합니다.

가) 연속동작 스위치를 누르면 연속 사이클(반복 자동사이클)로 계속 동작합니다.

나) 연속 사이클 횟수를 3회로 설정하고 그 사이클이 완료된 후 정지하여야 합니다.

다) 연속동작 중에 비상정지 스위치를 누르면 실린더 A와 실린더 B 모두 전진하여 정지합니다.

③ 실린더 A는 전진속도, B는 후진속도를 조절하기 위한 meter-out회로를 구성하고 조정합니다.

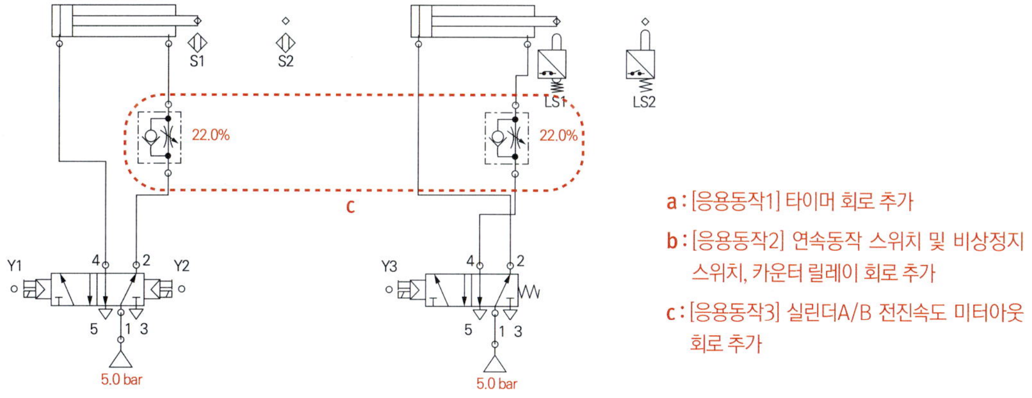

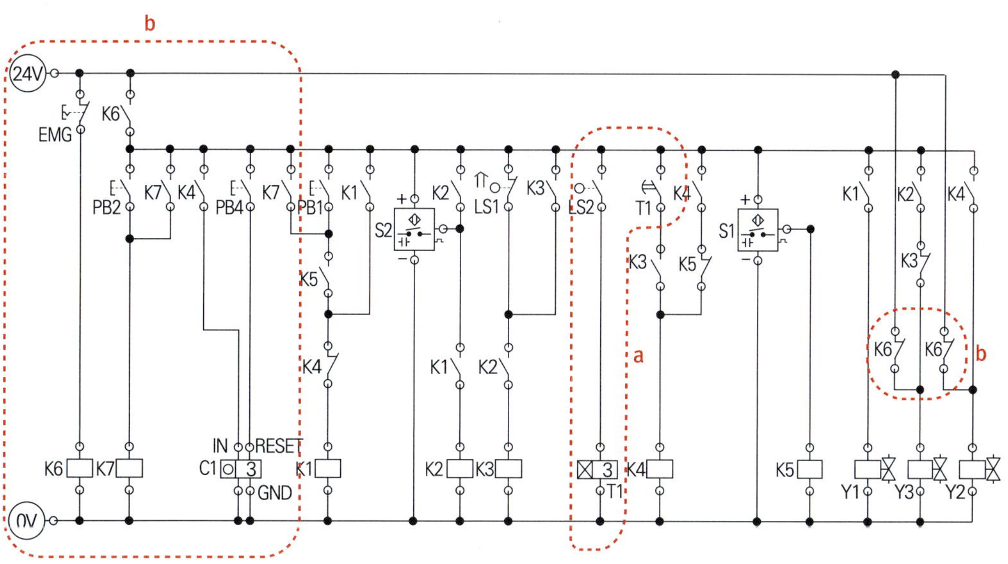

자격종목	설비보전기사	과제명	전기공기압회로설계 및 구성작업

전기공압문제 ⑭

가. 공기압 회로도

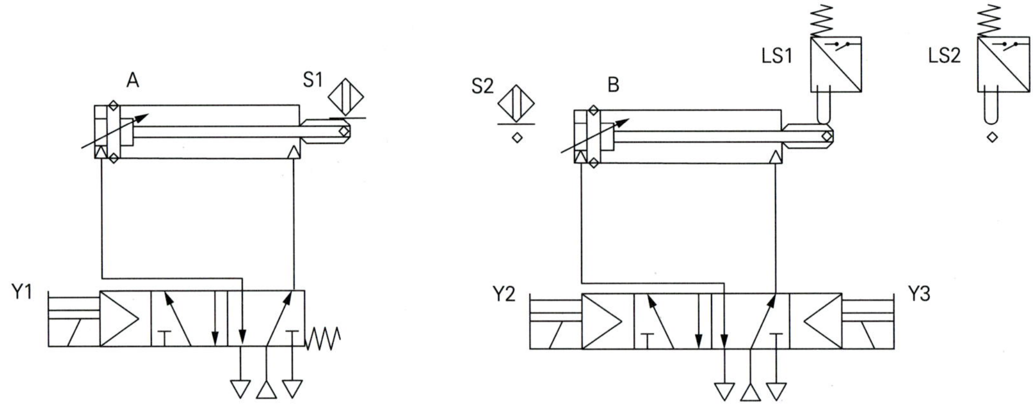

나. 전기 회로도

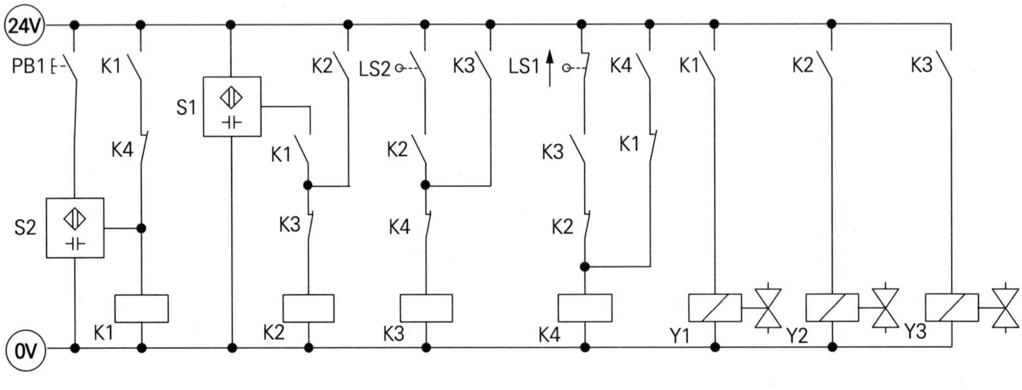

다. 기본제어동작

① 초기상태에서 PB1 스위치를 ON-OFF하면 아래 변위단계선도와 같이 동작합니다.

② 변위단계선도

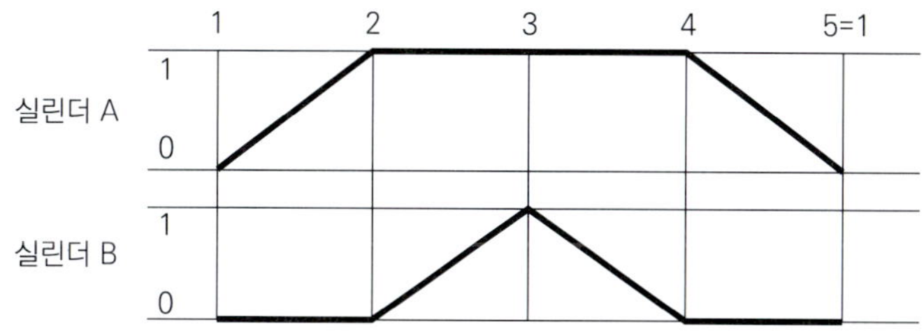

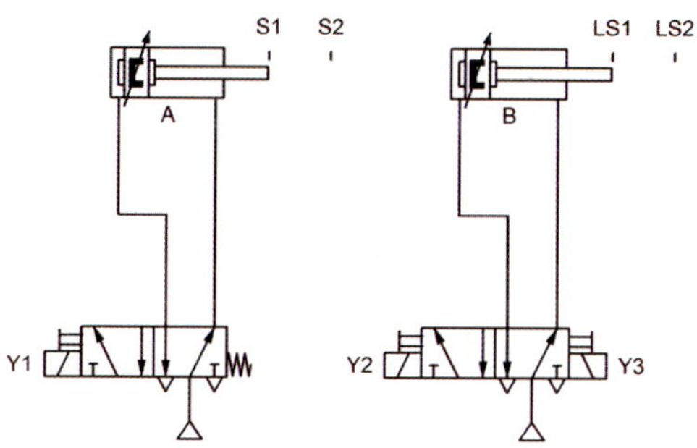

a : S2 → S1으로 수정

b : S1 → S2으로 수정

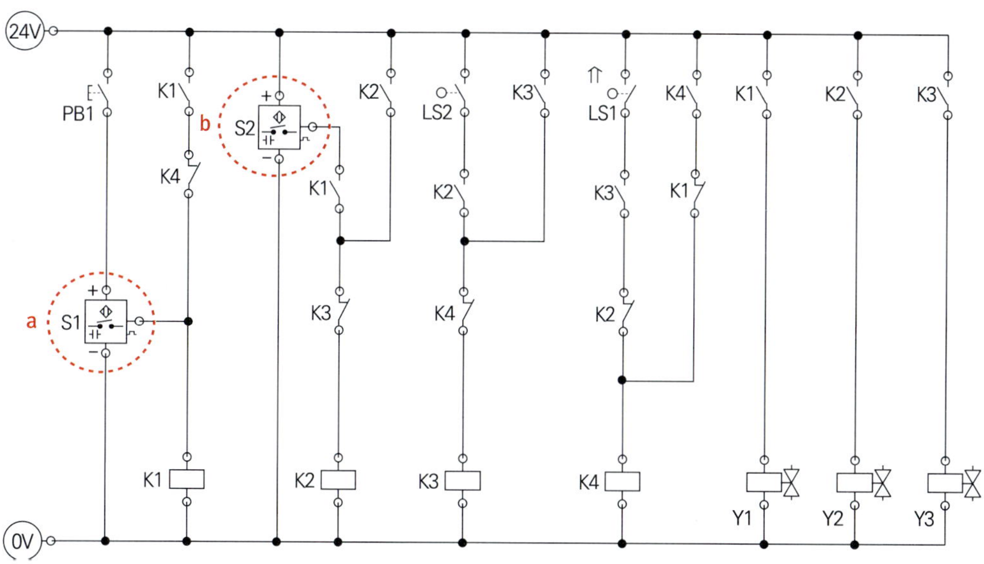

라. 응용제어동작

※ 기본제어동작을 다음 조건과 같이 변경하시오.

① 기존 회로에 타이머를 사용하여 다음 변위단계선도와 같이 동작되도록 합니다.

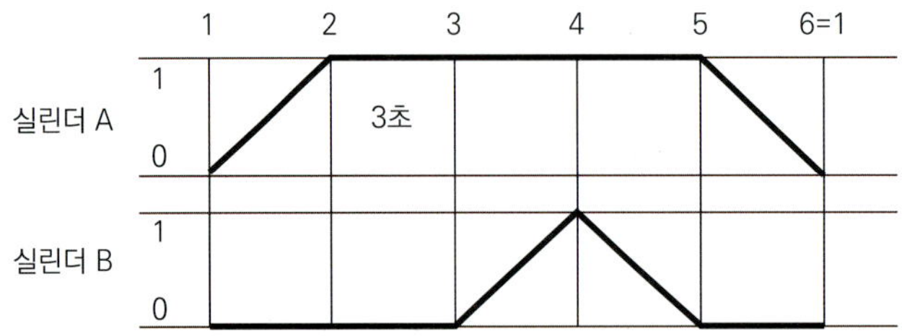

② 연속 스위치와 비상 스위치를 추가하여 다음과 같이 동작하도록 합니다.

가) 연속 스위치를 선택하면 기본제어동작이 연속 사이클로 동작되어야 합니다.

나) 연속 작업에서 비상 스위치가 동작되면 모든 실린더는 후진되어야 합니다.

다) 비상 스위치를 해제하면 시스템은 초기화되어야 합니다.

③ 실린더 A의 전·후진 속도와 실린더 B의 전·후진 속도를 조절할 수 있도록 배기교축(meter-out)회로를 추가합니다.

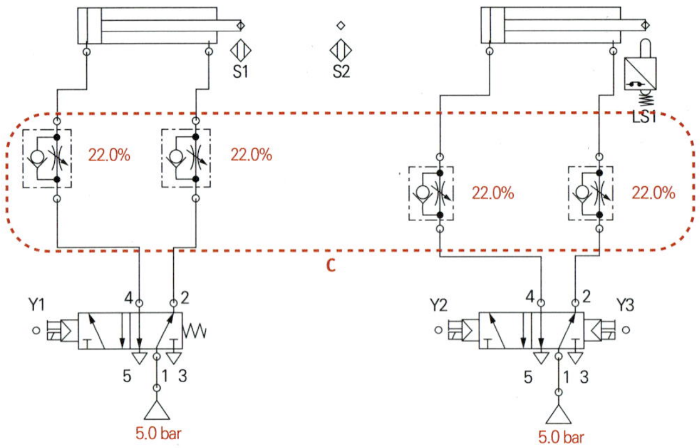

a : [응용동작1] 타이머 회로 추가

b : [응용동작2] 연속 스위치 및 비상 스위치 회로 추가

c : [응용동작3] 실린더A/B 전후진속도 미터아웃 회로 추가

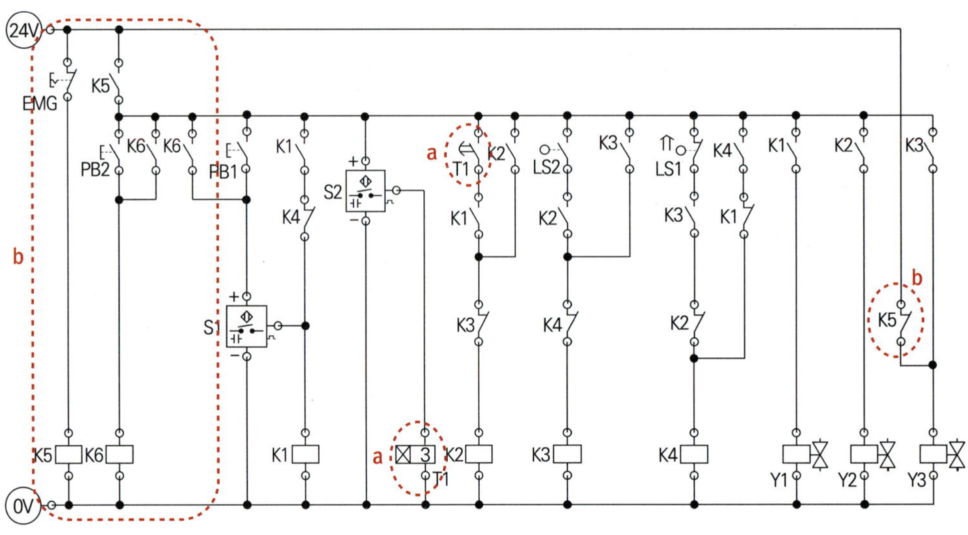

유압 공개문제풀이

자격종목	설비보전기사	과제명	전기유압회로설계 및 구성작업

※ 문제지는 시험 종료 후 본인이 가져갈 수 있습니다.

비번호		시험일시		시험장명	

※ 시험시간 : [제2과제] 1시간

1. 요구사항

※ 지급된 재료 및 시설을 사용하여 아래 작업을 완성하시오.
※ 작품을 제출한 후에는 재작업을 할 수 없음을 유의하여 작업하시오.

가. 유압기기 배치

1) 유압 회로도와 같이 유압기기를 선정하여 고정판에 배치하시오.(단, 유압기기는 수평 또는 수직방향으로 수험자가 임의로 배치하고, 리밋 스위치는 방향성을 고려하여 설치하시오.)
2) 유압호스를 사용하여 기기를 연결하시오.(단, 유압호스가 시스템 동작에 영향을 주지 않도록 정리하시오.)
3) 유압 공급압력은 4±0.2 MPa로 설정하시오.
4) 작업이 완료된 상태에서 유압을 공급했을 때 유압유의 누설이 발생하지 않도록 하시오.

나. 유압회로 설계 및 구성

1) 전기 회로도 중 오류 부분은 수험자가 정정하여 기본제어동작을 만족하도록 시스템을 구성하시오.(단, 릴레이의 개수가 증가되거나 감소되지 않도록 작업하시오.)
2) 응용제어동작을 만족하도록 시스템을 변경하시오.
3) 전기 배선은 전원의 극성에 따라 +24 V는 적색, -0 V는 청색(또는 흑색)의 리드선을 구별하여 사용하시오.
4) 작업이 완료된 상태에서 전원을 투입했을 때 쇼트가 발생하지 않도록 하시오.
5) 지정되지 않은 누름버튼 스위치는 자동복귀형 스위치를 사용하시오.(단, 비상정지 스위치 등 해제 동작이 필요한 스위치는 유지형 스위치를 사용할 수 있습니다.)
6) 모든 동작은 전원을 유지한 상태에서 재동작이 가능하도록 회로를 구성하시오.

2. 수험자 유의사항

※ 다음의 유의사항을 고려하여 요구사항을 완성하시오.

1) 시험 시작 전 장비 이상유무를 확인합니다.
2) 시험 중 반드시 시험감독위원의 지시에 따라야 하며, 시험시간 동안 시험감독위원의 지시가 없는 한 시험장을 임의로 이탈할 수 없습니다.
3) 시험에 필요한 기기 이외의 부품이나 장비에 임의로 접촉하지 않도록 주의하시기 바랍니다.
4) 유압 호스의 제거는 공급 압력을 차단한 후 실시하시기 바랍니다.
5) 전기 연결의 합선 시 즉시 전원공급 장치의 전원을 차단하시기 바랍니다.
6) 액추에이터의 작동부분에는 전선 및 호스가 접촉되지 않도록 주의하여야 합니다.
7) 수험자는 작업이 완료되면 시험감독위원의 확인을 받아야 하고, 시험감독위원의 지시에 따라 동작시킬 수 있어야 합니다.(단, 평가 시 전원이 유지된 상태에서 2회 동작 시도하여 동일하게 정상 동작이 되어야 하며, 1회만 동작하고 2회째 시도 시 정상적으로 동작하지 않으면 인정하지 않습니다.)
8) 기본제어동작을 완성하고 반드시 시험감독위원의 평가를 받은 후 응용제어동작을 수행하여야 합니다.
9) 평가 종료 후 작업한 자리의 부품을 정리하여 모든 상태를 초기 상태로 정리하시기 바랍니다.
10) 다음 사항은 실격에 해당하여 채점 대상에서 제외됩니다.
   (가) 수험자 본인이 수험 도중 시험에 대한 기권의사를 표현하는 경우
   (나) 실기시험 과정 중 1개 과정이라도 불참한 경우
   (다) 시설·장비의 조작 또는 재료의 취급이 미숙하여 위해를 일으킬 것으로 시험감독위원 전원이 합의하여 판단한 경우
   (라) 시험감독위원의 지시에 불응한 경우
   (마) 기본제어동작을 시험감독위원에게 확인받지 않고 다음 작업을 진행한 경우
   (바) 설비보전기사 실기과제 중 한 과제라도 응시하지 않은 경우
   (사) 설비보전기사 실기과제 "전기공기압회로 설계 및 구성작업, 전기유압회로 설계 및 구성작업" 중 하나라도 0점인 과제가 있는 경우
   (아) 작업을 수험자가 직접 하지 않고 다른 사람으로부터 도움을 받아 작업을 할 경우
   (자) 시험 중 타인과 대화를 하거나 다른 수험자의 작품을 고의적으로 모방하는 경우
   (차) 시험 중 휴대폰을 사용하거나 인터넷 및 네트워크 환경을 이용할 경우
   (카) 시험 중 시험감독위원의 지시 없이 시험장을 이탈한 경우
   (타) 시험장 물품을 시험감독위원의 허락 없이 반출한 경우
   (파) 본인의 지참공구 외에 타인의 공구를 빌려서 사용한 경우
   (하) 지급된 재료 이외의 재료를 사용한 경우

(거) 시험시간 내에 작품을 제출하지 못한 경우

(너) 기본제어동작을 공기압 회로도와 기능이 상이한 기기로 구성하거나 기기를 누락하여 구성한 경우

(더) 기본제어동작이 문제와 일치하지 않는 작품

자격종목	설비보전기사	과제명	전기유압회로설계 및 구성작업

전기유압문제 ①

가. 유압 회로도

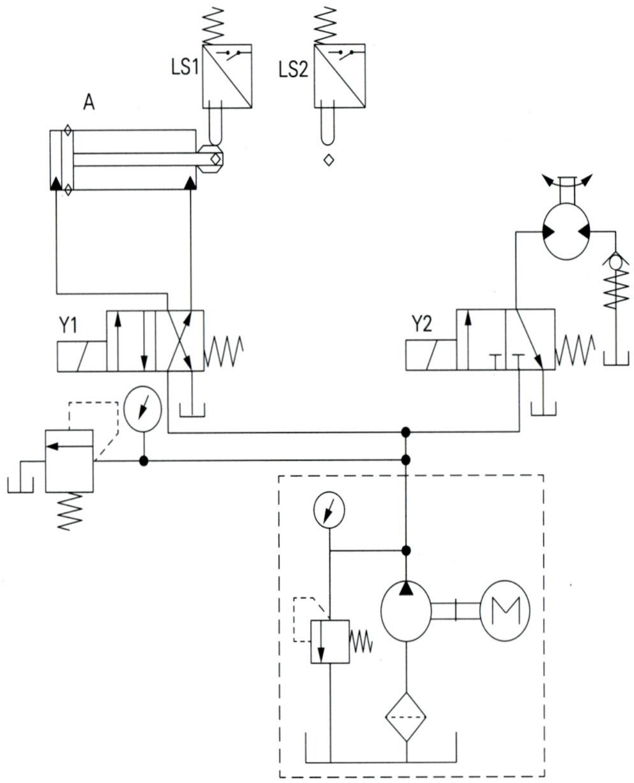

나. 전기 회로도

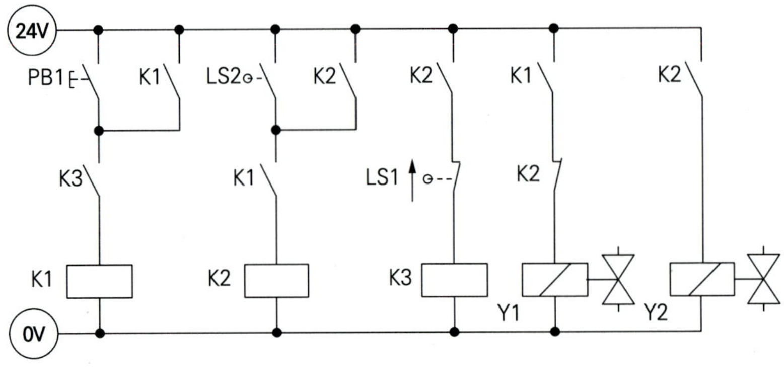

다. 기본제어동작

① 초기상태에서 PB1 스위치를 ON-OFF하면 다음 변위단계선도와 같이 동작합니다.

② 변위단계선도

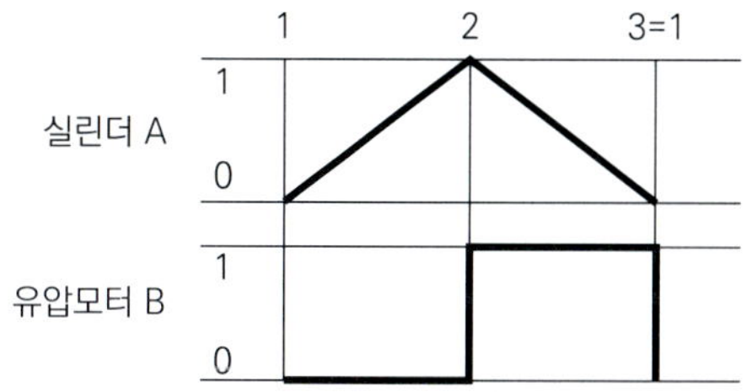

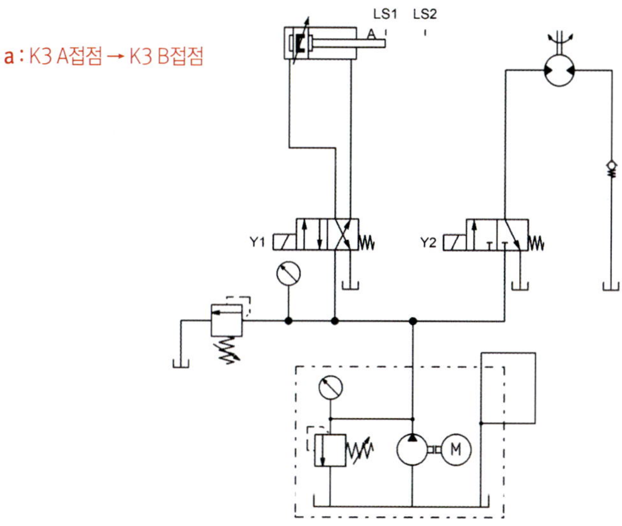

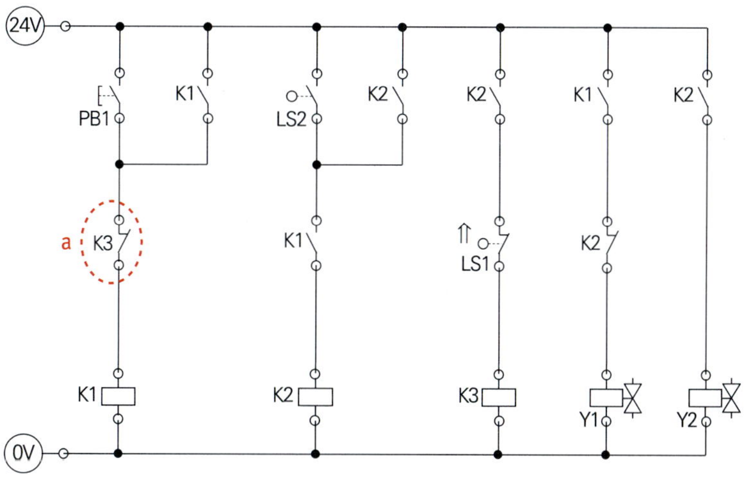

라. 응용제어동작

※ 기본제어동작을 다음 조건과 같이 변경하시오.

① 누름버튼 스위치(PB2)(유지형 스위치 사용 가능)와 압력 스위치(PS) 및 기타 부품을 추가하여 다음과 같이 동작되도록 합니다.

가) 누름버튼 스위치(PB2)를 한 번 누르면 기본제어동작이 연속(반복자동행정)으로 동작합니다.

나) 누름버튼 스위치(PB2)를 다시 누르면 모두 초기상태가 되어야 합니다.

다) 실린더 A가 전진 완료 후 전진측 공급압력이 3MPa(30kgf/cm^2) 이상 되어야, 실린더 A가 후진되고 유압모터 B가 회전하도록 압력 스위치를 사용하여 회로를 구성합니다.

② 실린더 A의 후진속도가 7초가 되도록 meter-out회로를 구성하여 속도를 조정합니다.

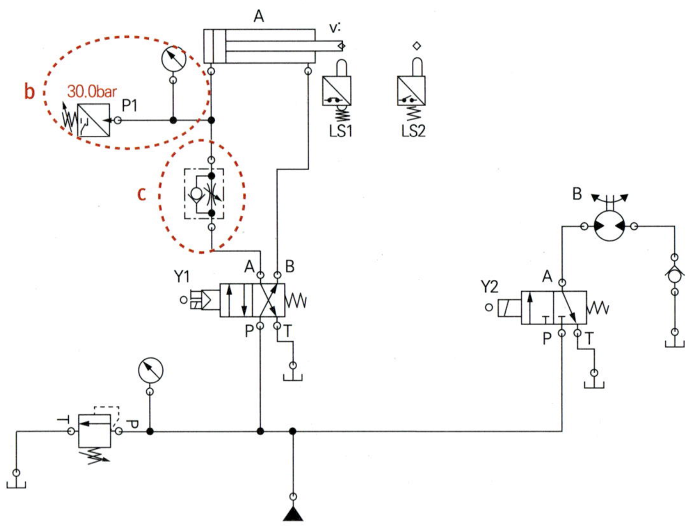

a : [응용동작1] 연속동작 스위치 (토글 스위치 사용)

b : [응용동작1] 전진 측 공급압력 3MPa 확인 후 동작

c : [응용동작2] 실린더A 후진속도 미터아웃 제어(7초)

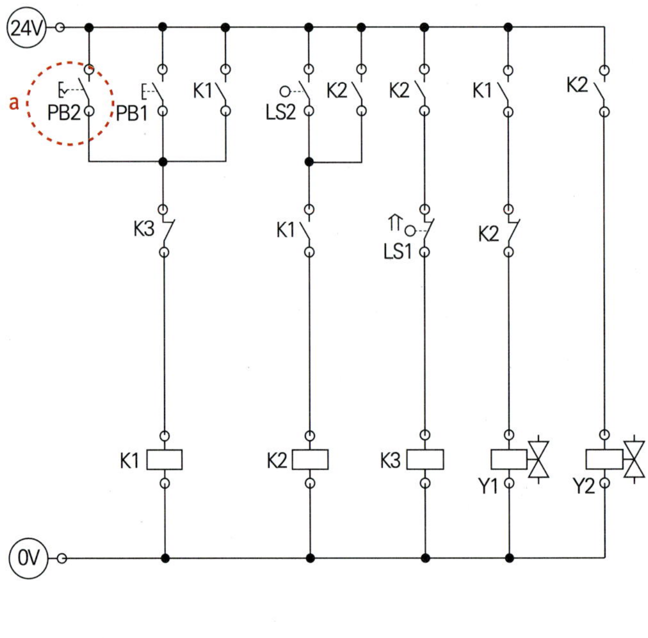

자격종목	설비보전기사	과제명	전기유압회로설계 및 구성작업

전기유압문제 ②

가. 유압 회로도

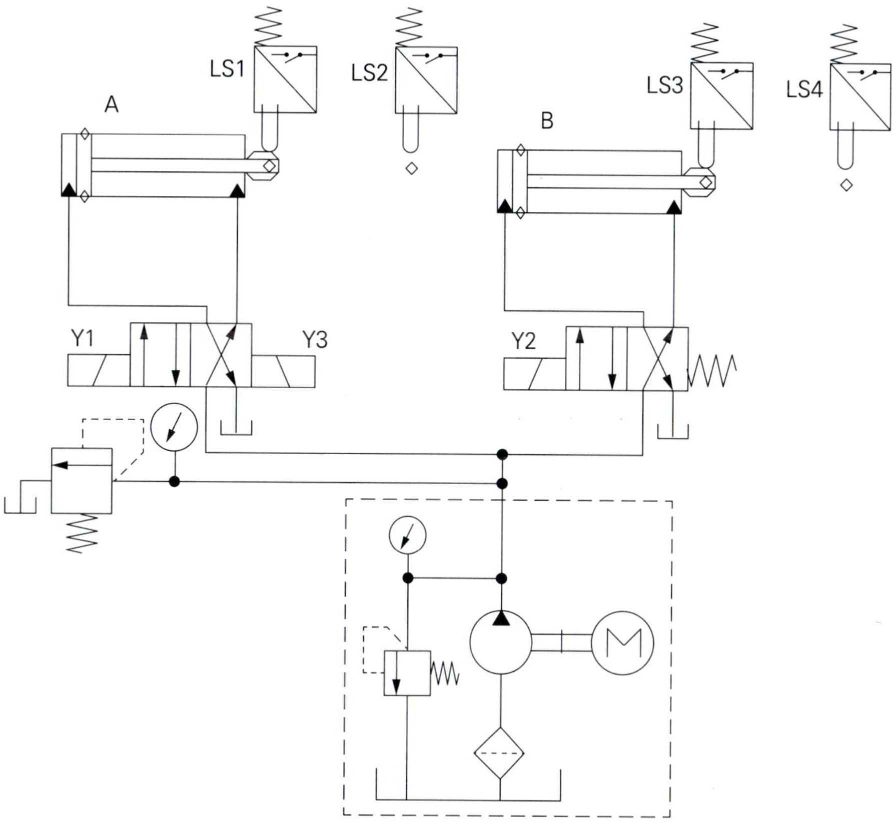

나. 전기 회로도

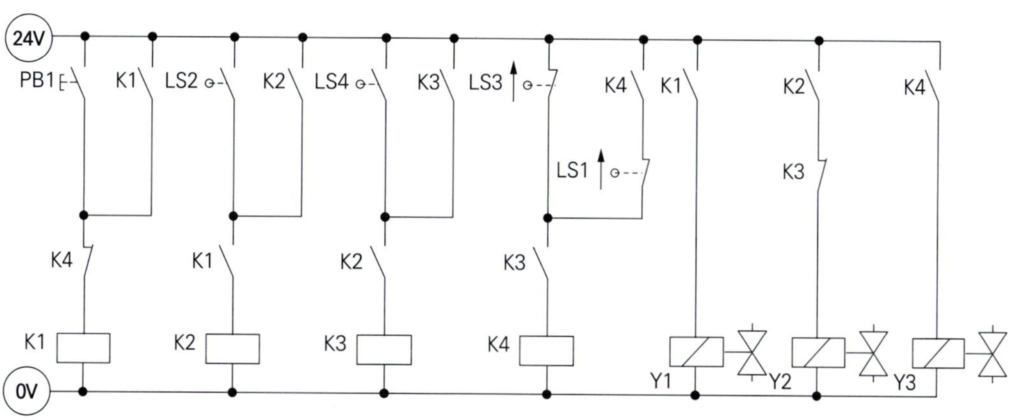

다. 기본제어동작

① 초기상태에서 PB1 스위치를 ON-OFF하면 다음 변위단계선도와 같이 동작합니다.

② 변위단계선도

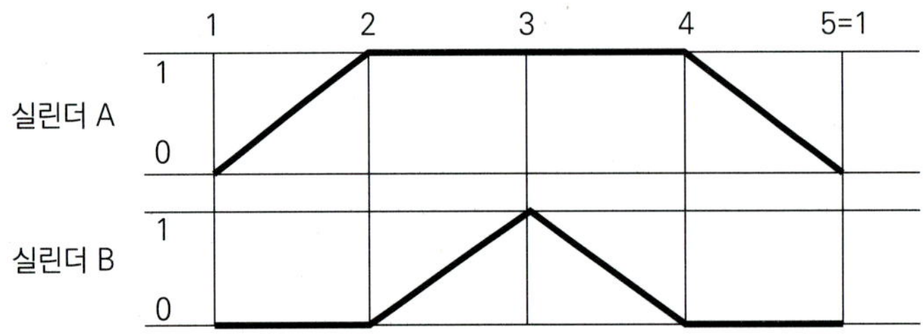

a : LS1 A접점 → LS1 B접점으로 수정 및 배선위치 변경

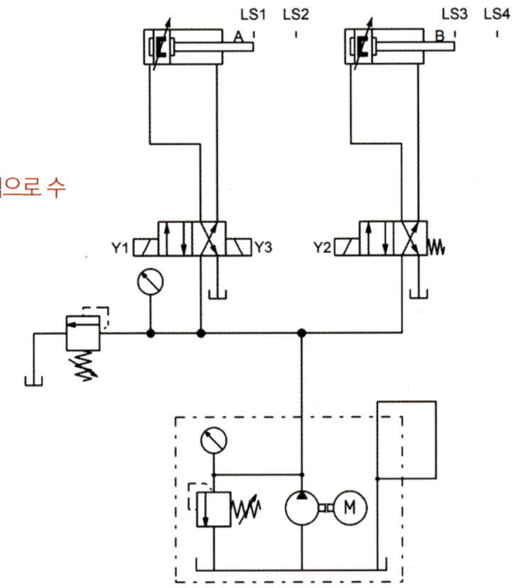

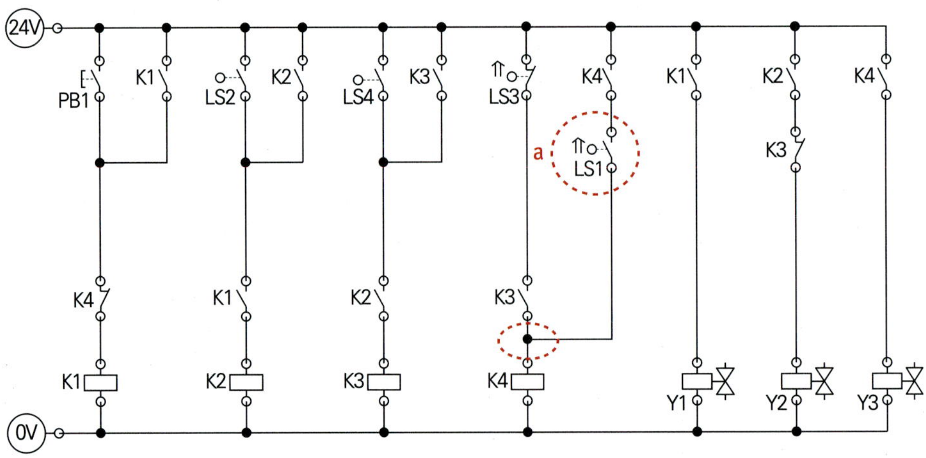

라. 응용제어동작

※ 기본제어동작을 다음 조건과 같이 변경하시오.

① 누름버튼 스위치를 추가하여 다음과 같이 동작합니다.

가) 누름버튼 스위치(PB2)를 누르면 기본제어동작이 연속동작하여야 합니다.

나) 누름버튼 스위치(PB3)를 누르면 행정이 완료된 후 정지하여야 합니다.

② 실린더 B측 압력라인(P)에 감압밸브를 설치하여 유압 회로도를 변경하고, 감압밸브의 압력이 2MPa(20kgf/cm²)(오차 ±0.1 MPa)이 되도록 조정합니다.

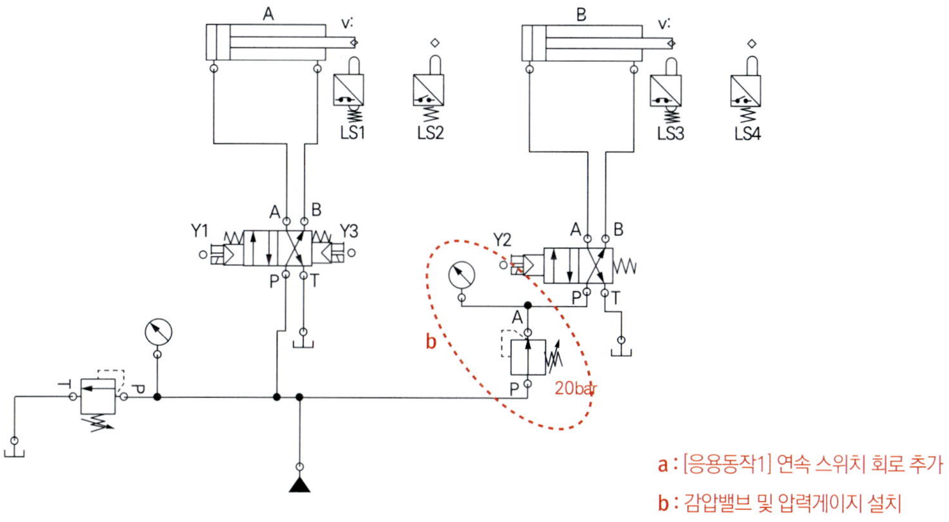

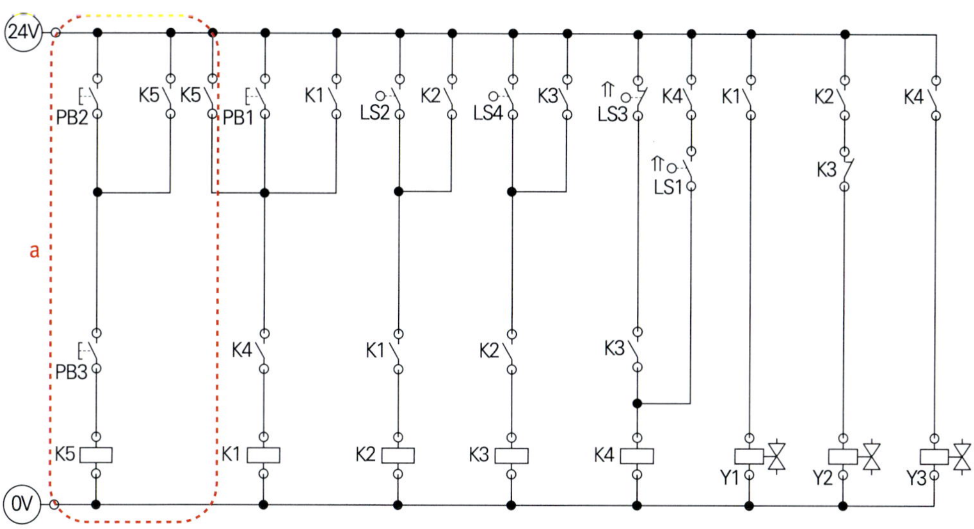

자격종목	설비보전기사	과제명	전기유압회로설계 및 구성작업

전기유압문제 ③

가. 유압 회로도

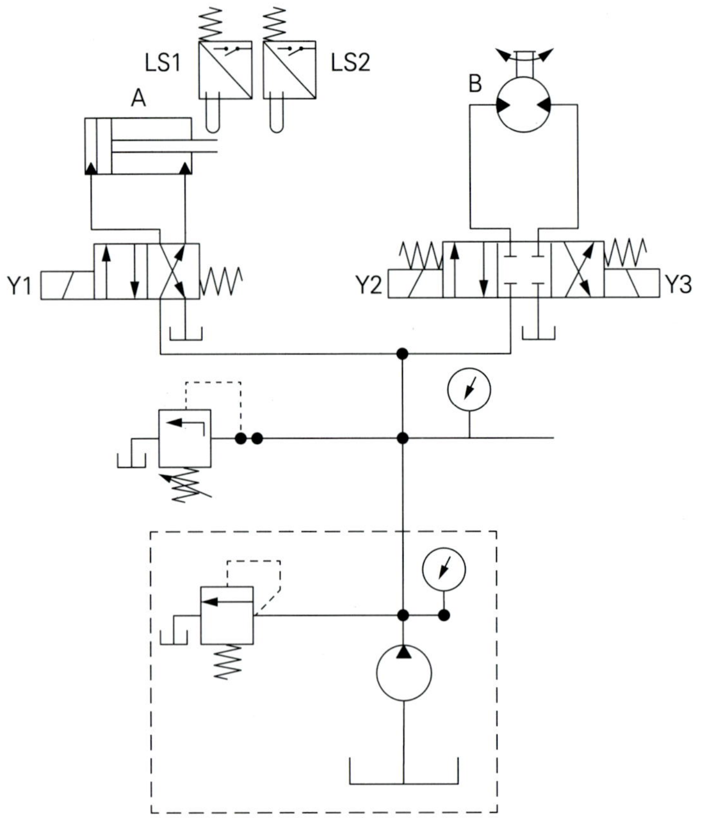

나. 전기 회로도

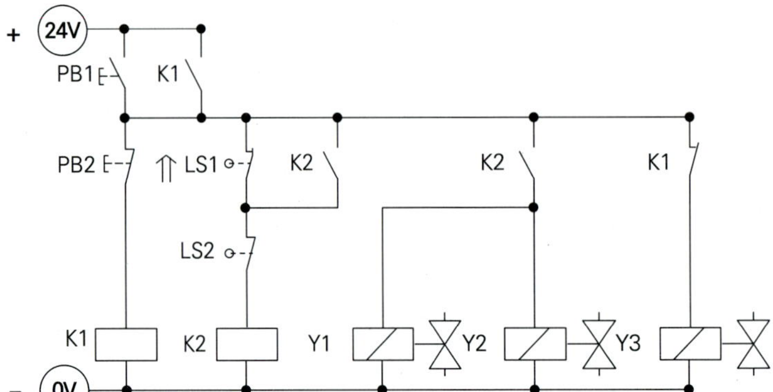

다. 기본제어동작

① 초기상태에서 시작 스위치(PB1)를 ON-OFF하면 다음 변위단계선도의 동작이 연속사이클로 계속 동작되어야 합니다.(단, 정회전은 축방향에서 볼 때 시계방향, 역회전은 반시계방향이다.)

② 정지 스위치(PB2)를 ON-OFF하면 연속동작을 멈추고 초기상태로 되어야 합니다.

③ 변위단계선도

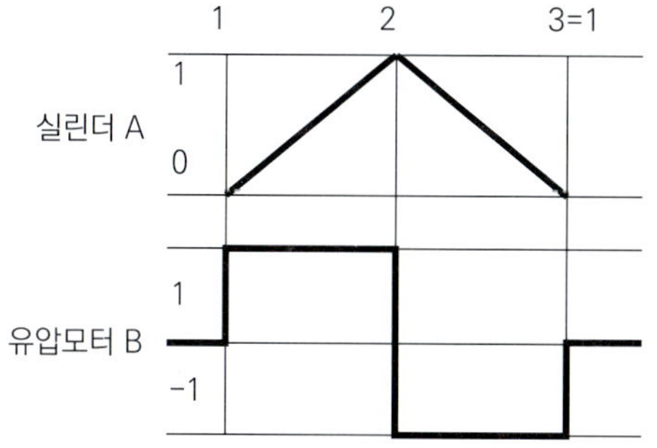

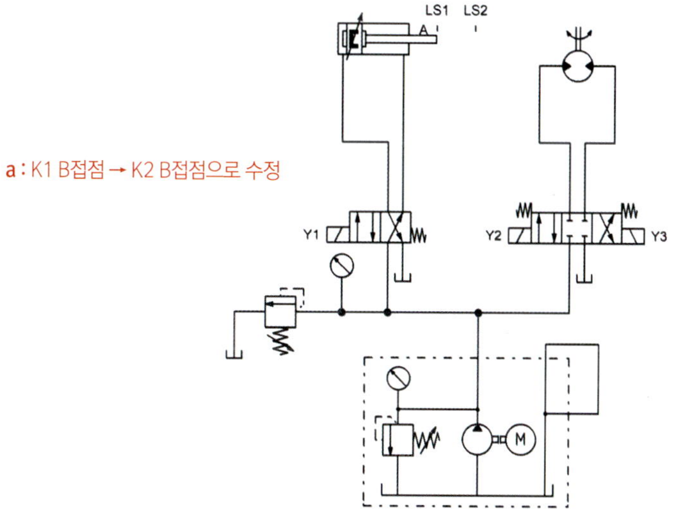

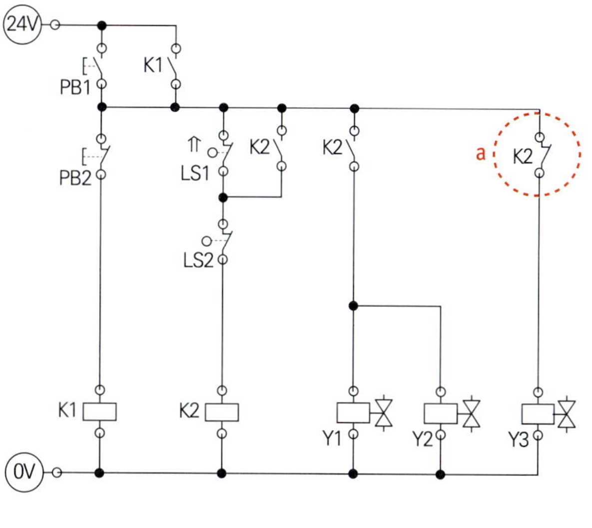

라. 응용제어동작

※ 기본제어동작을 다음 조건과 같이 변경하시오.

① 기본회로에 타이머릴레이 및 기타 부품을 추가하여 다음과 같이 동작되도록 합니다.

가) 시작 스위치(PB1)를 ON-OFF하여 기본제어동작을 실행시킵니다.

나) 실린더 A 전진 완료 5초 후 실린더 A가 후진합니다.(단, 실린더 전·후진 시 모터는 기본제어동작과 같이 동작합니다.)

② 유압모터 B의 정지 시 발생되는 서지압력을 방지하기 위하여 작업라인에 압력릴리프밸브 및 체크밸브를 설치하여 서지압 방지회로를 구성합니다.

가) 설치된 릴리프밸브의 압력은 2MPa(20kgf/cm²)로 설정합니다.

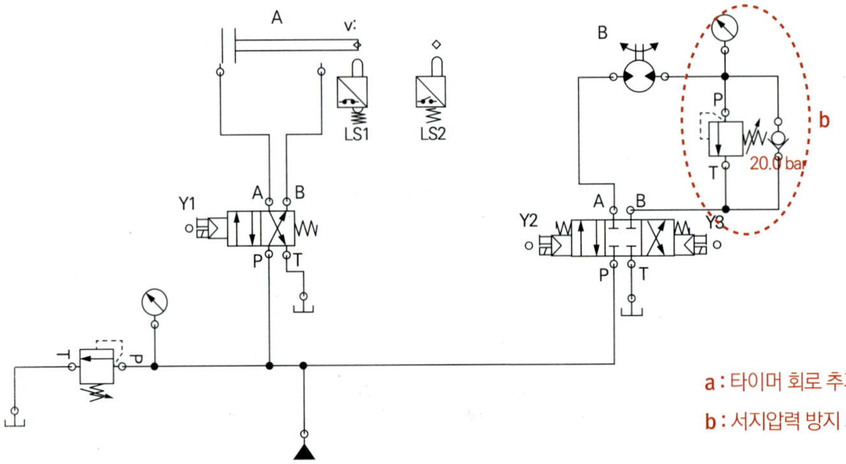

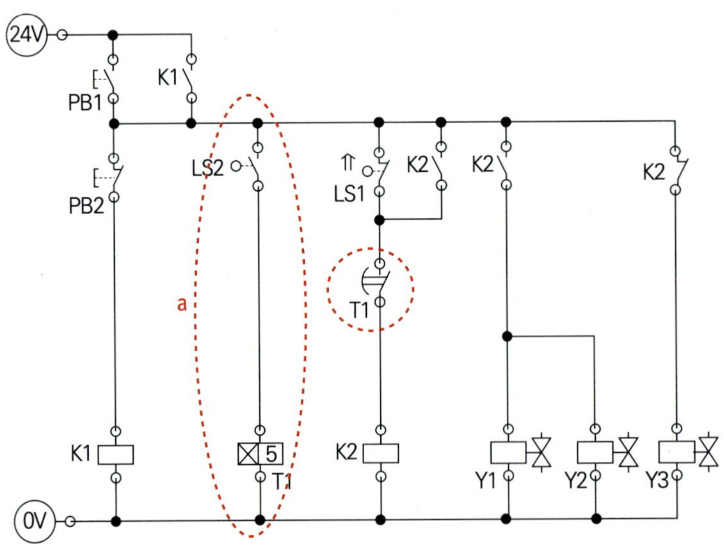

자격종목	설비보전기사	과제명	전기유압회로설계 및 구성작업

전기유압문제 ④

가. 유압 회로도

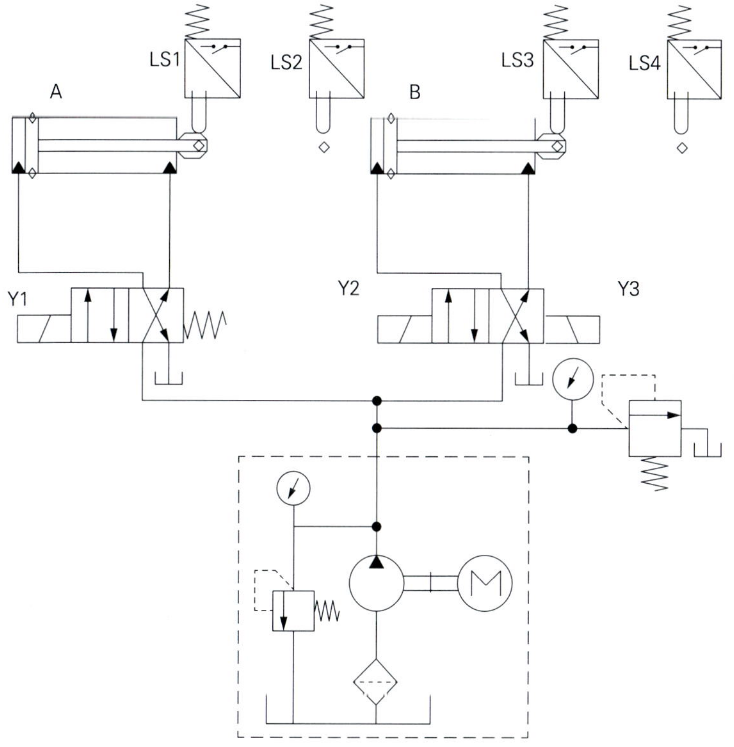

나. 전기 회로도

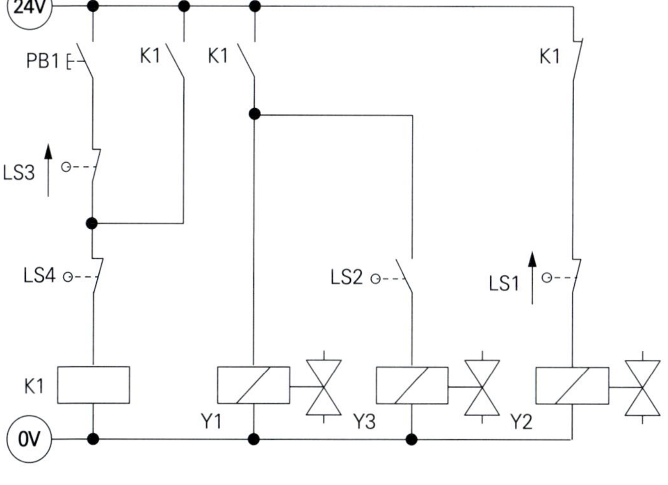

다. 기본제어동작

① 초기상태에서 시작 스위치(PB1)를 ON-OFF하면 다음 변위단계선도와 같이 동작합니다.

② 변위단계선도

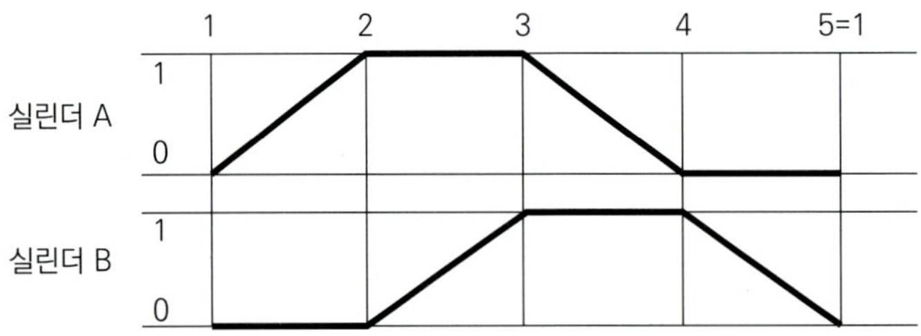

a : 솔레노이드 Y3 → 솔레노이드 Y2로 수정
솔레노이드 Y2 → 솔레노이드 Y3로 수정

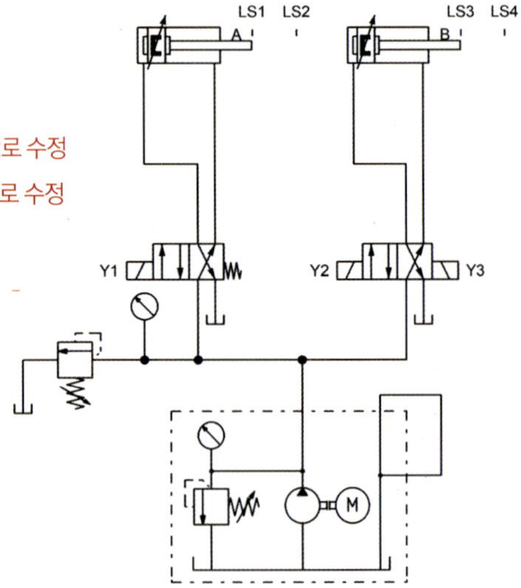

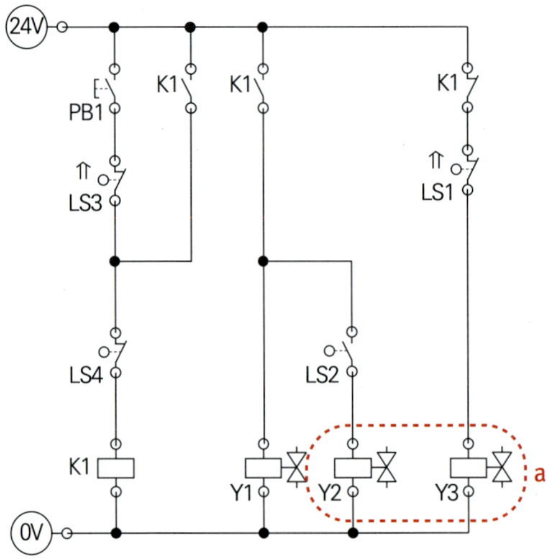

라. 응용제어동작

※ 기본제어동작을 다음 조건과 같이 변경하시오.

① 누름버튼 스위치를 추가하여 다음과 같이 동작합니다.

가) 연속동작 스위치(PB2)를 1회 ON-OFF하면 기본제어동작이 연속동작하여야 합니다.

나) 정지 스위치(PB3)를 1회 ON-OFF하면 해당 행정이 완료된 후 정지하여야 합니다.

② 실린더 B의 로드측이 하중에 의하여 종속된 상태로 낙하하지 않도록 카운터밸런스 밸브를 부착하고, 카운터밸런스 밸브의 압력은 3MPa(30kgf/cm^2)로 설정하고, 압력계를 설치하여 확인합니다.

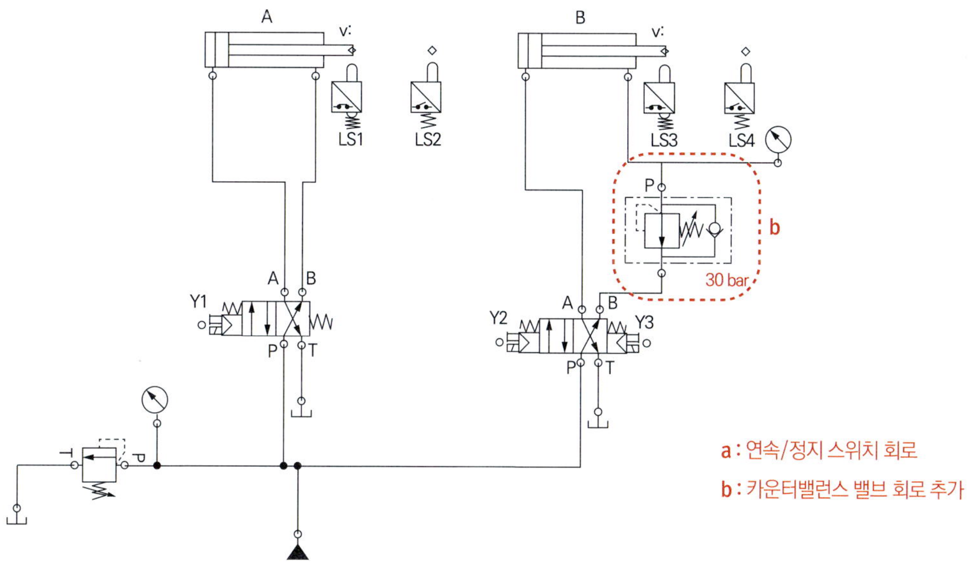

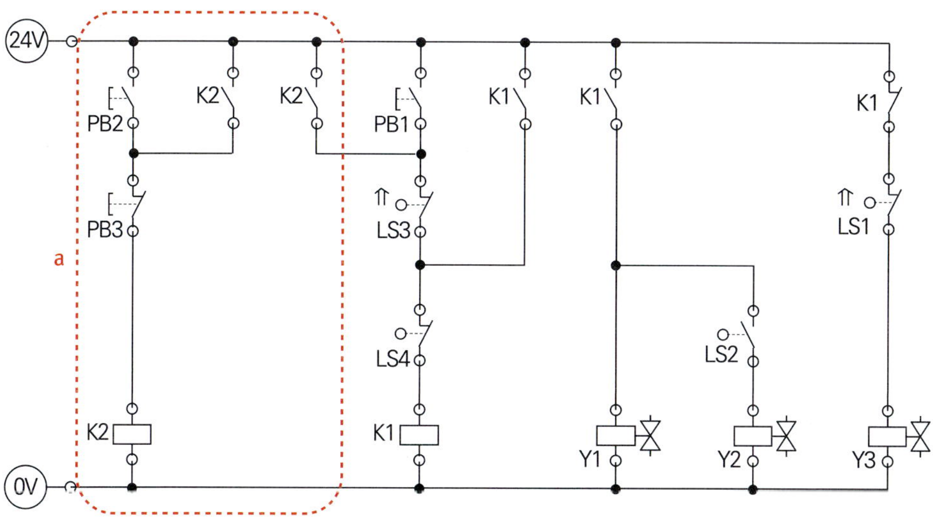

자격종목	설비보전기사	과제명	전기유압회로설계 및 구성작업

전기유압문제 ⑤

가. 유압 회로도

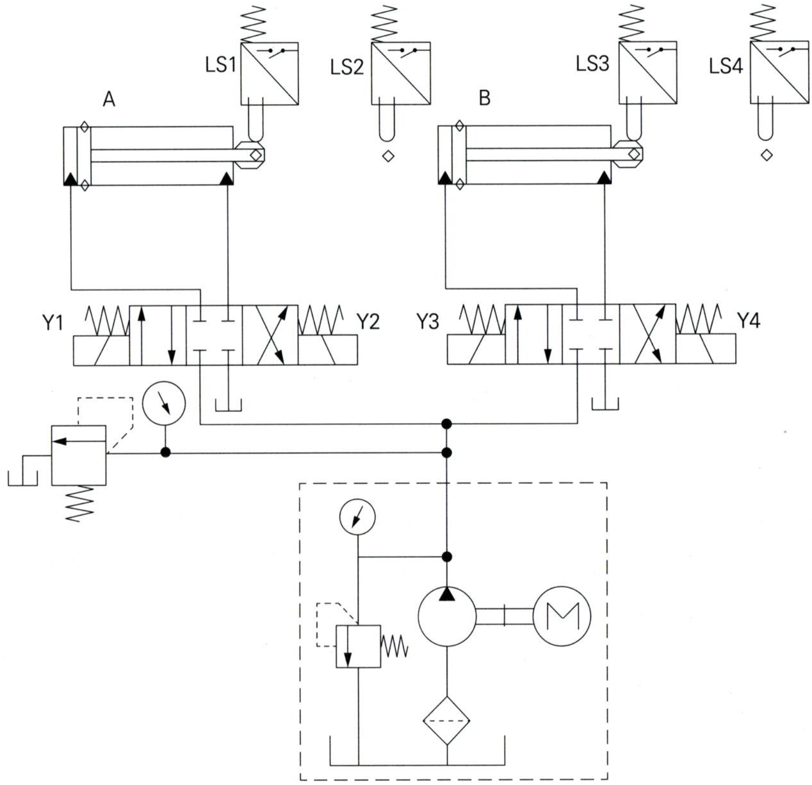

나. 전기 회로도

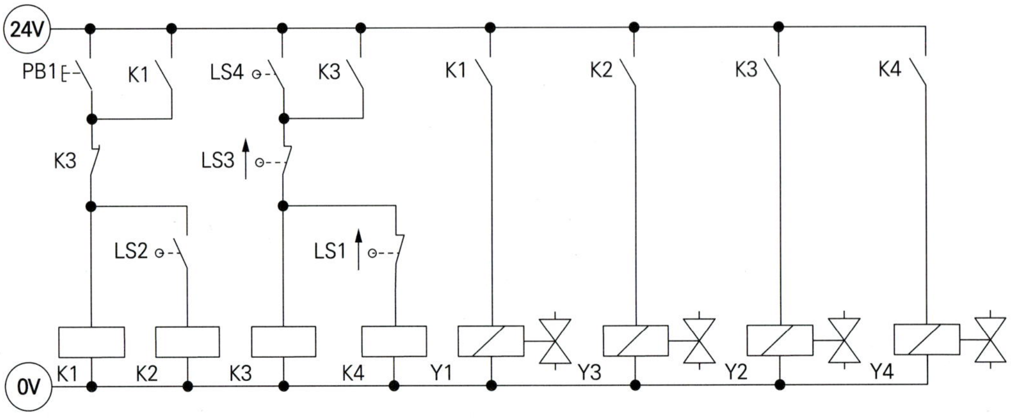

다. 기본제어동작

① 초기상태에서 PB1 스위치를 ON-OFF하면 다음 변위단계선도와 같이 동작합니다.

② 변위단계선도

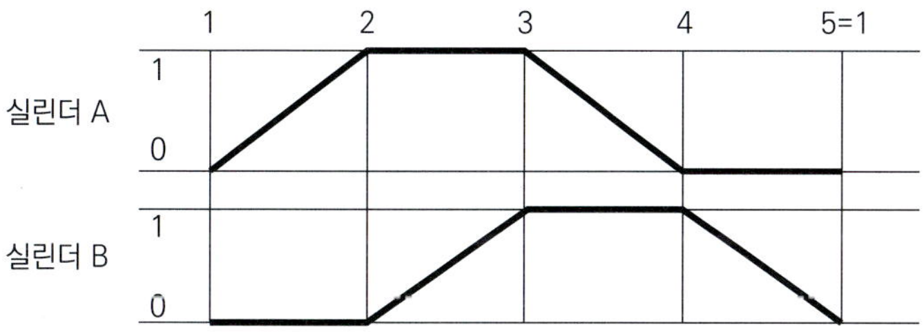

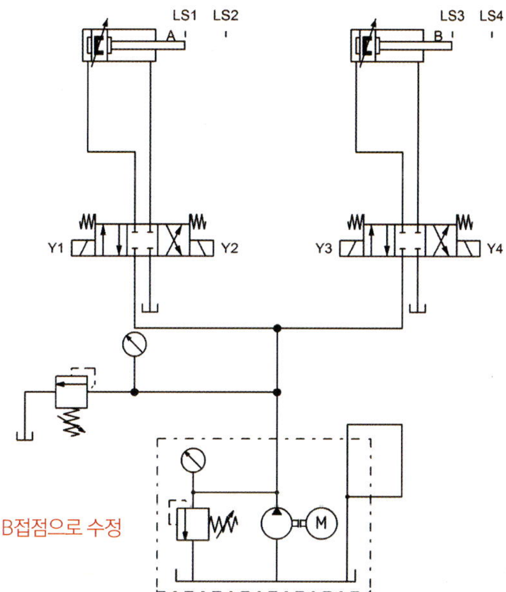

a : LS3 A접점 → LS3 B접점으로 수정

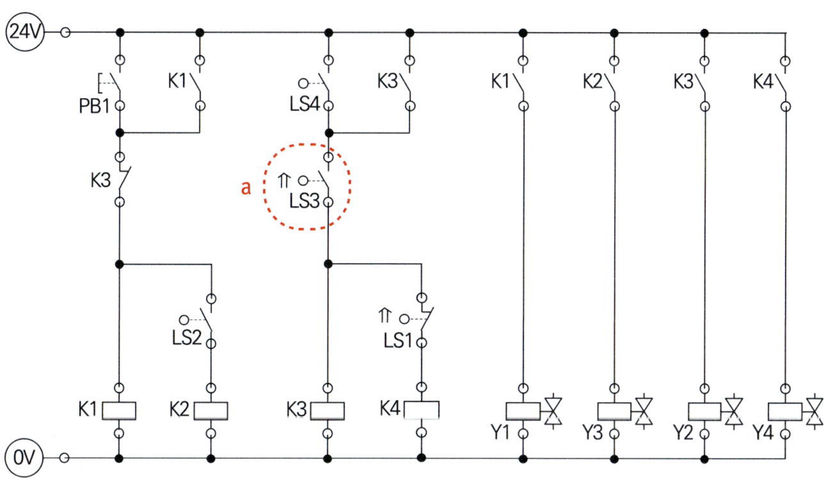

라. 응용제어동작

※ 기본제어동작을 다음 조건과 같이 변경하시오.

① 비상정지 스위치(유지형 스위치 가능) 및 기타 부품을 추가하여 다음과 같이 동작되도록 합니다.

가) 기본제어동작 상태에서 비상정지 스위치(PB2)를 한 번 누르면(ON) 동작이 즉시 정지되어야 합니다.

나) 비상정지 스위치(PB2)를 해제하면 초기상태로 복귀하여 시작 스위치(PB1)를 ON-OFF하면 기본제어동작이 되어야 합니다.

다) 비상정지 스위치가 동작 중일 때는 작업자가 알 수 있도록 램프가 점등되어야 합니다.

② 실린더 A와 실린더 B의 전진속도를 meter-in 방법에 의해 조정할 수 있게 유압회로도를 변경·조정합니다.

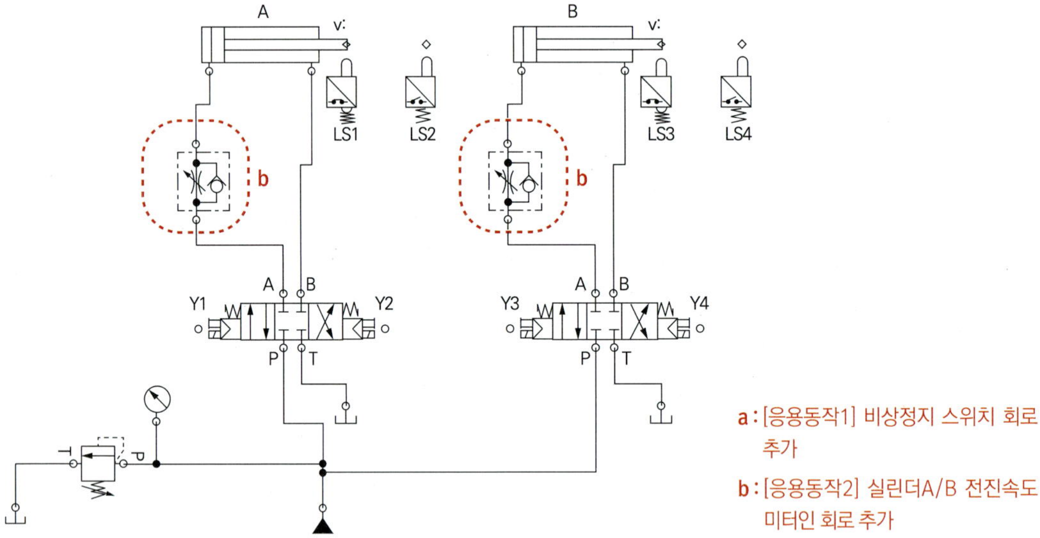

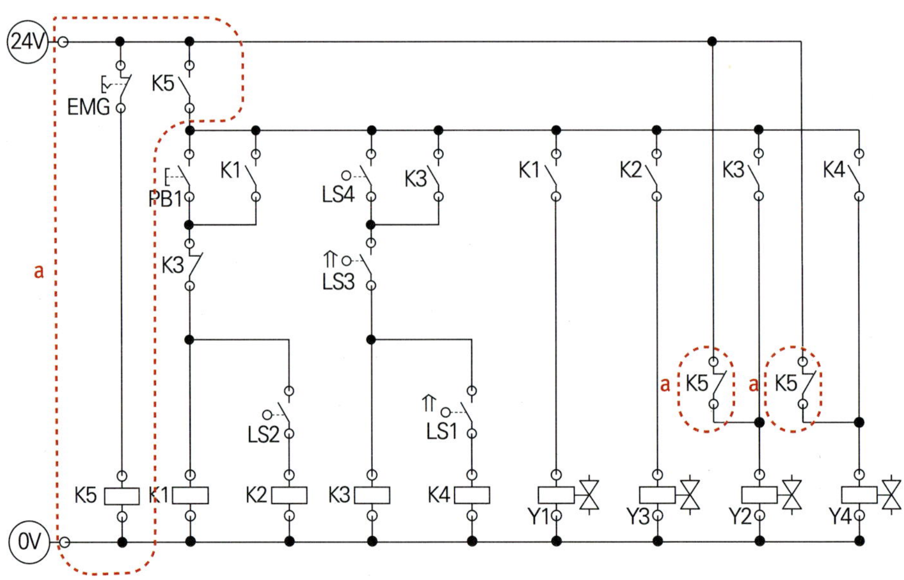

자격종목	설비보전기사	과제명	전기유압회로설계 및 구성작업

전기유압문제 ⑥

가. 유압 회로도

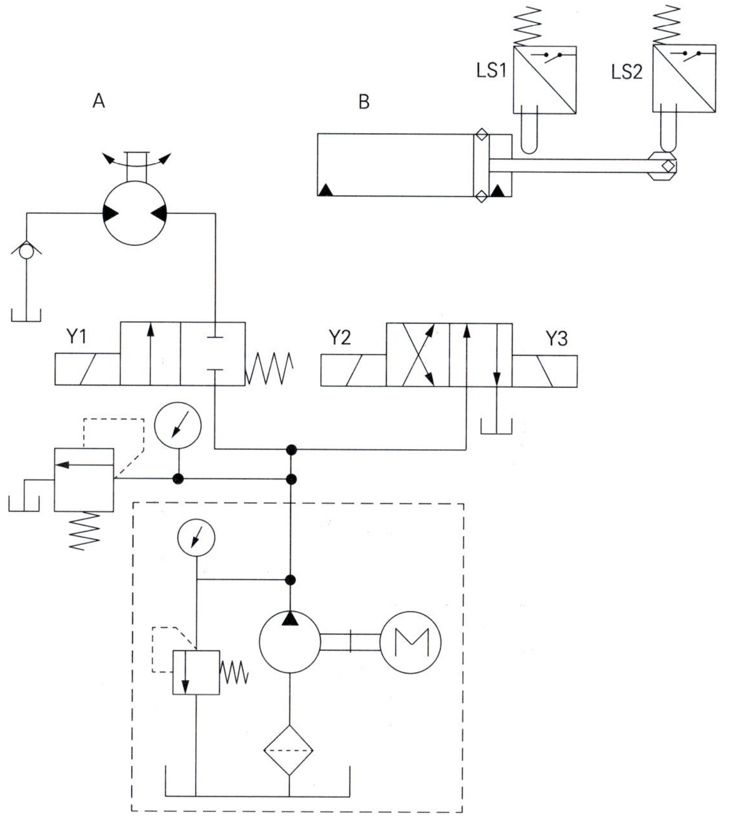

나. 전기 회로도

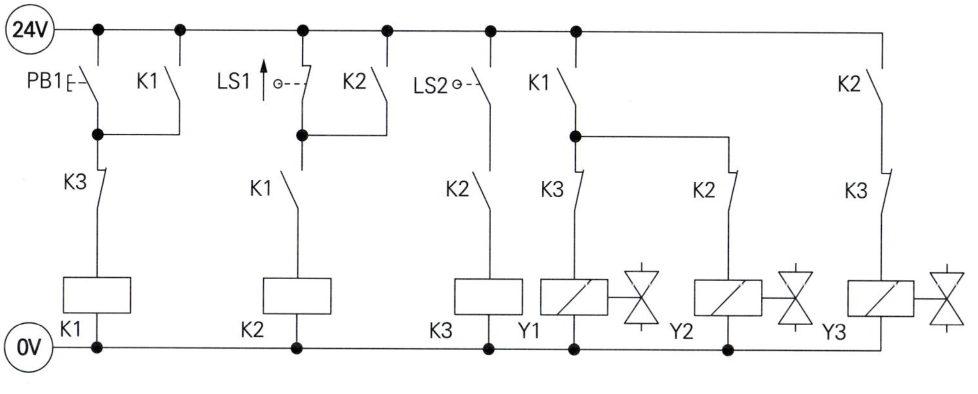

다. 기본제어동작

① 초기상태에서 시작 스위치(PB1)를 ON-OFF하면 아래 변위단계선도와 같이 동작합니다. (단, 모터 A는 축방향에서 볼 때 시계방향은 정회전, 반시계방향은 역회전입니다.)

② 변위단계선도

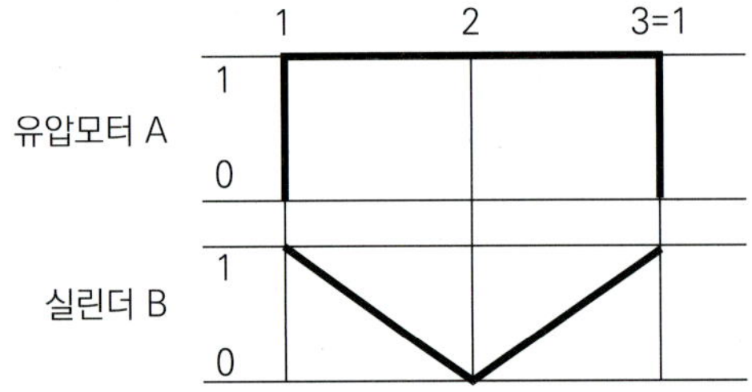

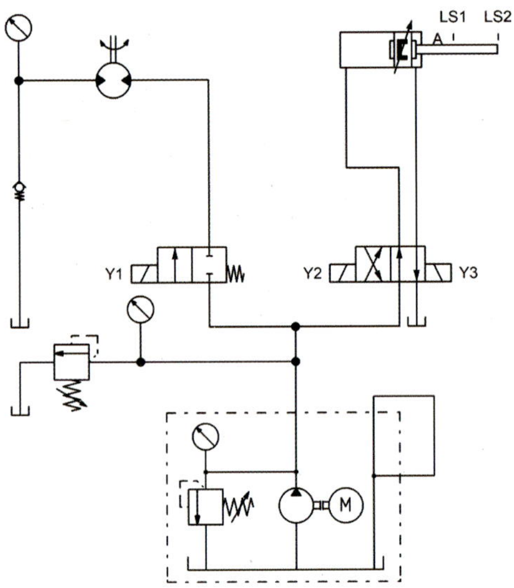

a : LS1 → LS2

b : LS2 → LS1

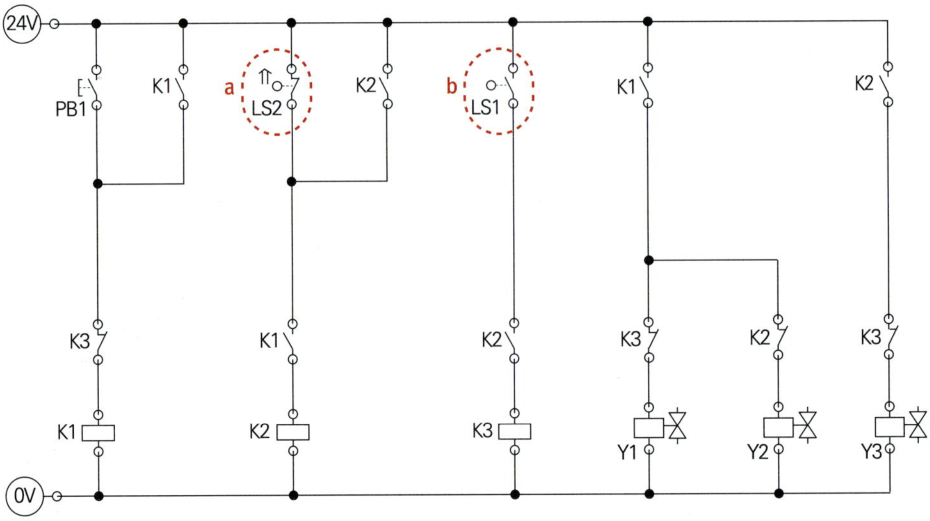

라. 응용제어동작

※ 기본제어동작을 다음 조건과 같이 변경하시오.

① 누름버튼 스위치를 추가하여 다음과 같이 동작합니다.

가) 누름버튼 스위치(PB2)를 1회 ON-OFF하면 기본제어동작이 연속동작하여야 합니다.

나) 누름버튼 스위치(PB3)를 1회 ON-OFF하면 행정이 완료된 후 정지하여야 합니다.

② 유압모터의 출구측에 릴리프밸브를 설치하여 출구측 압력이 2MPa(20kgf/cm^2)이 되도록 유압 회로도를 변경·조정합니다.

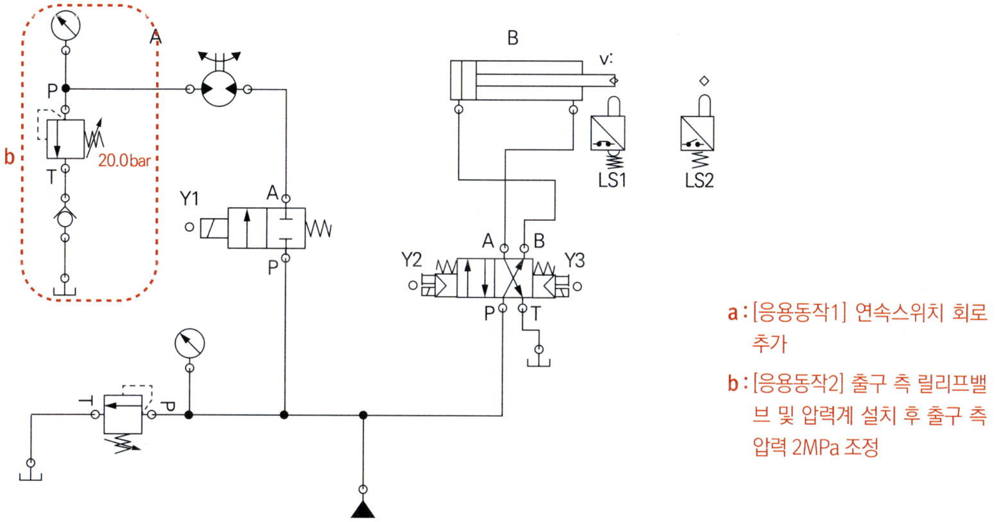

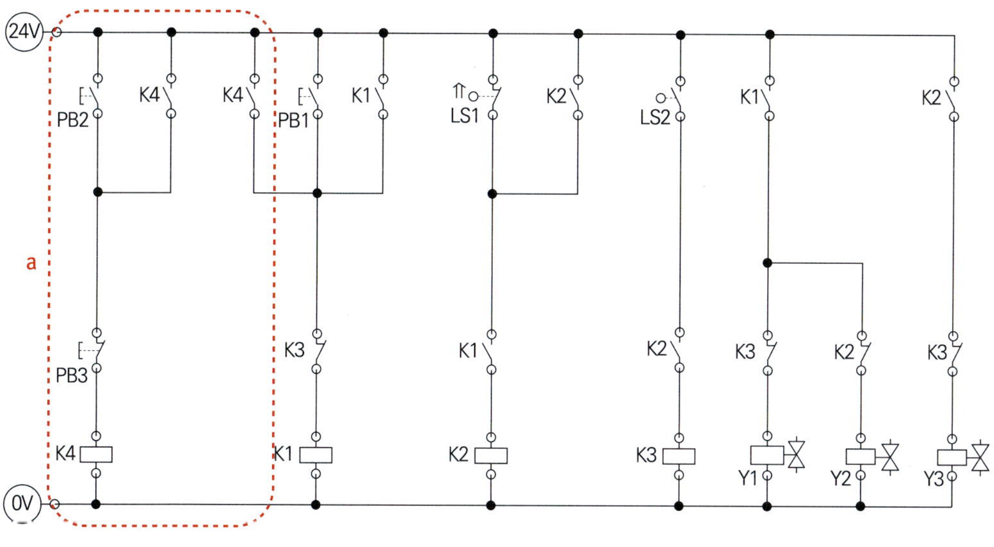

자격종목	설비보전기사	과제명	전기유압회로설계 및 구성작업

전기유압문제 ⑦

가. 유압 회로도

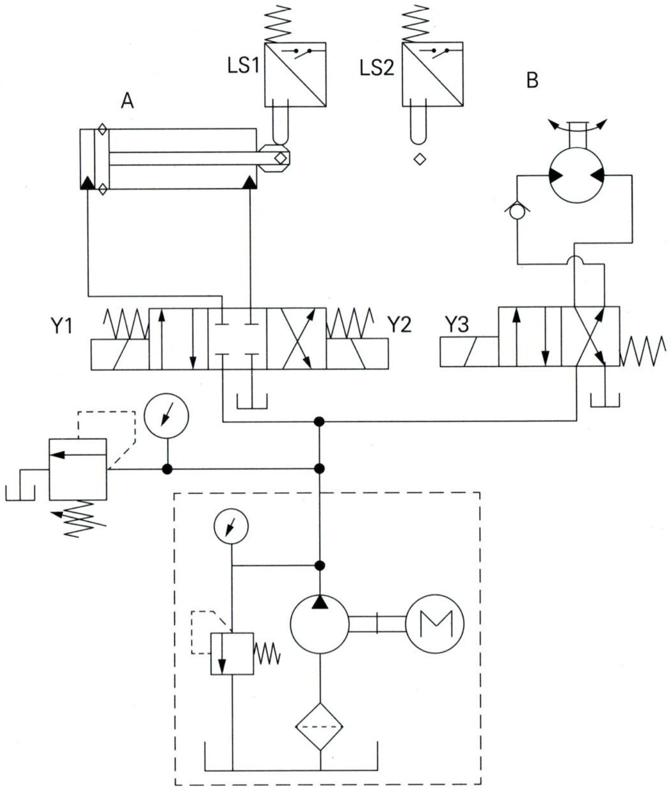

나. 전기 회로도

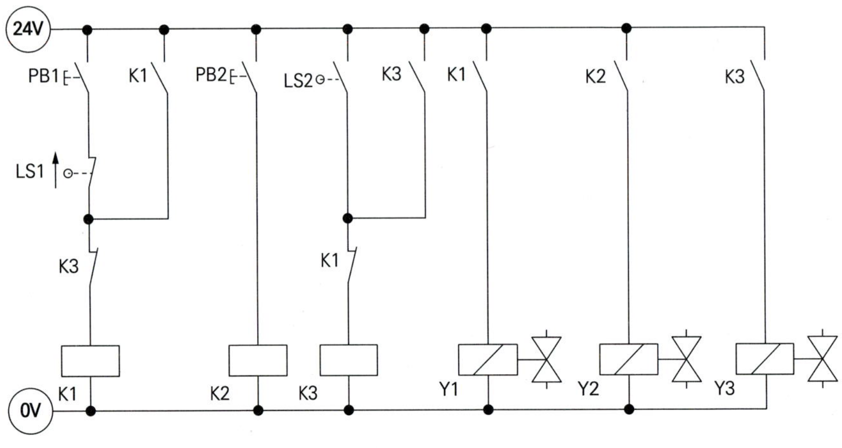

다. 기본제어동작

① 초기상태에서 PB2(유지형 스위치 가능)를 ON하면 램프 1이 점등되고, PB2를 해제(OFF)하면 램프 1이 소등됩니다. 시작스위치(PB1)를 ON-OFF하면 실린더 A가 전진하고 실린더 A가 전진 완료 후 유압모터 B가 회전합니다. PB2를 ON하면 램프 1 점등, 실린더 A 후진, 유압모터 정지가 동시에 이루어집니다. 작동이 완료되면 PB2를 해제(OFF)하여 초기상태로 되어야 합니다.

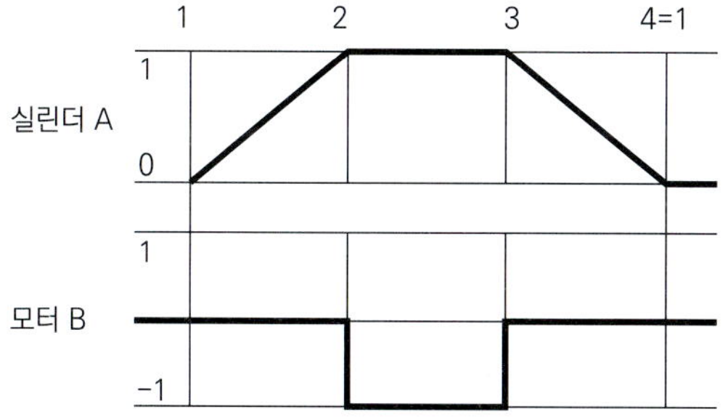

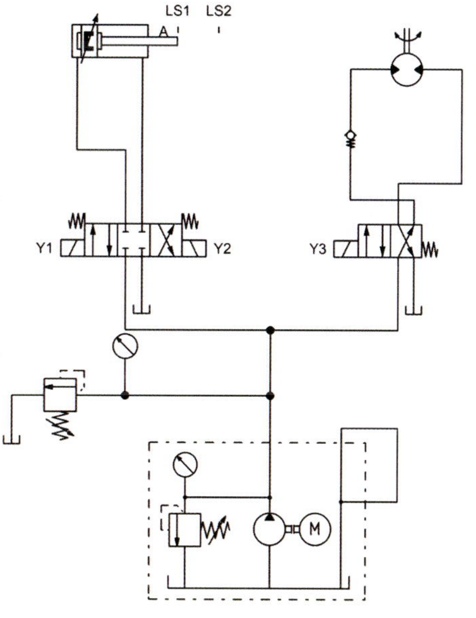

a : K3 B접점 → K2 B접점으로 수정

b : 토글스위치로 변경

c : 램프회로 추가

d : K1 B접점 → K1 A접점으로 수정

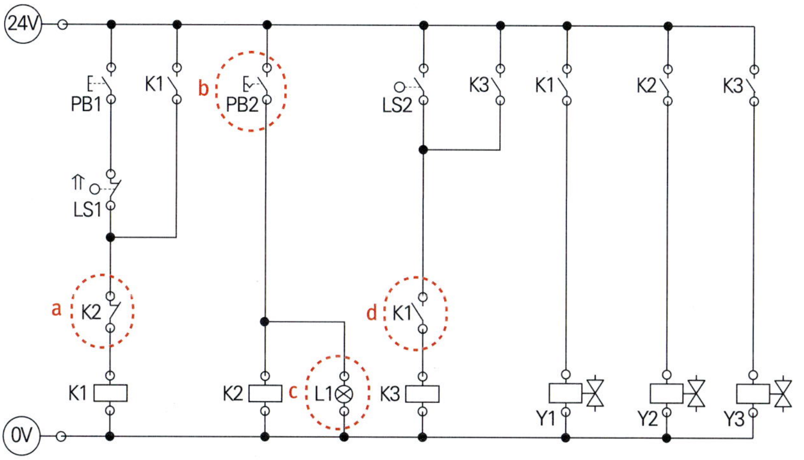

라. 응용제어동작

※ 기본제어동작을 다음 조건과 같이 변경하시오.

① 비상정지 스위치(유지형 스위치 가능) 및 기타 부품을 추가하여 다음과 같이 동작되도록 합니다.

가) 기본제어동작 상태에서 비상정지 스위치(PB3)를 한 번 누르면(ON) 동작이 즉시 정지되어야 합니다.

나) 비상정지 스위치가 동작 중일 때는 작업자가 알 수 있도록 램프 2가 점등되고, 비상정지 스위치를 해제하면 램프 2가 소등됩니다.

다) PB2를 이용하여 시스템을 초기화합니다.

라) 시스템이 초기화된 이후에는 기본제어동작이 되어야 합니다.

② 실린더 A의 전진속도와 유압모터 B의 회전속도를 meter-in 방법에 의해 조정할 수 있게 유압 회로도를 변경합니다.

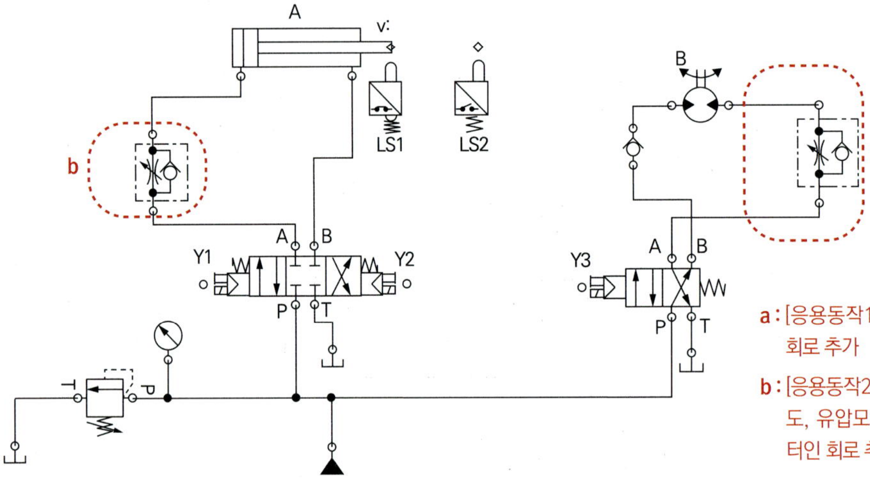

a : [응용동작1] 비상정지 스위치 회로 추가

b : [응용동작2] 실린더A의 전진속도, 유압모터B의 회전속도 미터인 회로 추가

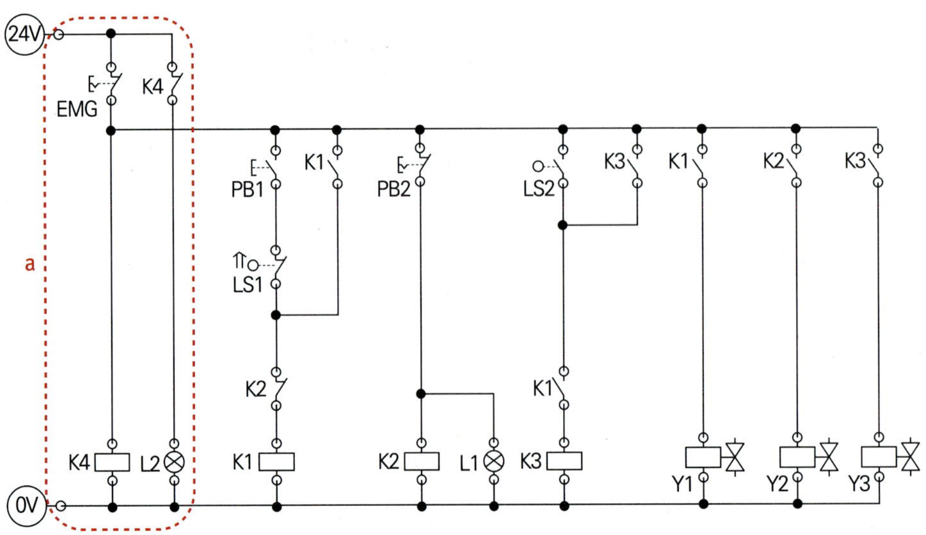

자격종목	설비보전기사	과제명	전기유압회로설계 및 구성작업

전기유압문제 ⑧

가. 유압 회로도

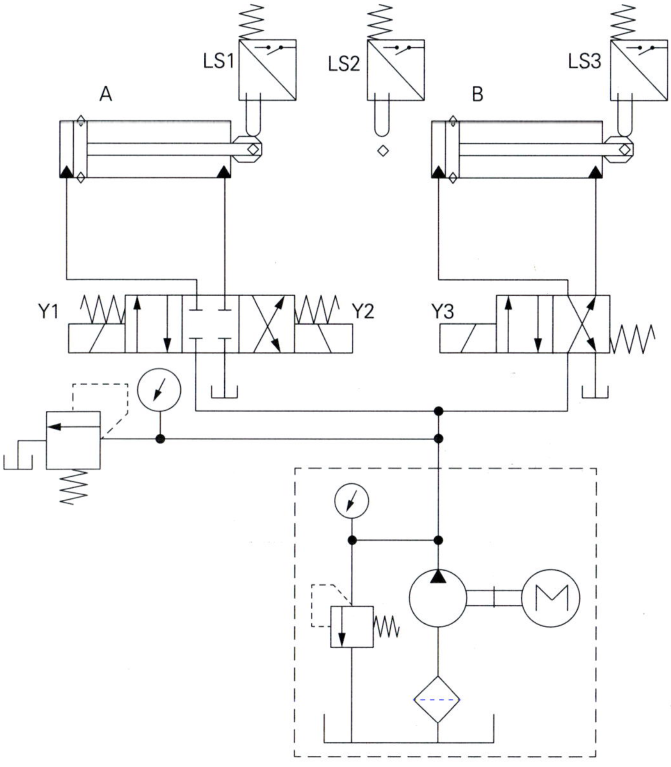

나. 전기 회로도

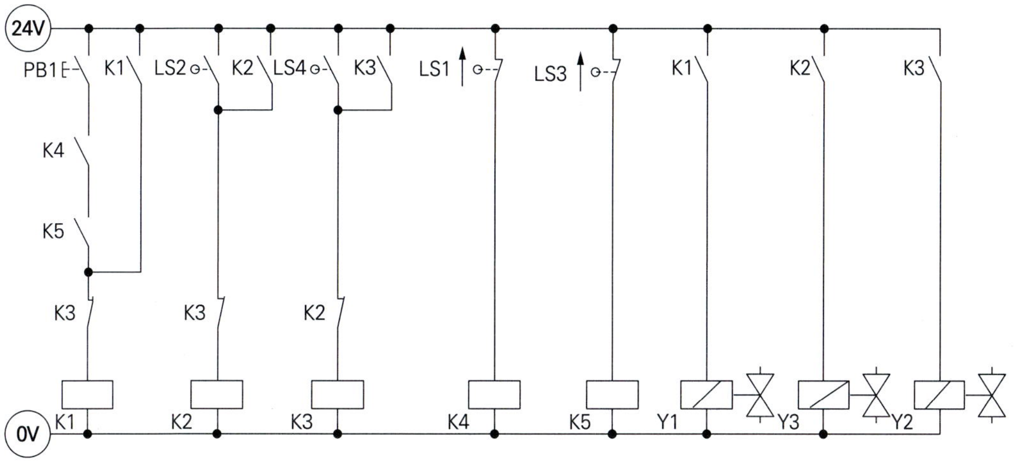

다. 기본제어동작

① 초기상태에서 PB1 스위치를 ON-OFF하면 다음 변위단계선도와 같이 동작합니다.

② 변위단계선도

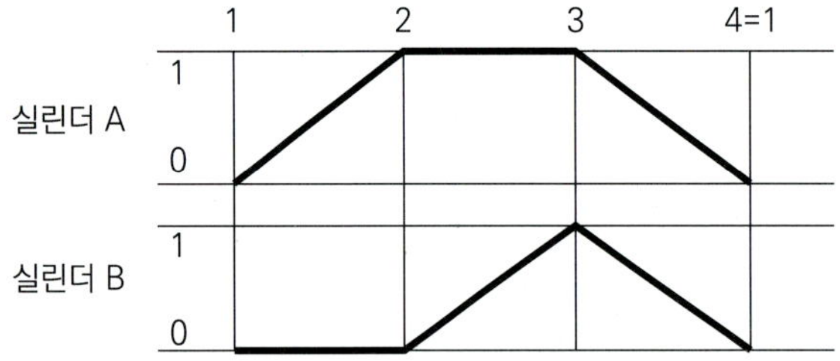

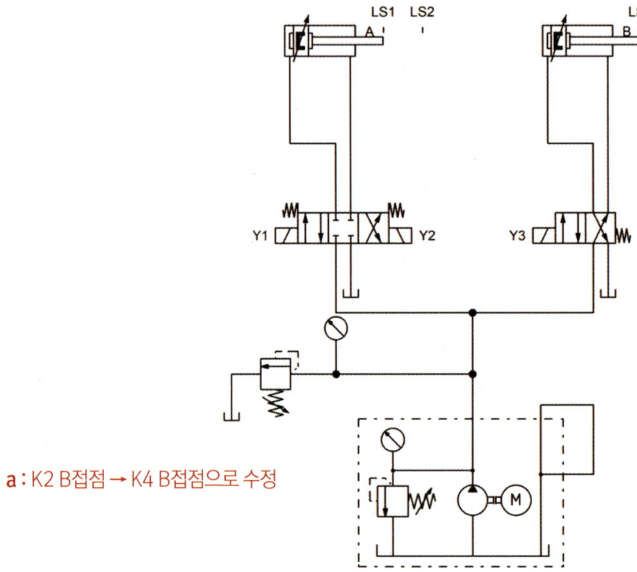

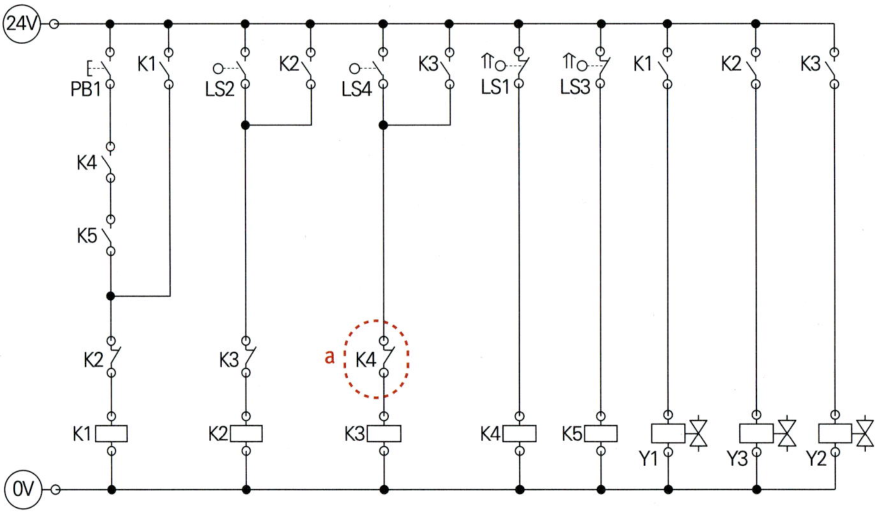

라. 응용제어동작

※ 기본제어동작을 다음 조건과 같이 변경하시오.

① 비상정지 스위치(유지형 스위치 가능), 타이머 및 기타 부품을 추가하여 다음과 같이 동작되도록 합니다.

가) 기존 회로에 타이머를 사용하여 아래 변위단계선도와 같이 동작합니다.

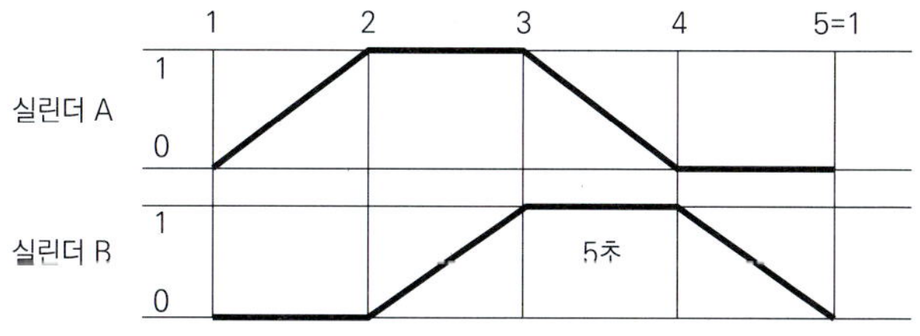

나) 기본제어동작 상태에서 비상정지 스위치(PB2)를 한 번 누르면(ON) 동작이 즉시 정지되어야 합니다.(단, 실린더 B는 즉시 후진합니다.)

다) 비상정지 스위치(PB2)를 해제하면 시스템은 초기화됩니다.

② 실린더 A와 B의 전진속도를 meter-in 방법에 의해 조정할 수 있게 유압회로도를 변경합니다.

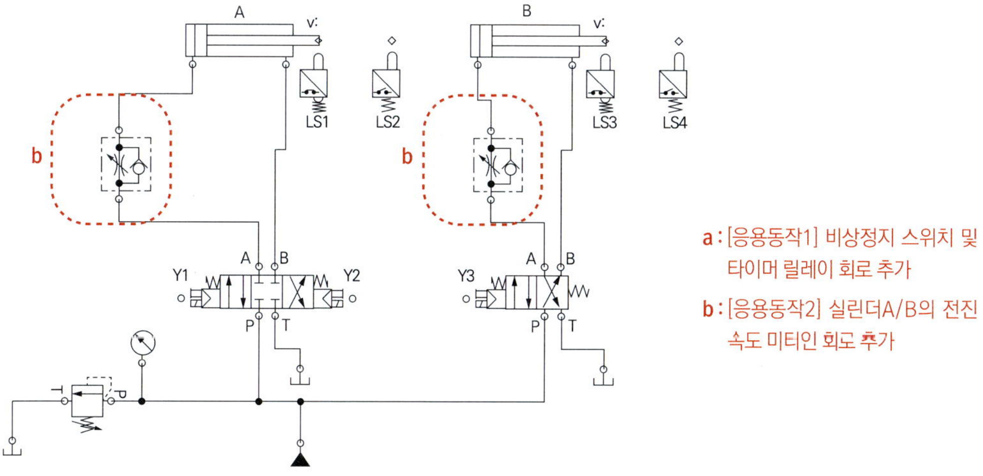

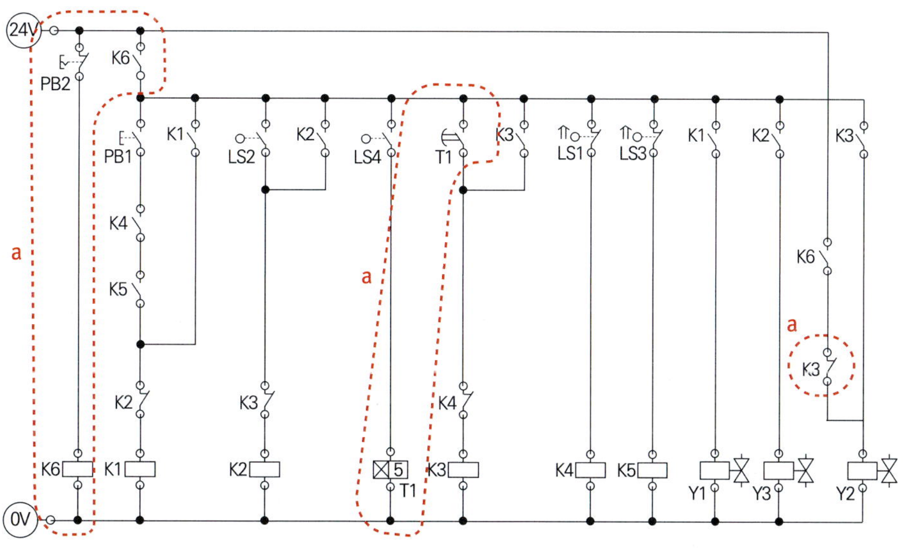

자격종목	설비보전기사	과제명	전기유압회로설계 및 구성작업

전기유압문제 ⑨

가. 유압 회로도

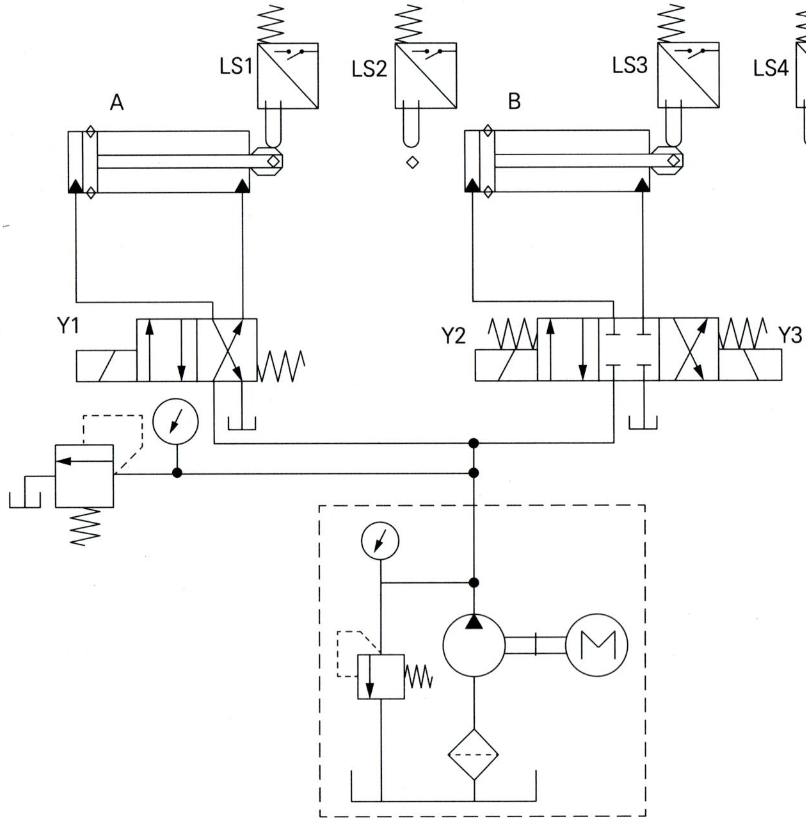

나. 전기 회로도

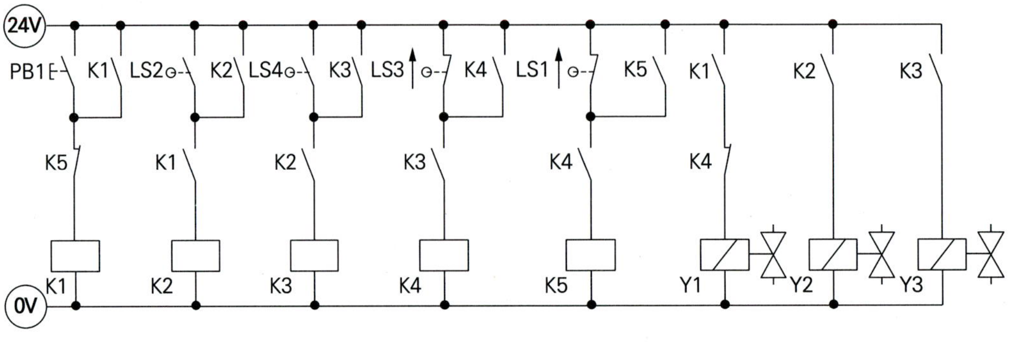

다. 기본제어동작

① 초기상태에서 PB1 스위치를 ON-OFF하면 다음 변위단계선도와 같이 동작합니다.

② 변위단계선도

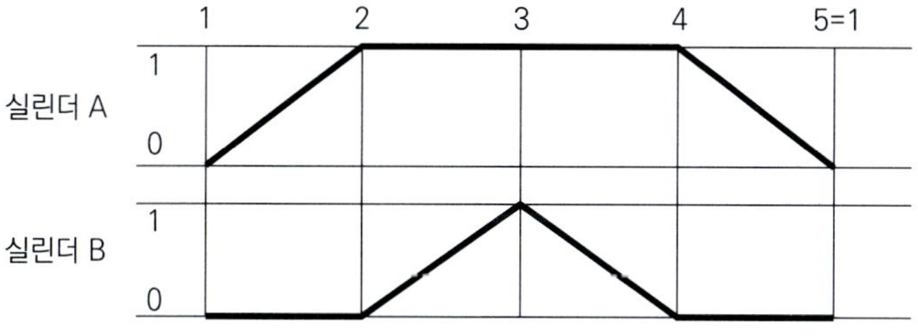

a : K3 B접점 추가

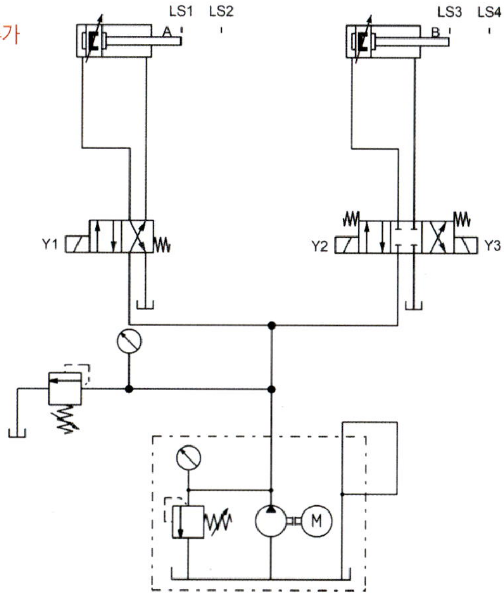

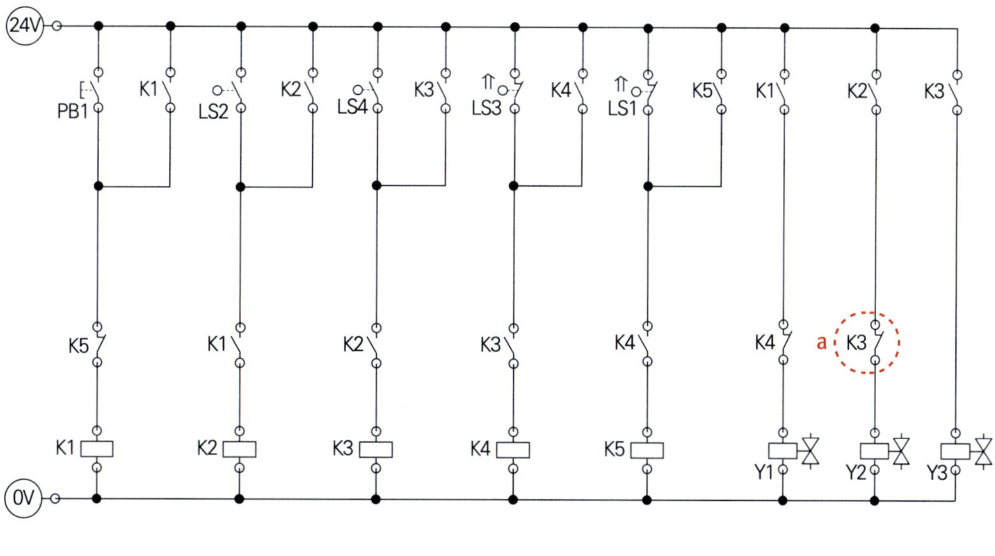

라. 응용제어동작

※ 기본제어동작을 다음 조건과 같이 변경하시오.

① 시작 스위치(PB1) 외에 스위치(PB2) 및 비상정지 스위치(PB3)(유지형 스위치 가능)기타 부품을 추가하여 다음과 같이 제어합니다.

가) 후입력 우선회로를 구성하고 실린더 A가 전진 중에 스위치(PB2)를 1회 ON-OFF하면 실린더 A는 즉시 후진하고 실린더 B는 정지하여야 합니다.

나) 기본제어동작 상태에서 비상정지 스위치(PB3)를 한 번 누르면 동작이 즉시 정지되어야 합니다.(단, 실린더 A는 즉시 후진합니다.)

다) 비상정지 스위치(PB3)를 해제하면 기본제어동작이 되어야 합니다.

② 실린더 A의 Rod측에 Pilot조작 Check Valve를 이용 Locking회로를 구성하고, 실린더 B의 전진속도를 meter-out 방법에 의해 조정할 수 있게 유압회로를 변경하고 전진속도는 5초가 되도록 조정합니다.

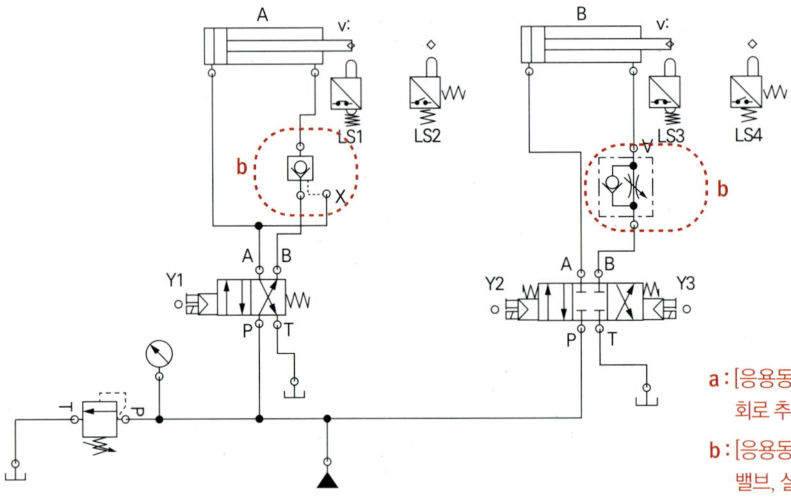

a : [응용동작1] PB2 및 비상정지 스위치 회로 추가 및 후입력 우선회로 구성

b : [응용동작2] 실린더A에는 파일럿 체크 밸브, 실린더B 전진속도 조절을 위한 미터아웃 회로 추가

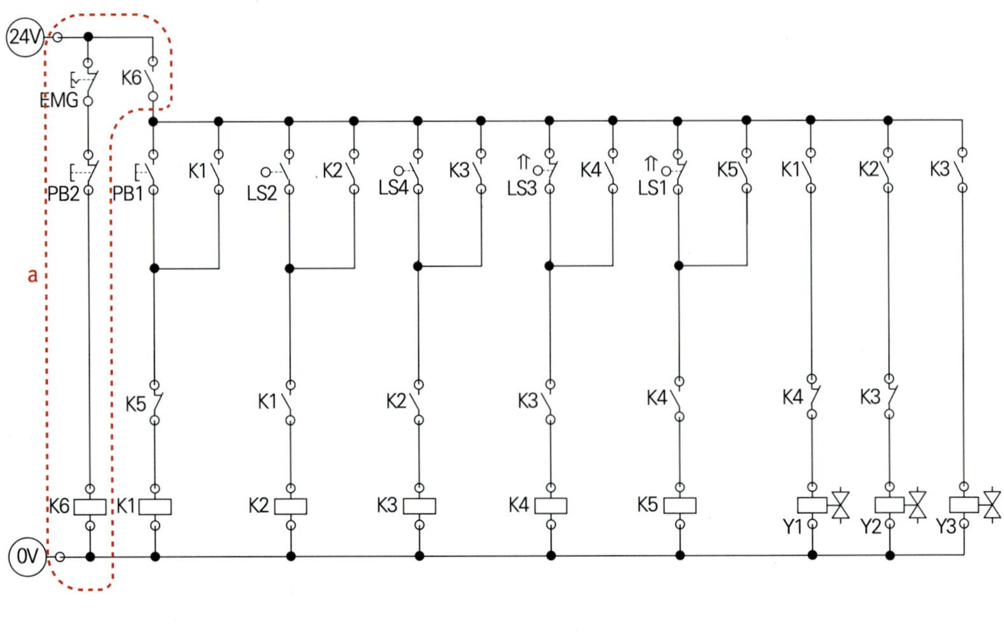

자격종목	설비보전기사	과제명	전기유압회로설계 및 구성작업

전기유압문제 ⑩

가. 유압 회로도

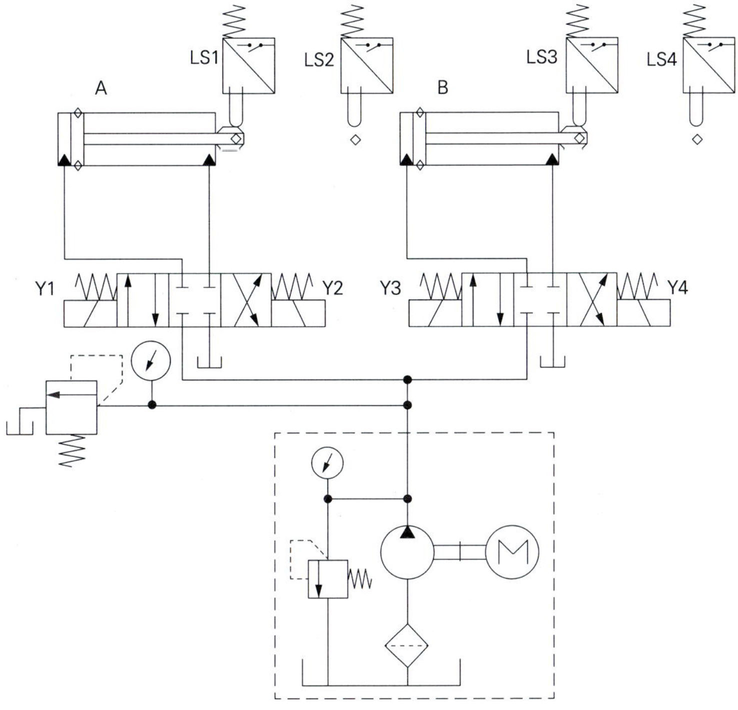

나. 전기 회로도

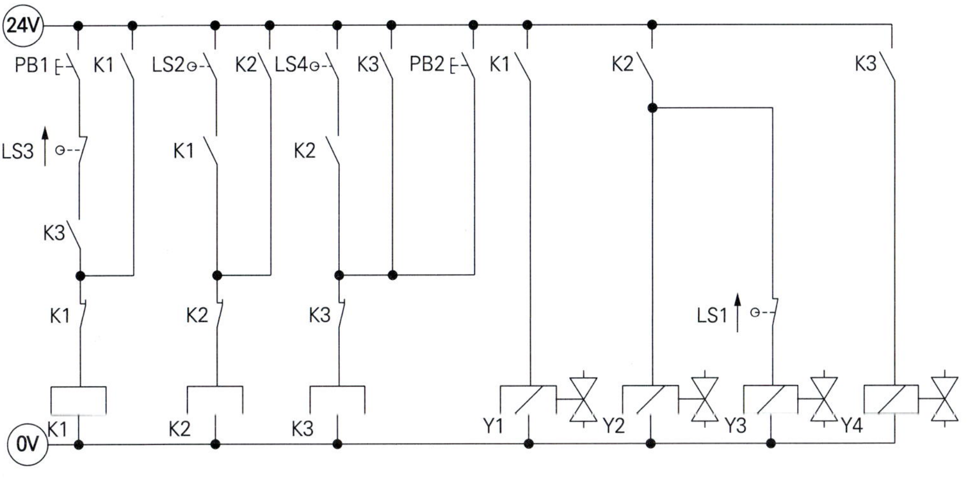

다. 기본제어동작

① 초기상태에서 PB2 스위치를 ON-OFF한 후 시작스위치(PB1)를 ON-OFF하면 다음 변위단계선도와 같이 동작합니다.

② 변위단계선도

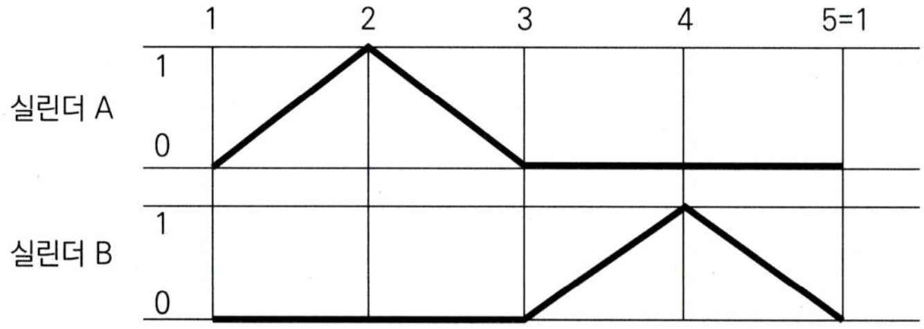

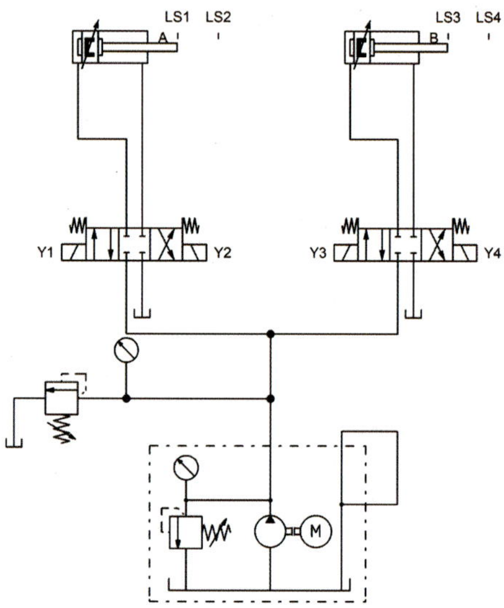

a : K1 B접점 → K2 B접점

b : K2 B접점 → K3 B접점

c : K3 B접점 → K1 B접점으로 수정

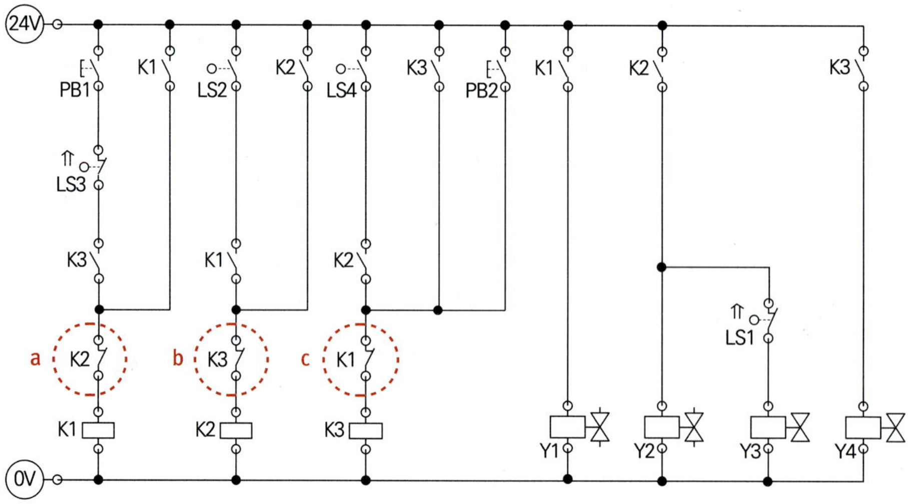

라. 응용제어동작

※ 기본제어동작을 다음 조건과 같이 변경하시오.

① 타이머 및 압력스위치를 추가하여 다음과 같이 동작합니다.

가) 기존 회로에 타이머를 사용하여 다음 변위단계선도와 같이 동작되도록 합니다.

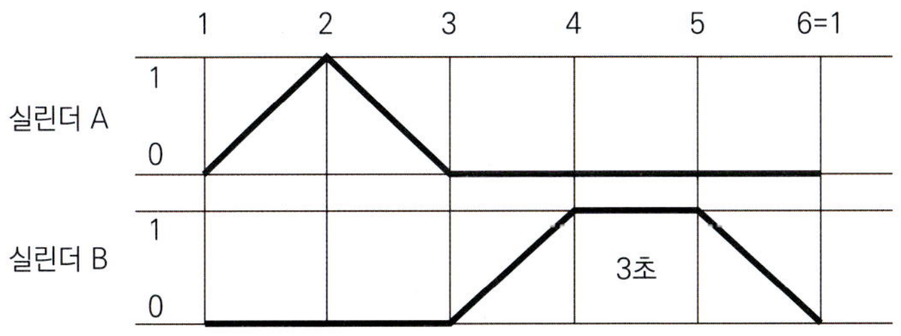

나) 실린더 A가 전진 완료 후 전진 측 공급압력이 3MPa(30kgf/cm^2) 이상 되어야 실린더 A가 후진되도록 압력스위치를 사용하여 회로를 구성합니다.

② 실린더 A, B의 전진속도를 meter-out 방법에 의해 조정할 수 있게 유압 회로도를 구성합니다.

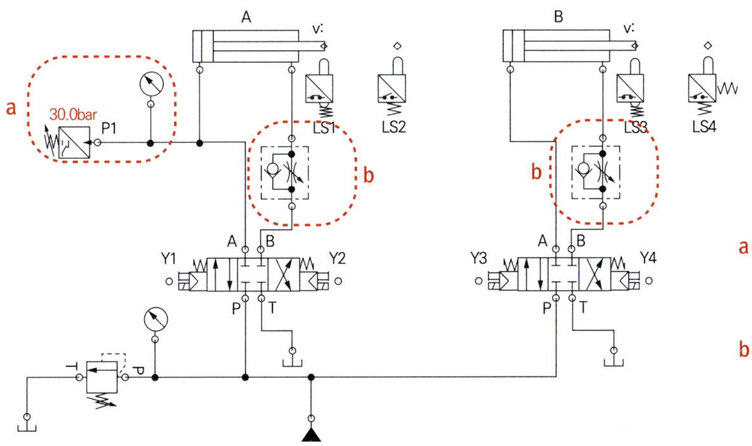

a : [응용동작1] 타이머 릴레이 회로 추가 및 압력스위치 설치, 압력스위치는 3MPa 동작 설정

b : [응용동작2] 실린더A/B의 전진속도 미터아웃 회로 추가

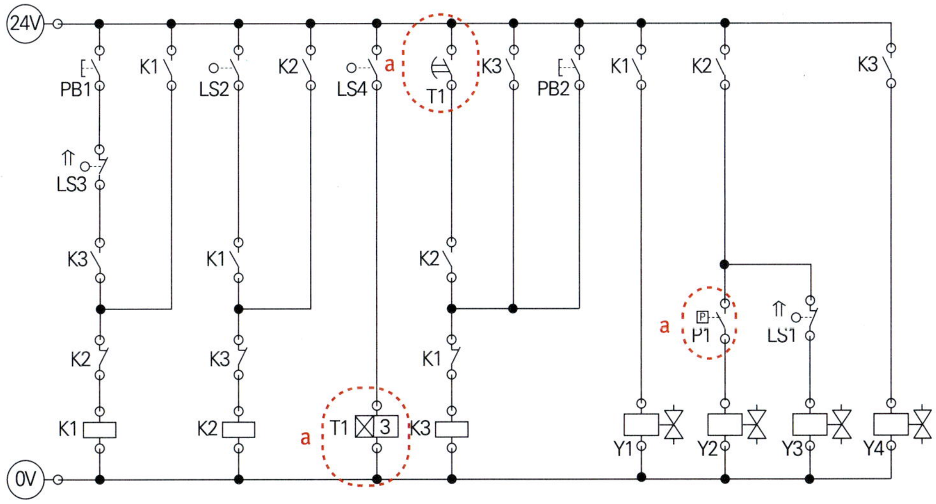

자격종목	설비보전기사	과제명	전기유압회로설계 및 구성작업

전기유압문제 ⑪

가. 유압 회로도

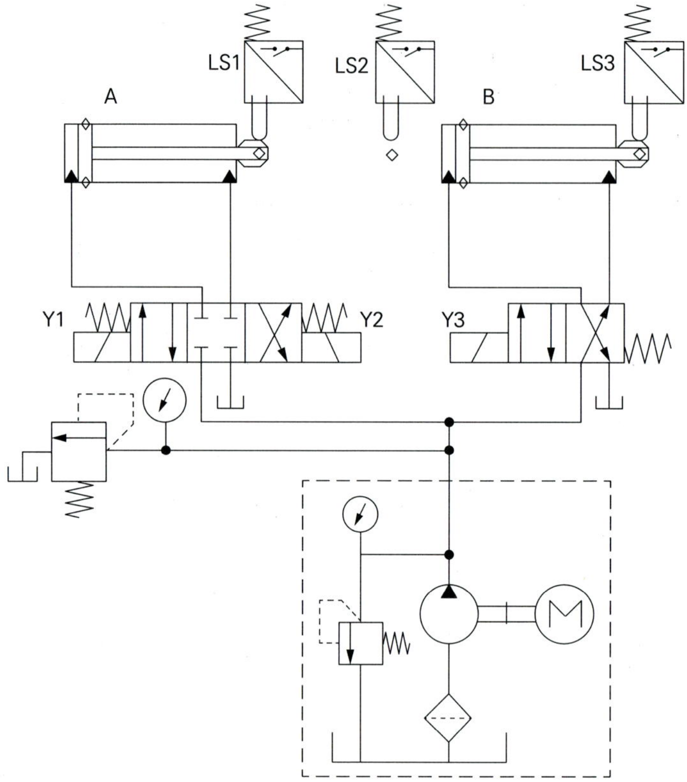

나. 전기 회로도

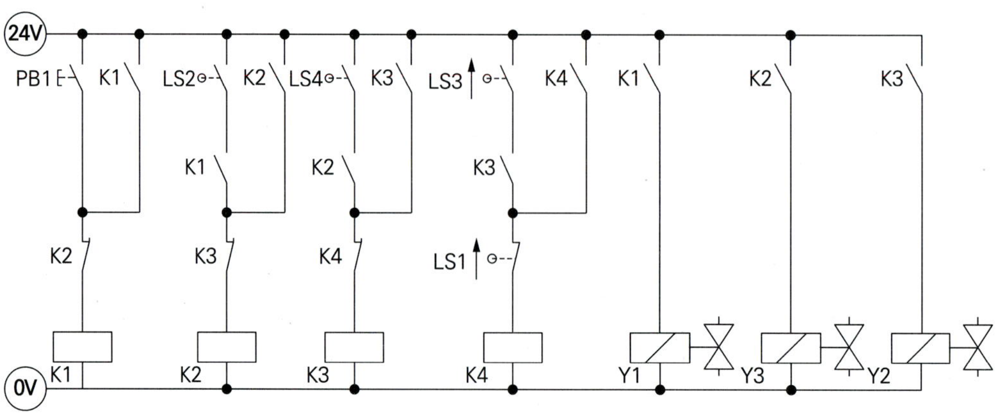

다. 기본제어동작

① 초기상태에서 PB2 스위치를 ON-OFF한 후 시작스위치(PB1)를 ON-OFF하면 다음 변위단계선도와 같이 동작합니다.

② 변위단계선도

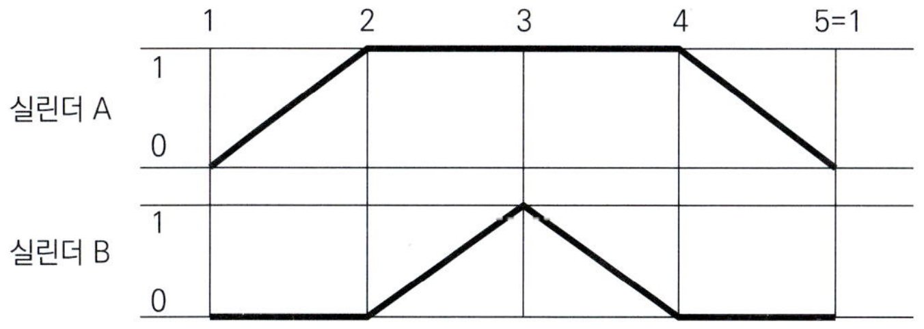

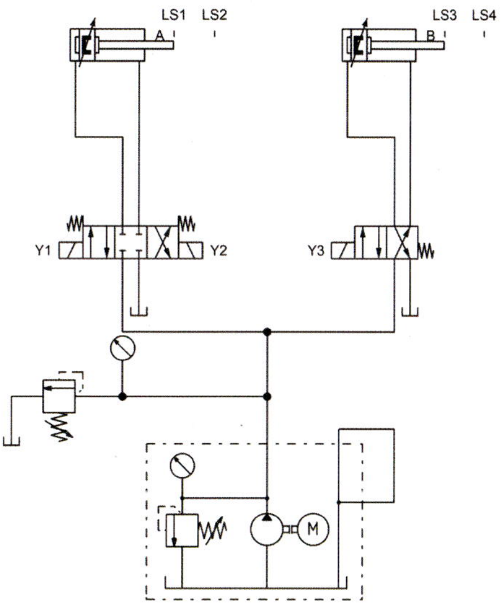

a : LS1 A접점 추가

b : LS1 A접점 추가 → K1 B접점으로 수정

c : LS3 B접점 → LS3 A접점으로 수정

d : K3 A접점 → K4 A접점으로 수정

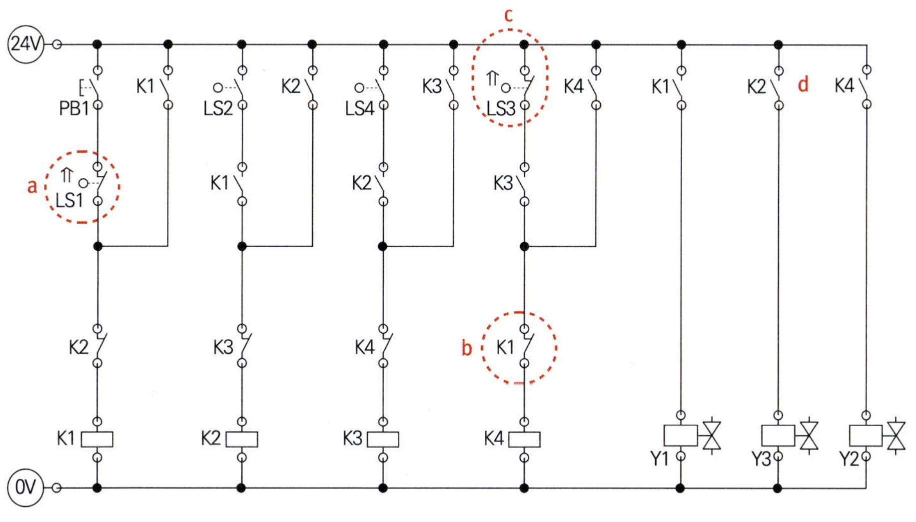

라. 응용제어동작

※ 기본제어동작을 다음 조건과 같이 변경하시오.

① 누름버튼 스위치를 추가하여 다음과 같이 동작합니다.

가) 누름버튼 스위치1(PB2)를 1회 ON-OFF하면 기본제어동작이 연속동작하여야 합니다.

나) 누름버튼 스위치2(PB3)를 1회 ON-OFF하면 행정이 완료된 후 정지하여야 합니다.

다) 타이머를 사용하여 B실린더가 전진완료하면 3초 후에 후진하도록 회로를 구성합니다.

② 실린더 A, B의 전진속도를 meter-out 방법에 의해 조정할 수 있게 유압 회로도를 구성합니다.

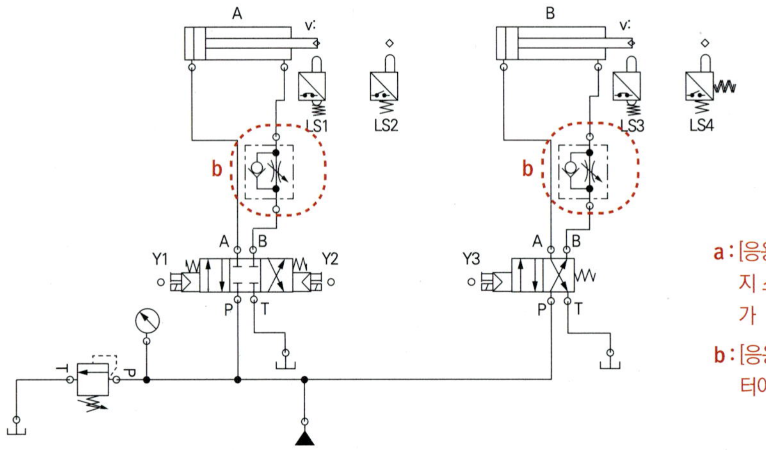

a : [응용동작1] 연속동작 스위치 및 비상정지 스위치 추가, 타이머 릴레이 회로 추가

b : [응용동작2] 실린더A/B의 전진속도 미터아웃 회로 추가

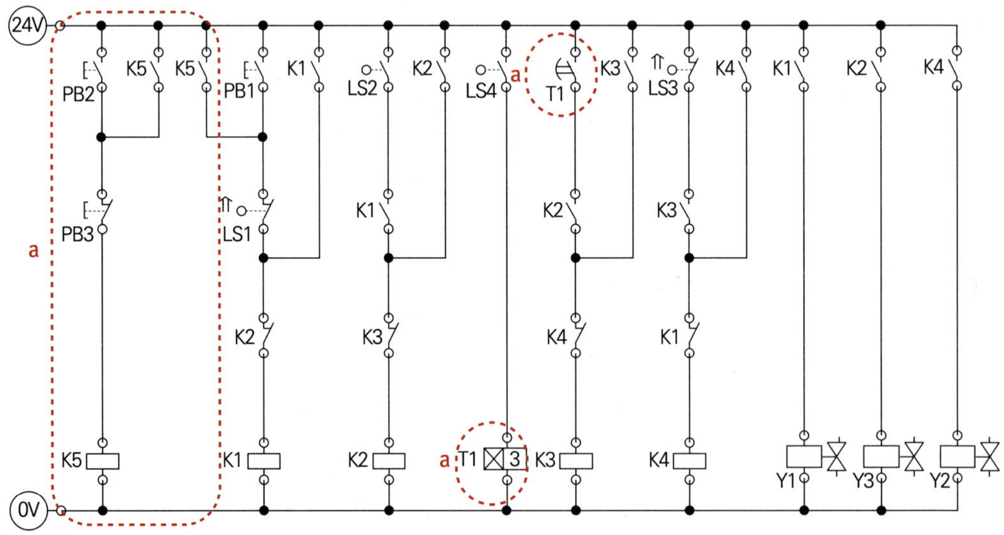

자격종목	설비보전기사	과제명	전기유압회로설계 및 구성작업

전기유압문제 ⑫

가. 유압 회로도

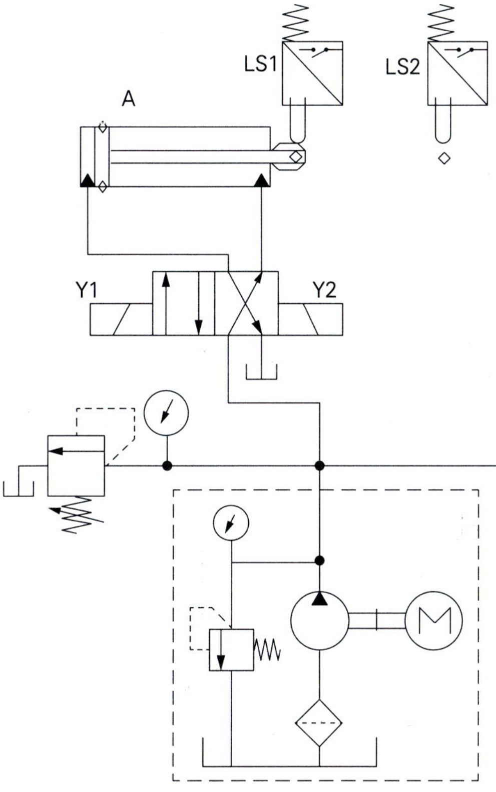

나. 전기 회로도

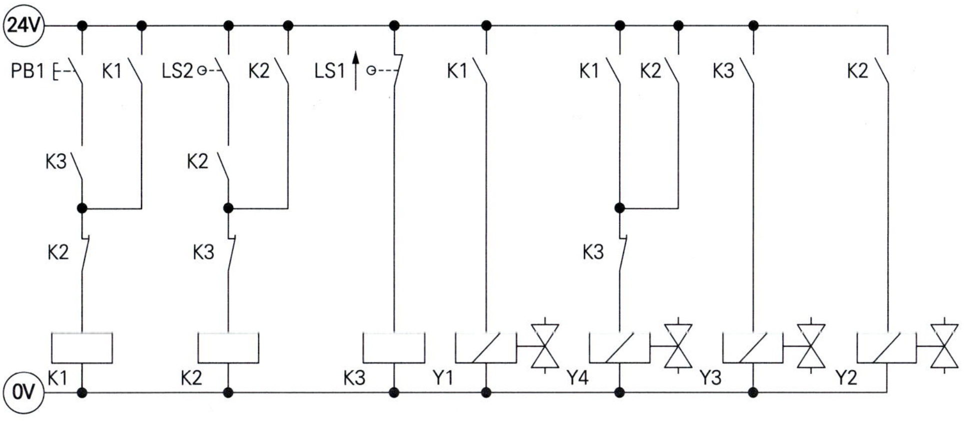

다. 기본제어동작

① 초기상태에서 시작 스위치(PB1)를 ON-OFF하면 유압실린더 A가 전진과 동시에 유압모터 B는 시계 방향으로 회전하고 유압실린더 A가 전진 완료 후, 후진과 동시에 유압모터 B는 반시계 방향으로 회전하며 유압실린더 A가 후진 완료되면 유압모터 B는 정지되어야 합니다.

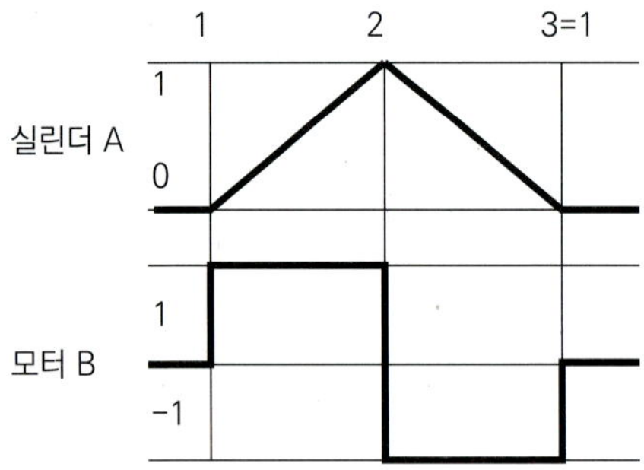

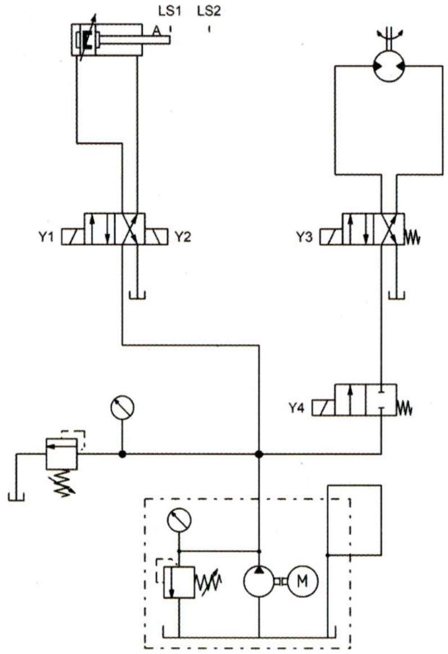

a : K2 A접점 → K1 A접점으로 수정

b : K3 A접점 → K1 A접점으로 수정

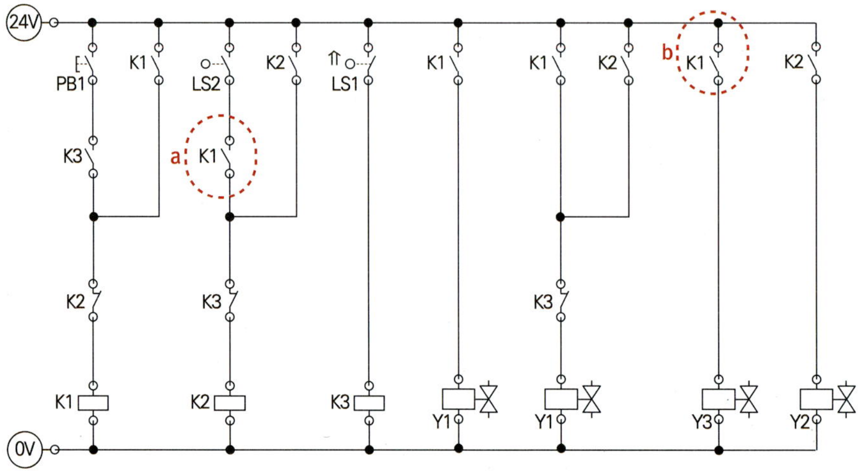

라. 응용제어동작

※ 기본제어동작을 다음 조건과 같이 변경하시오.

① 연속동작 스위치(PB2)와 연속정지 스위치(PB3)를 추가하여 다음과 같이 동작되도록 하여야 합니다.

가) 연속동작 스위치(PB2)를 1회 ON-OFF하면 기본제어동작이 연속(반복자동행정)으로 동작합니다.

나) 연속정지 스위치(PB3)를 1회 ON-OFF하면 실린더 A는 전진 완료 후 정지하고, 모터 B는 즉시 정지하여야 합니다.

② 유압실린더 A의 전·후진속도를 meter-in 방법에 의해 조정할 수 있게 유압회로를 변경하고, 전진속도는 7초, 후진속도 5초가 되도록 조정하고, 유압모터 B의 정·역방향 회전속도가 동일하도록 압력라인에 양방향 유량제어 밸브를 설치하여 속도를 조정할 수 있게 유압회로를 변경하고 조정합니다.

a : 연속 동작 및 정지회로 추가

b : A실린더 전/후진 미터인 제어

c : 유압모터 압력 균일압력 조절용 양방향 유량제어밸브

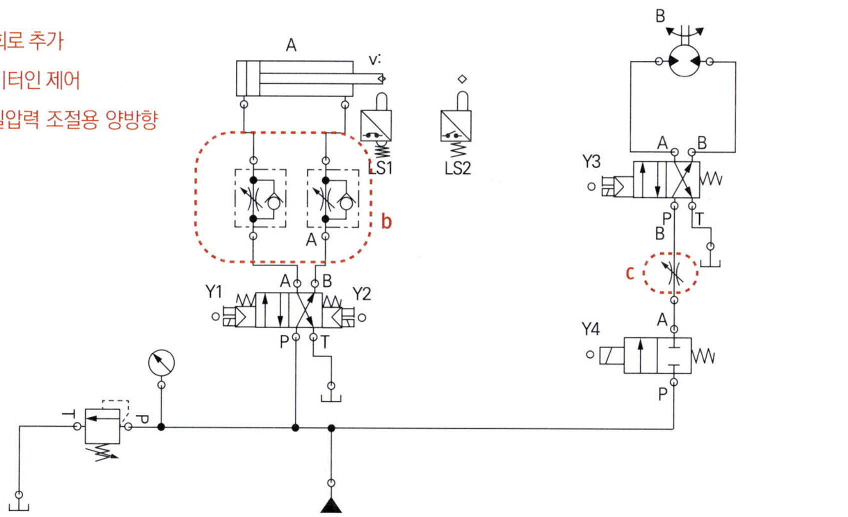

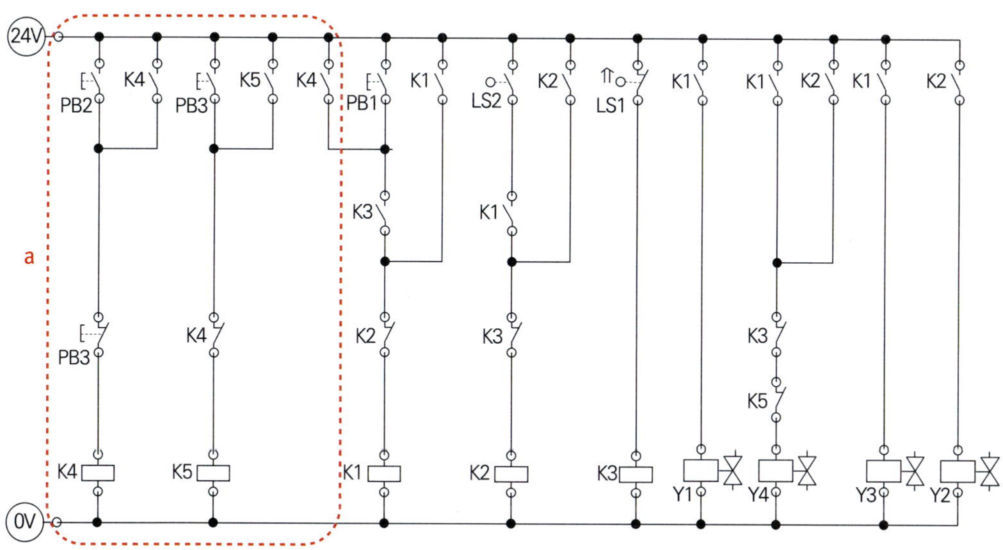

자격종목	설비보전기사	과제명	전기유압회로설계 및 구성작업

전기유압문제 ⑬

가. 유압 회로도

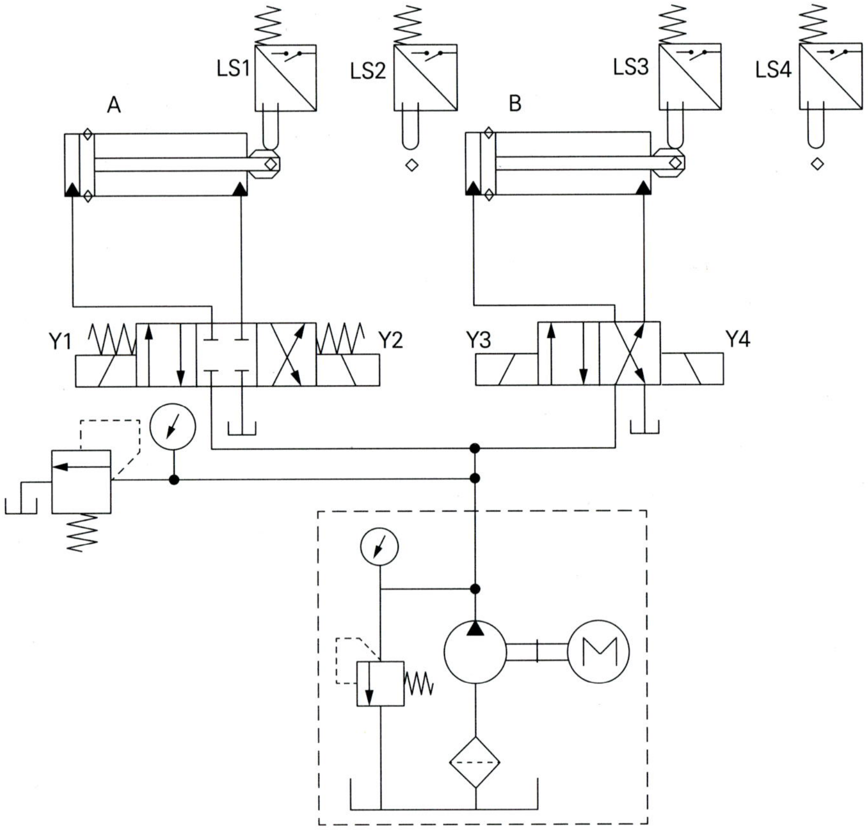

나. 전기 회로도

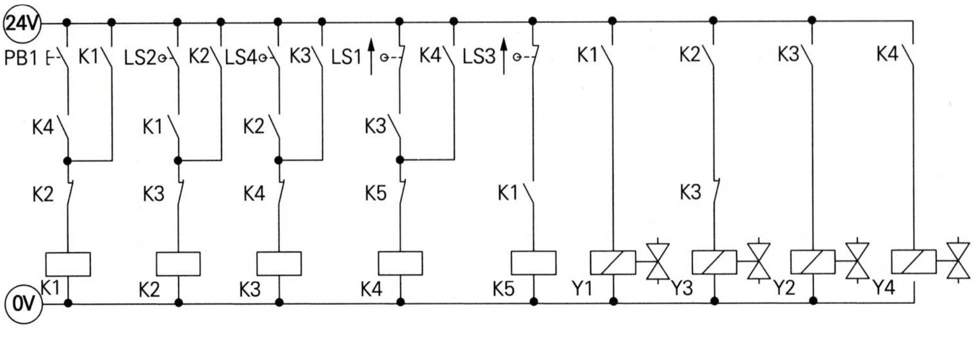

다. 기본제어동작

① 초기상태에서 시작 스위치(PB1)를 ON-OFF하면 다음 변위단계선도와 같이 동작합니다.

② 변위단계선도

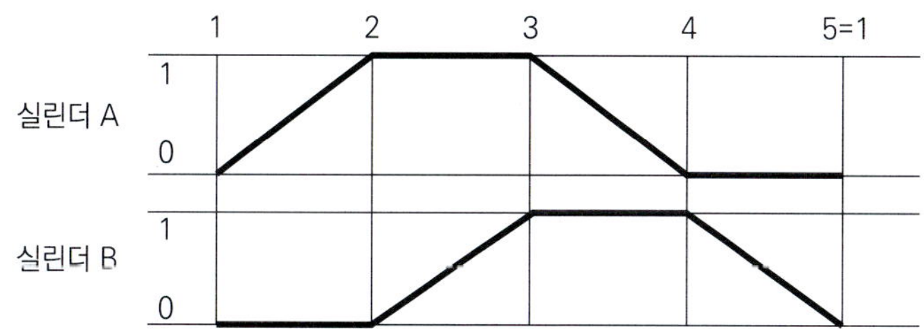

a : K4 A접점 → K5 A접점으로 수정

b&c : 해당 위치 접점 삭제

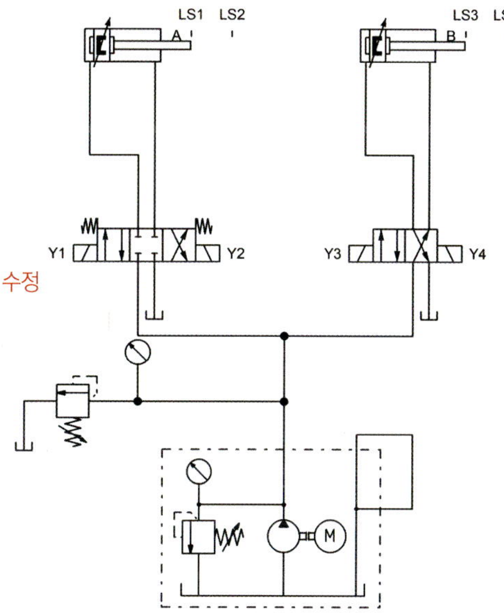

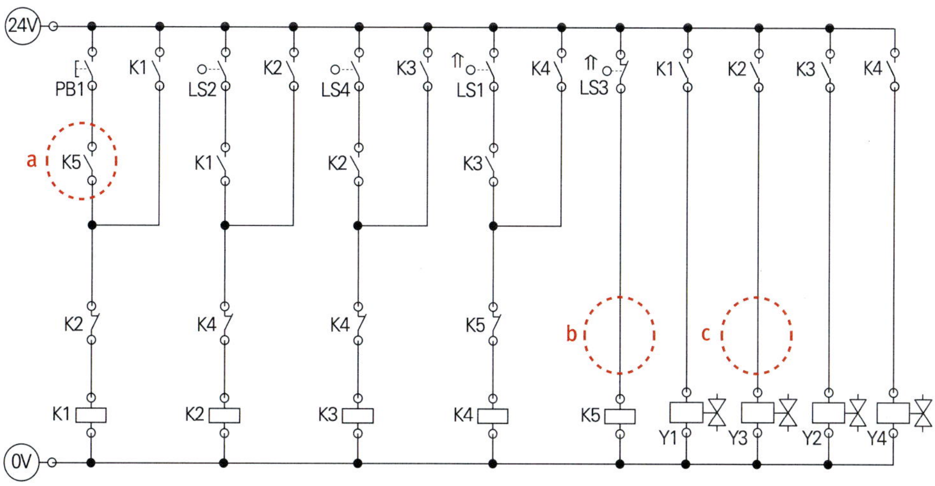

라. 응용제어동작

※ 기본제어동작을 다음 조건과 같이 변경하시오.

① 연속동작 스위치(PB2)와 카운터 릴레이 및 기타 부품을 추가하여 다음과 같이 동작되도록 하여야 합니다.

가) 연속동작 스위치(PB2)를 1회 ON-OFF하면 기본제어동작이 연속(반복자동행정)으로 3회 동작되도록 하여야 합니다.

나) 연속동작 스위치(PB2)를 1회 ON-OFF하면 연속동작이 처음부터 다시 이루어져야 합니다.

② 실린더 A가 전진할 때 전진측에 압력제어밸브를 설치, 안전회로를 구성하고 압력은 3MPa(30kgf/cm^2)로 설정 회로를 구성하고, 실린더 B의 후진속도가 5초가 되도록 meter-out회로를 구성하여 속도를 조정합니다.

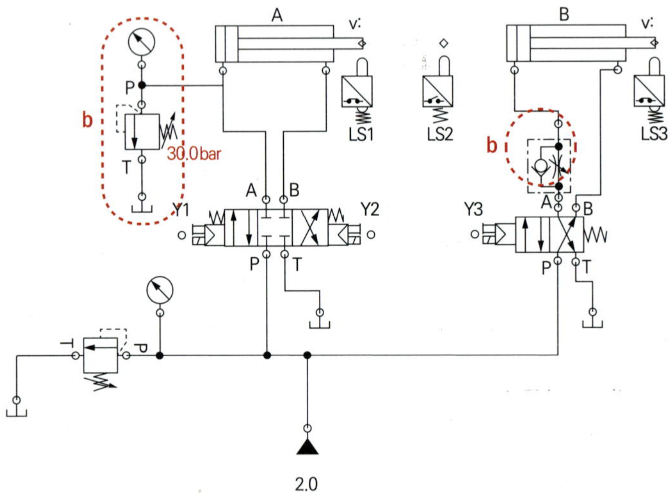

a : [응용동작1] 연속동작 스위치 및 카운터 릴레이 회로 추가

b : [응용동작2] 실린더A 전진 측에 압력계 및 릴리프밸브를 설치하여 3MPa 압력 설정, 실린더B의 후진속도 미터아웃 회로 추가

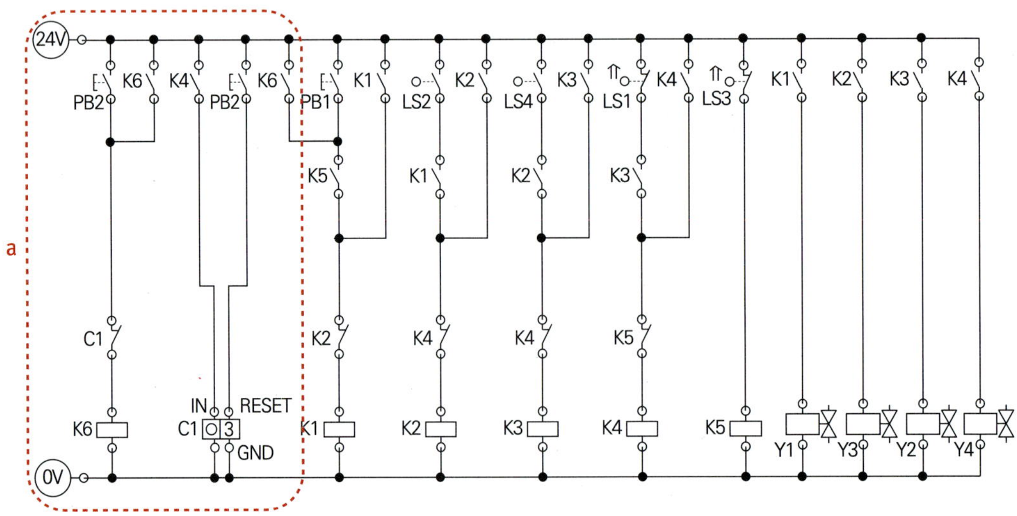

자격종목	설비보전기사	과제명	전기유압회로설계 및 구성작업

전기유압문제 ⑭

가. 유압 회로도

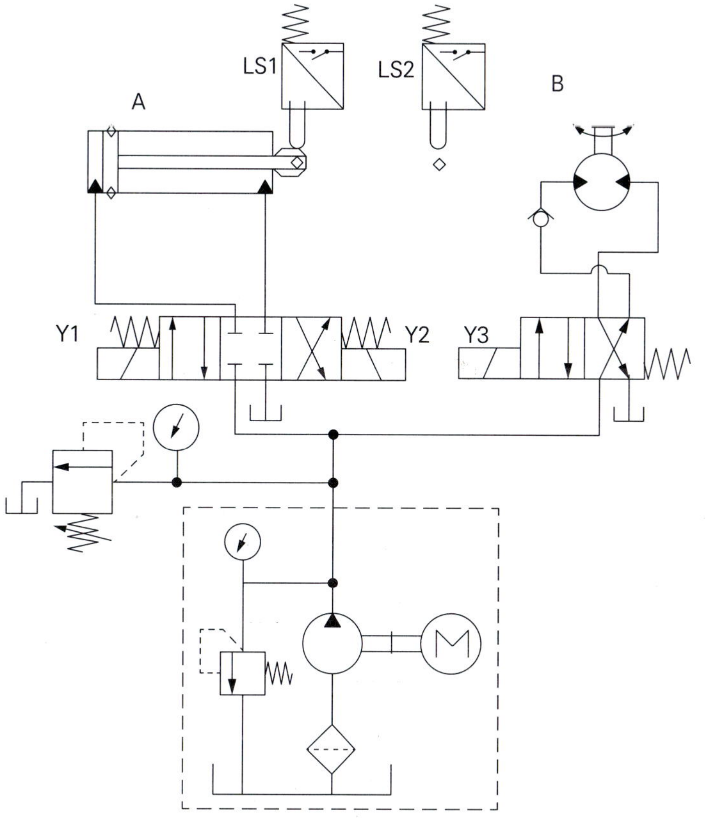

나. 전기 회로도

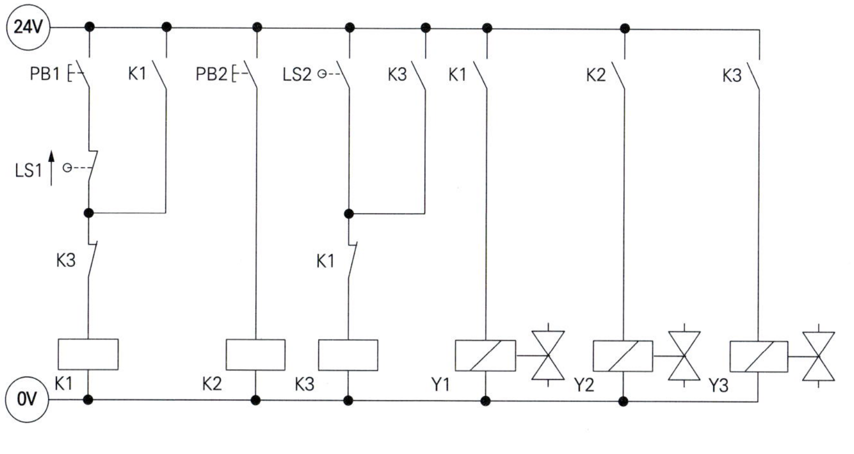

다. 기본제어동작

① 초기상태에서 PB2(유지형 스위치 가능)를 ON하면 램프 1이 점등되고, PB2를 해제(OFF)하면 램프 1이 소등됩니다. 시작스위치(PB1)를 ON-OFF하면 실린더 A가 전진하고 실린더 A가 전진 완료 후 유압모터 B가 회전합니다. PB2를 ON하면 램프 1 점등, 실린더 A 후진, 유압모터 정지가 동시에 이루어집니다. 작동이 완료되면 PB2를 해제(OFF)하여 초기상태로 되어야 합니다.

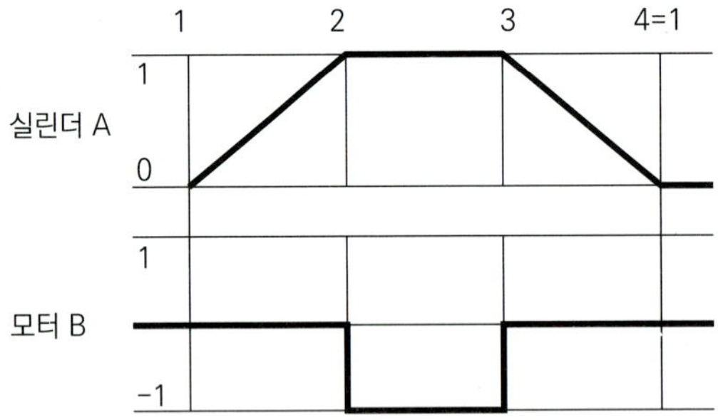

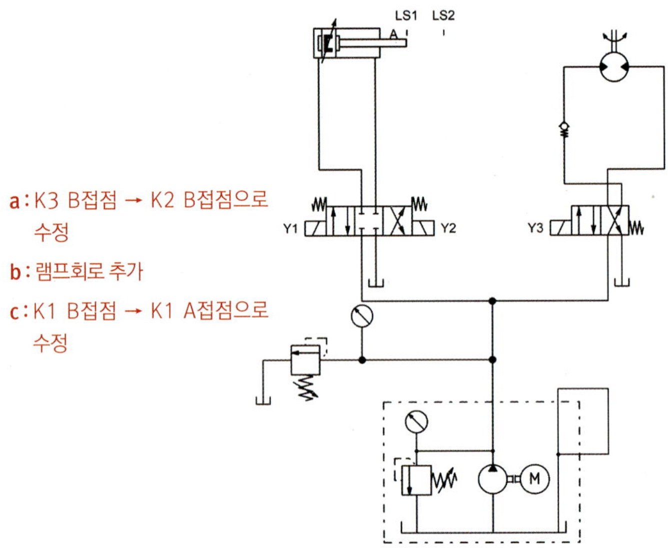

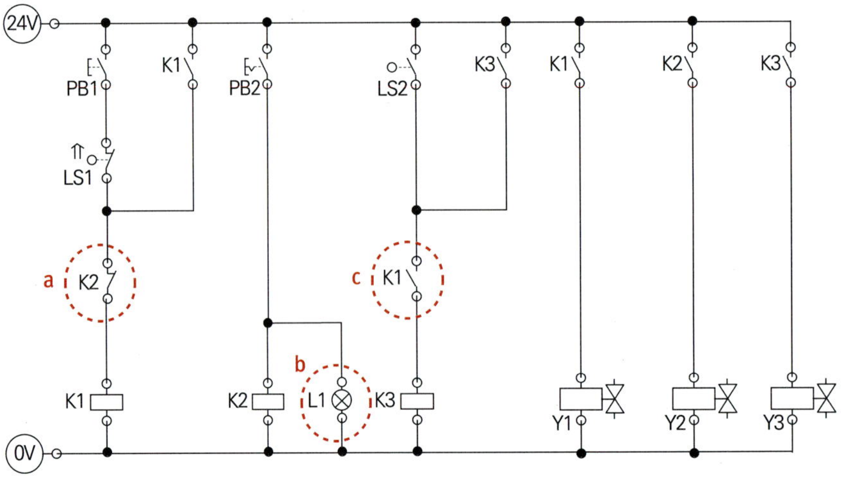

라. 응용제어동작

※ 기본제어동작을 다음 조건과 같이 변경하시오.

① 비상정지 스위치(유지형 스위치 가능) 및 기타 부품을 추가하여 다음과 같이 동작되도록 합니다.

가) 기본제어동작 상태에서 비상정지 스위치(PB3)를 한 번 누르면(ON) 동작이 즉시 정지되어야 합니다.

나) 비상정지 스위치가 동작 중일 때는 작업자가 알 수 있도록 램프 2가 점등되고, 비상정지 스위치를 해제하면 램프 2가 소등됩니다.

다) PB2를 이용하여 시스템을 초기화합니다.

라) 시스템이 초기화된 이후에는 기본제어동작이 되어야 합니다.

② 실린더 A의 전진속도는 meter-out, 유압모터 B의 회전속도는 meter-in 방법에 의해 조정할 수 있게 유압 회로도를 변경합니다.

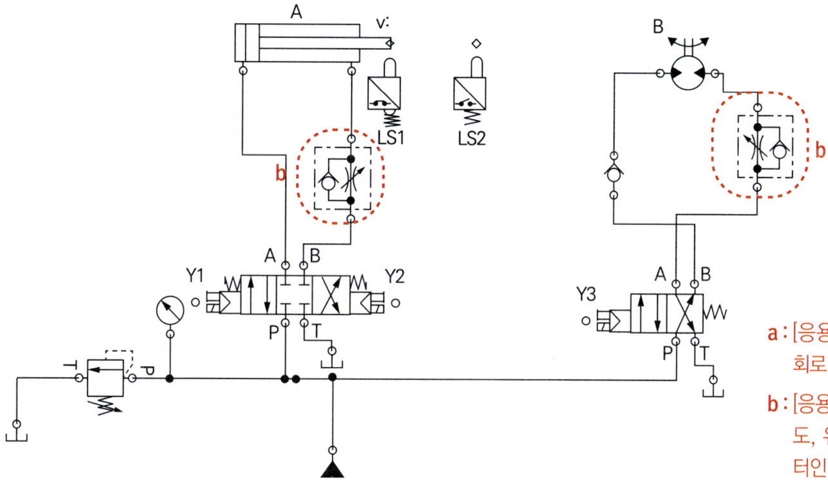

a : [응용동작1] 비상정지 스위치 회로 추가

b : [응용동작2] 실린더A의 전진속도, 유압모터B의 회전속도 미터인 회로 추가

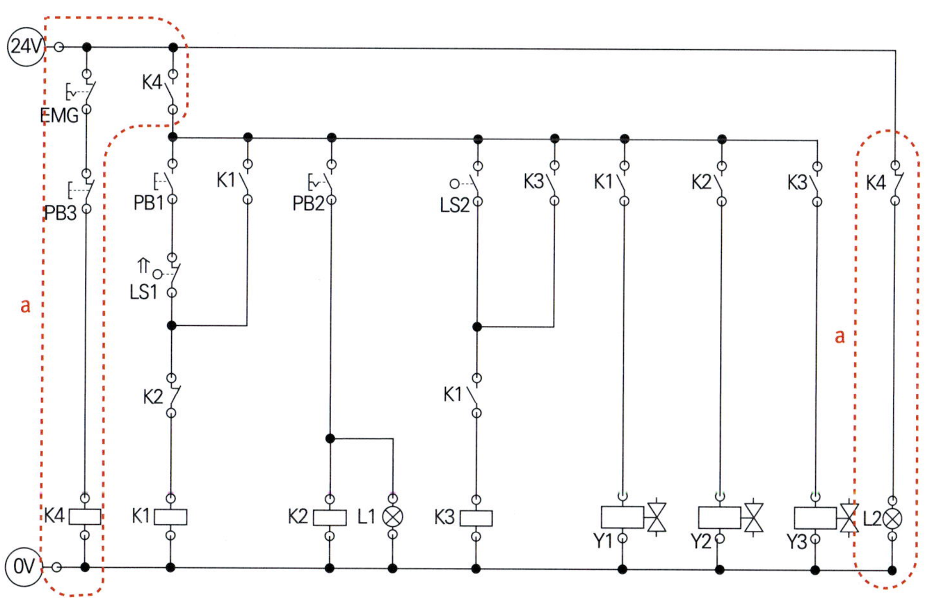